최신 출제경향에 맞춘
최고의 수험서
2023

WASTES TREATMENT

폐기물처리
산업기사 필기Ⅱ 문제풀이

서영민 · 이철한 · 달팽이

2022년 **1**월 **1**일 시행 최신법규 적용!!
2018~2020년 기출문제 **완벽풀이**!!

- 최근 폐기물 관련 법규 · 공정시험 기준 수록 및 출제 비중 높은 내용 표시
- 핵심필수문제(이론 · 계산) 및 과년도 문제 · 풀이 상세한 해설 수록
- 최근 출제 경향에 맞추어 핵심 이론 및 계산문제 · 풀이 수록
- 기초가 부족한 수험생들도 쉽게 학습할 수 있는 내용 구성
- 각 단원별 출제비중 높은 내용 표시

예문사

본서는 한국산업인력공단 최근 출제기준에 맞추어 구성하였으며 폐기물처리산업기사 필기시험을 준비하는 수험생 여러분들이 효율적으로 공부할 수 있도록 필수내용만 정성껏 담았습니다.

◉ 본 교재의 특징

1 최근 출제경향에 맞추어 핵심이론과 계산문제 및 풀이 수록
2 각 단원별로 출제비중 높은 내용 표시
3 최근 폐기물 관련 법규, 공정시험기준 수록 및 출제비중 높은 내용 표시
4 핵심필수문제(이론 · 계산) 및 최근 기출문제풀이의 상세한 해설 수록

차후 실시되는 시험문제들의 해설을 통해 미흡하고 부족한 점을 계속 수정 · 보완해 나가도록 하겠습니다.

끝으로, 이 책을 출간하기까지 끊임없는 성원과 배려를 해주신 예문사 관계자 여러분, 주경야독 윤동기 이사님, 달팽이 박수호님, 인천의 친구 김성기에게 깊은 감사를 전합니다.

저자 **서영민**

3

INFORMATION

폐기물처리 산업기사 출제기준(필기)

직무 분야	환경 · 에너지	중직무 분야	환경	자격 종목	폐기물처리 산업기사	적용 기간	2023.1.1.~2025.12.31.

○직무내용 : 국민의 일상생활에 수반하여 발생하는 생활폐기물과 산업활동 결과 발생하는 사업장 폐기물을 기계적선별, 과, 건조, 파쇄, 압축, 흡수, 흡착, 이온교환, 소각, 소성, 생물학적 산화, 소화, 퇴비화 등의 인위적, 물리적, 기계적 단위조작과 생물학적, 화학적 반응공정을 주어 감량화, 무해화, 안전화 등 폐기물을 취급하기 쉽고 위험성이 적은 성상과 형태로 변화시키는 일련의 처리업무를 수행하는 직무

필기검정방법	객관식	문제수	80	시험시간	2시간

필기과목명	문제수	주요항목	세부항목	세세항목
폐기물개론	20	1. 폐기물의 분류	1. 폐기물의 종류	1. 폐기물 분류 및 정의 2. 폐기물 발생원
			2. 폐기물의 분류체계	1. 분류체계 2. 유해성 확인 및 영향
		2. 발생량 및 성상	1. 폐기물의 발생량	1. 발생량 현황 및 추이 2. 발생량 예측방법 3. 발생량 조사방법
			2. 폐기물의 발생특성	1. 폐기물 발생 시기 2. 폐기물 발생량 영향 인자
			3. 폐기물의 물리적 조성	1. 물리적 조성 조사방법 2. 물리적 조성 및 삼성분
			4. 폐기물의 화학적 조성	1. 화학적 조성 분석방법 2. 화학적 조성
			5. 폐기물 발열량	1. 발열량 산정방법 (열량계, 원소분석, 추정식 방법 등)
		3. 폐기물 관리	1. 수집 및 운반	1. 수집 운반 계획 및 노선 설정 2. 수집 운반의 종류 및 방법
			2. 적환장의 설계 및 운전 관리	1. 적환장 설계 2. 적환장 운전 및 관리
			3. 폐기물의 관리체계	1. 분리배출 및 보관 2. 폐기물 추적 관리 시스템 3. 폐기물 관리 정책
		4. 폐기물의 감량 및 재활용	1. 감량	1. 압축 공정　　　　2. 파쇄 공정 3. 선별 공정 4. 탈수 및 건조 공정 5. 기타 감량 공정
			2. 재활용	1. 재활용 방법　　　2. 재활용 기술

필기과목명	문제수	주요항목	세부항목	세세항목
폐기물처리 기술	20	1. 중간처분	1. 중간처분기술	1. 기계적, 화학적 처분 2. 생물학적 처분 3. 고화 및 고형화 처분 4. 소각, 열분해 등 열적 처분
		2. 최종처분	1. 매립	1. 매립지 선정 2. 매립 공법 3. 매립지 내 유기물 분해 4. 침출수 발생 및 처분 5. 가스 발생 및 처분 6. 매립시설 설계 및 운전관리 7. 사후관리
		3. 자원화	1. 물질 및 에너지 회수	1. 금속 및 무기물 자원화 기술 2. 가연성 폐기물의 재생 및 에너지화 기술 3. 이용상 문제점 및 대책
			2. 유기성 폐기물 자원화	1. 퇴비화 기술 2. 사료화 기술 3. 바이오매스 자원화 기술 4. 매립가스 정제 및 이용 기술 5. 유기성 슬러지 이용 기술
			3. 회수자원의 이용	1. 자원화 사례 2. 이용상 문제점 및 대책
		4. 폐기물에 의한 2차 오염 방지 대책	1. 2차 오염 종류 및 특성	1. 열적 처분에 의한 2차 오염 2. 매립에 의한 2차 오염
			2. 2차 오염의 저감기술	1. 기계적, 화학적 저감기술 2. 생물학적 저감기술 3. 기타 저감기술
			3. 토양 및 지하수 2차 오염	1. 토양 및 지하수 오염의 개요 2. 토양 및 지하수 오염의 경로 및 특성 3. 처분 기술의 종류 및 특성
폐기물공정 시험기준 (방법)	20	1. 총칙	1. 일반 사항	1. 용어 정의 2. 기타 시험 조작 사항 등 3. 정도보증/정도관리 등
		2. 일반 시험법	1. 시료채취 방법	1. 성상에 따른 시료의 채취방법 2. 시료의 양과 수
			2. 시료의 조제 방법	1. 시료 전처리 2. 시료 축소 방법
			3. 시료의 전처리방법	1. 전처리 필요성 2. 전처리방법 및 특징

필기과목명	문제수	주요항목	세부항목	세세항목
폐기물공정 시험기준 (방법)	20	2. 일반 시험법	4. 함량시험방법	1. 원리 및 적용범위 2. 시험방법
			5. 용출시험방법	1. 적용범위 및 시료용액의 조제 2. 용출조작 및 시험방법 3. 시험결과의 보정
		3. 기기 분석법	1. 자외선/가시선분광법	1. 측정원리 및 적용범위 2. 장치의 구성 및 특성 3. 조작 및 결과분석방법
			2. 원자흡수분광광도법	1. 측정원리 및 적용범위 2. 장치의 구성 및 특성 3. 조작 및 결과분석방법
			3. 유도결합 플라스마 원자발광분광법	1. 측정원리 및 적용범위 2. 장치의 구성 및 특성 3. 조작 및 결과분석방법
			4. 기체크로마토그래피법	1. 측정원리 및 적용범위 2. 장치의 구성 및 특성 3. 조작 및 결과분석방법
			5. 이온전극법 등	1. 측정원리 및 적용범위 2. 장치의 구성 및 특성 3. 조작 및 결과분석방법
		4. 항목별 시험방법	1. 일반 항목	1. 측정원리 2. 기구 및 기기 3. 시험방법
			2. 금속류	1. 측정원리 2. 기구 및 기기 3. 시험방법
			3. 유기화합물류	1. 측정원리 2. 기구 및 기기 3. 시험방법
			4. 기타	1. 측정원리 2. 기구 및 기기 3. 시험방법
		5. 분석용 시약제조	1. 시약제조방법	

필기과목명	문제수	주요항목	세부항목	세세항목

폐기물
관계법규
	20	1. 폐기물
		   관리법
			1. 총칙
			2. 폐기물의 배출과 처리
			3. 폐기물처리업 등
			4. 폐기물처리업자 등에
			   대한 지도와 감독 등
			5. 보칙
			6. 벌칙 (부칙포함)	

		2. 폐기물
		   관리법
		   시행령
			1. 시행령 전문
			   (부칙 및 별표 포함)	

		3. 폐기물
		   관리법
		   시행규칙
			1. 시행규칙 전문(부칙 및
			   별표, 서식 포함)	

		4. 폐기물
		   관련법
			1. 환경정책기본법 등 폐기
			   물과 관련된 기타 법규
			   내용	

이책의 차례

전체 목차

세부 목차

PART 06. 핵심(계산) 150문제

PART 07. 핵심(이론) 350문제

PART 08. 기출문제 풀이

■ 폐기물처리산업기사는 2020년 4회 시험부터 CBT(Computer – Based Test)로 전면 시행됩니다.

PART 06

핵심(계산) 150문제

01 다음과 같이 혼합된 쓰레기의 함수율(%)을 구하시오.

구성성분	구성중량비	함수율
연탄재	80%	20%
식품폐기물	15%	60%
종이류	3%	15%
플라스틱	2%	5%

풀이

$$함수율(\%) = \frac{(80 \times 0.2) + (15 \times 0.6) + (3 \times 0.15) + (2 \times 0.05)}{80 + 15 + 3 + 2} \times 100$$
$$= 25.55\,\%$$

02 함수율이 80%인 슬러지와 함수율 15%인 톱밥을 1 : 4의 중량(질량)비로 혼합하였다면 이 혼합물의 함수율(%)은?

풀이

$$함수율(\%) = \frac{(1 \times 0.8) + (4 \times 0.15)}{1 + 4} \times 100 = 28\,\%$$

03 쓰레기 20ton을 소각 시 재의 부피가 $1.9\mathrm{m}^3$ 발생하였다면 재의 밀도($\mathrm{kg/m}^3$)는? (단, 재의 중량은 쓰레기 중량의 3%이다.)

풀이

$$재의\ 밀도(\mathrm{kg/m}^3) = \frac{중량(\mathrm{kg})}{부피(\mathrm{m}^3)}$$
$$= \frac{20\mathrm{ton}}{1.9\mathrm{m}^3} \times \frac{1{,}000\mathrm{kg}}{1\mathrm{ton}} \times 0.03 = 315.79\ \mathrm{kg/m}^3$$

04 다음 조건의 겉보기 밀도($\mathrm{kg/m}^3$)는?

조성	종이류	음식쓰레기
중량분율(%)	40	50
밀도(kg/m³)	400	180

풀이

$$전체(혼합)밀도 = 각\ 성분밀도 \times 중량분율$$
$$= (400 \times 0.4) + (180 \times 0.5) + (150 \times 0.1)$$
$$= 265\ \mathrm{kg/m}^3$$

05 폐기물의 밀도가 500kg/m^3인 폐기물을 처리하여 부피감소율 90%, 질량감소율 80%로 되었을 경우, 처리 후 폐기물의 밀도(kg/m^3)는?

> **풀이**
>
> $$처리\ 후\ 밀도(\text{kg/m}^3) = 처리\ 전(밀도) \times \frac{(100 - 질량감소율)}{(100 - 부피감소율)}$$
>
> $$= 500\text{kg/m}^3 \times \frac{(100 - 80)}{(100 - 90)} = 1{,}000\,\text{lkg/m}^3$$

06 1인당 1일 쓰레기 발생량이 0.7kg일 때 쓰레기의 밀도(kg/m^3)는?(단, 인구 10,000명, 2일마다 수거, 수거차량 30대, 차량당 적재용량 8m^3)

> **풀이**
>
> $$밀도(\text{kg/m}^3) = \frac{질량(\text{kg})}{부피(\text{m}^3)} = \frac{0.7\text{kg/인·일} \times 10{,}000\text{인} \times 2\text{일}}{8\text{m}^3/\text{대} \times 30\text{대}} = 58.33\,\text{kg/m}^3$$

07 폐기물 중 비가연성 물질이 65%일 때 폐기물 10m^3에 포함되어 있는 가연성 물질의 중량(kg)은?(단, 폐기물 밀도는 450kg/m^3)

> **풀이**
>
> 폐기물 = 가연성 물질 + 비가연성 물질
>
> $$가연성\ 물질의\ 중량(\text{kg}) = 부피 \times 밀도 \times (1 - 비가연성\ 물질)$$
>
> $$= 10\text{m}^3 \times 450\text{kg/m}^3 \times (1 - 0.65) = 1{,}575\,\text{kg}$$

08 함수율이 80%이고, 가연분이 건량기준으로 75%인 슬러지 50ton과 함수율이 35%이고, 회분이 건량기준으로 40%인 쓰레기 500ton과 혼합하여 처리할 때, 이 혼합된 폐기물의 가연분(%)은?

> **풀이**
>
> 눈세를 정리하면,
>
> 슬러지(50ton) ─ w(수분) : 80%
>   └ TS : 20% ─ VS : 75%
>   └ FS : 25%
>
> 쓰레기(500ton) ─ w(수분) : 35%
>   └ TS : 65% ─ VS : 60%
>   └ FS : 40%
>
> $$가연분(\%) = \frac{(50 \times 0.2 \times 0.75) + (500 \times 0.65 \times 0.6)}{50 + 500} \times 100$$
>
> $$= 36.82\,\%$$

09 함수율이 85%인 슬러지 Cake 10ton을 소각 시 소각재 발생량(kg)은?(단, 건조케이크 건조 중량당 무기성분 15%, 유기성분 중 연소효율 95%, 소각에 의한 무기물 손실은 없음)

> **풀이**
>
> 소각재 = 무기물 + 미연분(유기성분 중 미연소분)
> $$무기물 = 10\text{ton} \times 1{,}000\text{kg/ton} \times (1-0.85) \times 0.15 = 225\,\text{kg}$$
> $$미연분 = 10\text{ton} \times 1{,}000\text{kg/ton} \times (1-0.85) \times (1-0.15) \times (1-0.95)$$
> $$= 63.75\,\text{kg}$$
> $$= 225 + 63.75 = 288.75\,\text{kg}$$

10 건조된 슬러지 고형물의 비중이 1.35이고 건조 이전의 슬러지 내 고형물의 함량이 35%라 할 때 건조 전 슬러지의 비중은 얼마인가?

> **풀이**
>
> 슬러지 = 고형물 + 수분(함수)
>
> $$\frac{슬러지양}{슬러지\ 비중} = \frac{고형물량}{고형물\ 비중} + \frac{수분함량(함수량)}{수분(함수)비중}$$
>
> $$\frac{100}{슬러지\ 비중} = \frac{35}{1.35} + \frac{(100-35)}{1.0}$$
>
> 슬러지 비중 = 1.099
>
> (다른 방법) $\dfrac{1}{슬러지\ 비중} = \dfrac{0.35}{1.35} + \dfrac{(1-0.35)}{1.0}$
>
> 슬러지 비중 = 1.099

11 생슬러지를 분석한 결과 수분이 90%였다. 고형물 중 휘발성 고형물이 70%, 휘발성 고형물의 비중 1.2, 무기성 고형물 비중이 2.0이라면 생슬러지 비중은?

> **풀이**
>
> 고형물의 비중을 우선 구하고 생슬러지 비중을 구함
> 고형물 비중
>
> $$\frac{1}{고형물의\ 비중} = \frac{휘발성의\ 함량}{휘발성의\ 비중} + \frac{무기성\ 함량}{무기성\ 비중} = \frac{유기물\ 함량}{유기물\ 비중} + \frac{무기물\ 함량}{무기물\ 비중}$$
>
> $$= \frac{0.7}{1.2} + \frac{(1-0.7)}{2.0}$$
>
> 고형물 비중 = 1.364
> 생슬러지 비중
>
> $$\frac{1}{슬러지\ 비중} = \frac{고형물\ 함량}{고형물\ 비중} + \frac{함수량}{물(함수)비중} = \frac{0.1}{1.364} + \frac{(1-0.1)}{1.0}$$
>
> 생슬러지 비중 = 1.027

12 함수율이 90%인 슬러지의 겉보기 비중이 1.05 이다. 이 슬러지를 벨트 프레스로 탈수하여 함수율이 75%인 슬러지를 얻었다면 이 탈수슬러지의 겉보기 비중을 구하시오.

> **풀이**
>
> 고형물의 비중을 우선 구하고 탈수슬러지 비중을 구함
>
> 고형물 비중(90% 함수율 슬러지)
>
> $$\frac{1}{슬러지\ 비중} = \frac{고형물\ 함량}{고형물\ 비중} + \frac{함수량}{함수\ 비중}$$
>
> $$\frac{1}{1.05} = \frac{(1-0.9)}{고형물\ 비중} + \frac{0.9}{1.0}$$
>
> 고형물 비중 $= 1.909$
>
> 슬러지 비중(75% 함수율 슬러지)
>
> $$\frac{1}{슬러지\ 비중} = \frac{(1-0.75)}{1.909} + \frac{0.75}{1.0}$$
>
> 슬러지 비중 $= 1.135$

13 함수율이 70%인 쓰레기 5ton을 건조하여 건조 후 고형물 함량이 70%가 되었다. 건조 후 쓰레기의 중량(ton)은?

> **풀이**
>
> 슬러지양과 함수율의 관계식 이용(고형물 물질수지식)
>
> 초기슬러지양$(100 - 초기함수율) =$ 처리 후 슬러지양$(100 - 처리\ 후\ 함수율)$
> $5\text{ton} \times (100 - 70) =$ 처리 후 슬러지양$\times (100 - 30)$
> 처리 후(건조 후) 슬러지양 $= 2.14\,\text{ton}$

14 함수율이 60%인 폐기물을 건조하여 건조 후 고형물 함량이 80%가 되었을 때, 이 건조 후 폐기물의 중량은 처음의 몇 %인지 구하시오.

> **풀이**
>
> 처음 폐기물의 중량을 100%로 가정하여 물질수지식을 이용함
>
> 고형물 물질수지식
> 초기슬러지양$(100 - 초기함수율) =$ 처리 후 슬러지양$(100 - 처리\ 후\ 함수율)$
> $100 \times (100 - 60) =$ 처리 후 슬러지양$(100 - 20)$
> 처리 후 슬러지양(폐기물의 중량 : 처음 100%에 대한 비율임) $= 50\,\%$

15 고형물이 20%인 음식쓰레기 20ton 을 소각하기 위하여 함수율이 30%로 되게 건조할 경우 무게(ton)는?(단, 비중은 1.0)

> 풀이
>
> 고형물 물질수지식
> 초기슬러지양(100 − 초기함수율)= 처리 후 슬러지양(100 − 처리 후 함수율)
> $20\text{ton} \times 20 =$ 처리 후 슬러지양 $\times (100 - 30)$
> 처리 후 슬러지양(건조시 무게)$= 5.71\,\text{ton}$

16 수분함량이 65%인 폐기물 15,000kg 을 건조하여 수분함량이 45%인 폐기물을 만들었을 때 제거된 수분의 양(kg)은?

> 풀이
>
> 건조 후 폐기물 중량을 물질수지식을 이용하여 먼저 구함
> $15,000\text{kg} \times (1 - 0.65) =$ 건조 후 폐기물 중량 $\times (1 - 0.45)$
> 건조 후 폐기물 중량 $= 9,545.45\,\text{kg}$
> 제거된 수분의 양(kg)=건조 전 폐기물 중량−건조 후 폐기물 중량
> $\qquad\qquad\quad = 15,000 - 9,545.45 = 5,454.55\,\text{kg}$

17 소화슬러지의 발생량은 1일 투입량의 15% 이다. 소화슬러지의 함수율이 90% 라고 하면 1일 탈수된 슬러지의 양(m^3)은?(단, 슬러지의 비중은 모두 1.0, 분뇨투입량 100KL/day, 탈수슬러지 함수율이 75%)

> 풀이
>
> 고형물 물질수지식
> $100\text{m}^3/\text{day} \times 0.15 \times (1 - 0.9) =$ 처리 후 슬러지양 $\times (1 - 0.75)$
> 처리 후 슬러지양(1 일 탈수된 슬러지 양)$= 6\,\text{m}^3(6\,\text{m}^3/\text{day})$

18 폐기물의 함수율이 20%이며, 건조기준으로 연소성분은 C가 55%, H가 15%이다. 건조폐기물은 열량계를 이용하여 열량을 측정하였더니 3,100kcal/kg 이다. 저위발열량(kcal/kg)을 구하시오.

> 풀이
>
> $Hl = Hh - 600(9H + W) =$ 고위발열량− 수분응축열
> $\qquad Hh = 3,100\,\text{kcal/kg}$(열량계 이용 열량 측정)
> $\qquad$ 습윤기준 수소함량$= 0.15 \times 0.8$
> $Hl(\text{kcal/kg}) = 3,100 - 600[(9 \times 0.15 \times 0.8) + 0.2] = 2,332\,\text{kcal/kg}$

19 수분이 1%, 수소가 13%인 연료의 고위발열량이 130,000kcal/kg 이라면 저위발열량 (kcal/kg)은?

> **풀이**
>
> $$Hl(\text{kcal/kg}) = Hh - 600(9H + W)$$
> $$= 130,000 - 600[(9 \times 0.13) + 0.01]$$
> $$= 129,292 \text{ kcal/kg}$$

20 폐기물을 분석한 결과 수분 20%, 회분 10%, 고정탄소 30%, 휘발분이 40%이다. 또한 휘발분을 원소분석한 결과 수소 20%, 황 3%, 산소 27%, 탄소 50%일 경우 폐기물의 고위발열량 (kcal/kg)은? 〔단, $Hh = 8,100C + 34,000\left(H - \dfrac{O}{8}\right) + 2,500S$〕

> **풀이**
>
> 발열량은 휘발분을 고려하여 계산
> > 탄소함량= 폐기물 중 탄소 + 휘발분 중 탄소
> > $$= 0.3 + (0.4 \times 0.5)$$
> > 수소함량$= 0.4 \times 0.2$
> > 황함량$= 0.4 \times 0.03$
>
> $$Hh(\text{kcal/kg}) = [8,100 \times ((0.4 \times 0.5) + 0.30)] + \left[34,000 \times \left((0.4 \times 0.2) - \left(\frac{0.4 \times 0.27}{8}\right)\right)\right]$$
> $$+ [2500 \times (0.4 \times 0.03)]$$
> $$= 6,341 \text{ kcal/kg}$$

21 어느 폐기물의 함유성분이 탄소 26%, 수소 6%, 산소 24%, 황 1%, 함수율 29%, 불활성 성분 14%일 때, 연소처리시 저위발열량(kcal/kg)은?

> **풀이**
>
> 고위발열량을 구하여 수분응축열을 고려하여 저위발열량을 구함
> $$Hh = 8,100C + 34,000\left(H - \frac{O}{8}\right) + 2,500S$$
> $$= (8,100 \times 0.26) + \left[34,000 \times \left(0.06 - \frac{0.24}{8}\right)\right] + [2,500 \times 0.01]$$
> $$= 3,151 \text{ kcal/kg}$$
> $$Hl(\text{kcal/kg}) = Hh - 600(9H + W)$$
> $$= 3,151 - 600 \times [(9 \times 0.06) + 0.29]$$
> $$= 2,653 \text{ kcal/kg}$$

22 다음은 폐기물에 대한 발열량 자료이다. 건량기준 폐기물의 평균발열량(kcal/kg)은?(단, 폐기물 중의 수분함량은 30%이다.)

구분	종이	목재	음식류
중량비(%)	20	60	20
발열량(kcal/kg)	4,000	4,500	1,800

풀이

건량기준 평균발열량= 습량기준 발열량$\times \dfrac{(수분+건조폐기물)}{건조폐기물}$

습량기준 발열량 $=(4,000\times 0.2)+(4,500\times 0.6)+(1,800\times 0.2)$

$\qquad\qquad\quad = 3,860\,\text{kcal/kg}$

건량기준 평균발열량$(\text{kcal/kg})=3,860\text{kcal/kg}\times \dfrac{30+70}{70}=5,514.29\,\text{kcal/kg}$

23 중유 1kg을 연소시킬 경우 연소효율이 85% 이면 저위발열량(kcal/kg)은?
(단, H : 11%, S : 1%, O : 0.6%, C : 86%, 수분 : 1.4%)

풀이

$Hh\,(\text{kcal/kg})=8,100\text{C}+34,000\left(\text{H}-\dfrac{\text{O}}{8}\right)+2,500\text{S}$

$\qquad\qquad =(8,100\times 0.86)+\left[34,000\times\left(0.11-\dfrac{0.006}{8}\right)\right]+(2,500\times 0.01)$

$\qquad\qquad =10,705.5\,\text{kcal/kg}$

$Hl\,(\text{kcal/kg})=Hh-600(9\text{H}+W)$

$\qquad\qquad =10,705.5-600\times[(9\times 0.11)+0.014]$

$\qquad\qquad =10,103.1\times 0.85=8,587.64\,\text{kcal/kg}$

24 CH_4의 Hh이 9,500kcal/sm³라면 저위발열량(kcal/sm³)은?

풀이

기체의 저위발열량의 경우 부피로 환산

$600\text{kcal/kg}\times 18\text{kg}/22.4\text{sm}^3=482.14\,\text{kcal/sm}^3$

CH_4 연소시 H_2O 2mol이 생성하므로

저위발열량$(\text{kcal/Sm}^3)=$고위발열량$-$ 수분의 응축잠열

$\qquad\qquad\qquad =9,500\text{kcal/sm}^3-(482.14\text{kcal/sm}^3\times 2)$

$\qquad\qquad\qquad =8,535.71\,\text{kcal/sm}^3$

25 어떤 쓰레기의 가연분이 70%이며, 수분의 함수율이 25%라면 이 쓰레기의 저위발열량 (kcal/kg)은?(단, 쓰레기의 3성분 조성비 기준의 추정식을 사용하며 발열량의 단위는 kcal/kg)

> **풀이**
>
> $Hl(\text{kcal/kg}) = 45\,VS - 6\,W(\text{kcal/kg}) = (45 \times 70) - (6 \times 25) = 3,000\,\text{kcal/kg}$

26 수분 : 20%, 회분 : 30%, 고정탄소 : 40%, 휘발분 : 10%인 폐기물을 연소시 발생하는 발열량(kcal/kg)을 계산하시오.(단, 듀롱식을 사용하며, 휘발분 속에 수소 : 15%, 탄소 : 50%, 산소 : 30%, 황 : 5%)

> **풀이**
>
> 각 구성성분을 구함
> $$C \rightarrow 고정탄소(0.4) + (0.1 \times 0.5) = 0.45$$
> $$H \rightarrow 0.1 \times 0.15 = 0.015$$
> $$O \rightarrow 0.1 \times 0.30 = 0.03$$
> $$S \rightarrow 0.1 \times 0.05 = 0.005$$
>
> $Hh(\text{kcal/kg}) = (8,100 \times 0.45) + \left[34,000 \times \left(0.015 - \dfrac{0.03}{8}\right)\right] + (2,500 \times 0.005) = 4,040\,\text{kcal/kg}$

27 어느 도시에서 1주일 동안 쓰레기 수거상태를 조사한 결과가 다음과 같을 때, 이 지역의 1인 당 1일 쓰레기 발생량(kg/인·일)은?(단, 수거대상인구 40,000명, 트럭대수 10대, 트럭용 적 10m³, 트럭 1대당 쓰레기 수거횟수 5회/주, 적재시 쓰레기 밀도 600kg/m³)

> **풀이**
>
> $\text{쓰레기 발생량}(\text{kg/인·일}) = \dfrac{\text{쓰레기 부피} \times \text{쓰레기 밀도}}{\text{대상인구수}}$
>
> $\qquad = \dfrac{10\text{m}^3/\text{대} \times 10\text{대} \times 5\text{회/주} \times \text{주}/7\text{일} \times 600\text{kg/m}^3}{40,000\text{인}}$
>
> $\qquad = 1.07\,\text{kg/인·일}$

28 700세대 아파트에는 세대당 평균가족수가 5인이다. 배출하는 쓰레기를 3일마다 수거하는 데 적재용량 8m³의 트럭 6대가 소요된다. 1인당 1일 쓰레기 배출량(kg/인·일)은?(단, 밀도는 150kg/m³)

> **풀이**
>
> $\text{쓰레기 배출량}(\text{kg/인·일}) = \dfrac{8\text{m}^3/\text{대} \times 6\text{대} \times 150\text{kg/m}^3}{700\text{세대} \times 5\text{인/세대} \times 3\text{day}} = 0.69\,\text{kg/인·일}$

29 인구 150,000명인 도시가 있다. 1일 1인당 1.3kg 의 쓰레기가 발생하고 있다. 이 쓰레기를 압축할 때 부피 감소율이 45%라고 하면 압축 후 쓰레기의 발생량(m^3/year)은?(단, 쓰레기의 밀도는 0.8ton/m^3)

풀이

$$쓰레기\ 발생량(m^3/year) = \frac{1.3kg/인 \cdot 일 \times 150,000인 \times 365일/year}{800kg/m^3} \times (1-0.45)$$
$$= 48,932.81\,m^3/year$$

30 0.9ton/m^3인 쓰레기 2,000m^3가 적환장에 있다. 이 경우 8.5ton 차량으로 매립장까지 운반하고자 할 때 몇 대의 차량이 필요한가?

풀이

$$소요차량(대) = \frac{쓰레기\ 총량}{쓰레기차량의\ 적재용량}$$
$$= \frac{0.9ton/m^3 \times 2,000m^3}{8.5}$$
$$= 211.7(212대)$$

31 1일 폐기물 발생량이 3,500m^3인 도시에서 8m^3 트럭으로 쓰레기를 매립장으로 운반하고자 한다. 다음의 조건에서 몇 대의 차량이 필요한가?

- 작업시간 : 8hr/day
- 왕복운반시간 : 40min
- 대기차량 : 3대
- 운반거리 : 3km
- 하차시간 : 10min
- 적재시간 : 10min

풀이

$$트럭의\ 왕복횟수 = \frac{3,500m^3/day}{8m^3/대} = 437.5\ (438\ 대/day = 438\ 회)$$

1일 1대 가능 횟수 소요시간 = 40min + 10min + 10min = 60 min(1 hr)

→ 1일 8시간 작업하므로 8회 작업 가능

$$소요차량(대) = \frac{438회}{8회} = 54.7$$
$$= 55대 + 3대\ (대기차량)$$
$$= 58\ 대$$

32 인구 50,000명의 도시에서 폐기물 발생량이 2.0kg/인·일이며 밀도는 450kg/m³이다. 이 것을 5m³의 차량으로 매립장까지 운반하고자 할 경우 소요차량 대수는?

- 운전시간 : 8hr/day
- 왕복운반시간 : 40min
- 적하시간 : 10min
- 운반거리 : 10km
- 적재시간 : 30min
- 대기차량 : 2대

풀이

폐기물 발생량 $= \dfrac{50,000인 \times 2.0\text{kg/인}\cdot\text{일}}{450\text{kg/m}^3} = 222.22\,\text{m}^2/\text{day}$

일일 왕복횟수 $= \dfrac{222.22\text{m}^3/\text{day}}{5\text{m}^3/\text{대}} = 44.4\text{대/일} = 45\,\text{회/일}$

1일 1대 가능횟수 $= \dfrac{8\text{hr/day} \times 60\text{min/hr}}{(40+30+10)\text{min}} = 6\,\text{회/day}$

일일 필요대수(대) $= \dfrac{45회}{6회} = 7.5 = 8대 + 2대\,(대기차량) = 10\,대$

33 어느 도시의 폐기물수거량이 4,000,000ton/year인 쓰레기의 수거에 5,000명의 수거인부 가 종사한다면 MHT는?(단, 1일 작업시간 8hr, 1년 작업일수 300day)

풀이

$$MHT = \dfrac{수거인부 \times 총작업시간}{총수거량(총발생량)}$$
$$= \dfrac{5,000인 \times (8\text{hr/day} \times 300\text{day/year})}{4,000,000}$$
$$= 3.0\,MHT(\text{man}\cdot\text{hr/ton})$$

34 A, B도시 중 어느 도시의 수거효율이 좋은지 계산하시오.

- A도시 : 하루 발생 쓰레기 1,000ton, 150명 수거인부, 일일평균 작업시간 8시간
- B도시 : 하루 발생 쓰레기 3,000ton, 300명 수거인부, 일일평균 작업시간 10시간

풀이

A도시의 MHT $= \dfrac{150인 \times (8\text{hr/day})}{1,000\text{ton/day}} = 1.2\,\text{MHT(man}\cdot\text{hr/ton)}$

B도시의 MHT $= \dfrac{300인 \times (10\text{hr/day})}{3,000\text{ton/day}} = 1.0\,\text{MHT(man}\cdot\text{hr/ton)}$

B도시의 MHT(수거효율)이 좋음

35 인구 150,000인 지역의 폐기물 배출량이 1.5kg/인 · 일일 때, 소요차량대수는?(단, 폐기물 밀도 400kg/m^3, 적재용량 4.5m^3, 1일 3회 운행함)

> **풀이**
>
> $$소요차량대수(대) = \frac{1.5\text{kg/인·일} \times 150{,}000\text{인}}{400\text{kg/m}^3 \times 4.5\text{m}^3/회 \times 3회/대·일}$$
> $$= 41.6\,(대)$$

36 인구 50만 명인 도시의 폐기물 발생량 중 가연성이 30% 이고 불연성이 70% 이다. 다음 조건일 때 가연성 쓰레기를 운반하는 데 필요한 차량대수는?

> • 쓰레기 발생량 : 1.5kg/인 · 일   • 쓰레기 차량의 적재용량 : 4.5m^3
> • 가연성 쓰레기 밀도 : 600kg/m^3 • 차량은 1일 1회 운행

> **풀이**
>
> $$소요차량대수 = \frac{가연성 \ 쓰레기의 \ 총량}{쓰레기차의 \ 적재용량}$$
> $$= \frac{1.5\text{kg/인·일} \times 500{,}000 \times 0.3}{600\text{kg/m}^3 \times 4.5\text{m}^3/대}$$
> $$= 83.8\,(84\ 대)$$

37 인구 200,000명, 폐기물 발생량 1.2kg/인 · 일이다. 다음 조건에서 소요차량대수는?(단, 대기차량 5대, 압축률 1.4)

> • 쓰레기밀도 : 450kg/m^3 • 왕복시간 : 40분
> • 운전시간 : 8시간   • 운반시간 : 10분
> • 운반거리 : 4km   • 적재시간 : 10분
> • 적재용량 : 8m^3

> **풀이**
>
> $$소요차량대수 = \frac{하루 \ 폐기물 \ 수거량}{1일 \cdot 1대당 \ 운반량}$$
>
> $$하루 \ 폐기물 \ 수거량(발생량) = \frac{200{,}000\text{인} \times 1.2\text{kg/인·일}}{450\text{kg/m}^3} = 533.3\,\text{m}^3/일$$
>
> $$1일 \ 1대당 \ 운반량 = \frac{8\text{m}^3/대 \times 8\text{hr/대·일}}{(40+10+10)\text{min/대} \times \text{hr/60min}} \times 1.4$$
> $$= 89.6\,\text{m}^3/일 \cdot 대$$
>
> $$소요차량대수(대) = \frac{533.3\text{m}^3/일}{89.6\text{m}^3/일·대} = 5.95 + 5 = 10.95\,(11대)$$

38 폐기물의 압축비가 2.5 일 때 부피감소율은?

> 풀이

$$부피감소율(VR) = \left(1 - \frac{1}{CR}\right) \times 100 = \left(1 - \frac{1}{2.5}\right) \times 100$$
$$= 60\,\%$$

39 쓰레기를 압축시켜 용적감소율이 55%일 때 압축비는?

> 풀이

$$압축비(CR) = \frac{100}{(100 - VR)} = \frac{100}{(100 - 55)}$$
$$= 2.22$$

40 밀도가 0.5ton/m³인 폐기물을 0.95ton/m³로 압축하면 부피감소율(%)은?

> 풀이

$$부피감소율(VR) = \left(1 - \frac{V_f}{V_i}\right) \times 100\,(\%)$$
$$V_i = \frac{1\text{ton}}{0.5\text{ton/m}^3} = 2\,\text{m}^3$$
$$V_f = \frac{1\text{ton}}{0.95\text{ton/m}^3} = 1.05\,\text{m}^3$$
$$= \left(1 - \frac{1.05}{2}\right) \times 100$$
$$= 47.5\,\%$$

41 밀도가 0.4ton/m³인 폐기물을 0.85ton/m³로 압축 시 압축비는?

> 풀이

$$압축비(CR) = \frac{V_i}{V_f}$$
$$V_i = \frac{1\text{ton}}{0.4\text{ton/m}^3} = 2.5\,\text{m}^3$$
$$V_f = \frac{1\text{ton}}{0.85\text{ton/m}^3} = 1.18\,\text{m}^3$$
$$= \frac{2.5}{1.18}$$
$$= 2.12$$

42 평균 크기 10cm인 폐기물을 2.5cm로 파쇄하고자 할 때 소요동력은 동일폐기물을 5cm로 파쇄시 소요동력의 몇 배인가?(단, Kick의 법칙을 이용)

> **풀이**
>
> Kick의 법칙
>
> 파쇄에너지$(E) = C\ln\left(\dfrac{L_1}{L_2}\right)$
>
> $$E_1 = C\ln\left(\dfrac{10}{2.5}\right) = C\ln 4$$
>
> $$E_2 = C\ln\left(\dfrac{10}{5}\right) = C\ln 2$$
>
> 동력비$= \dfrac{E_1}{E_2} = \dfrac{\ln 4}{\ln 2} = 2$ 배

43 도시폐기물을 파쇄할 경우 $X_{90} = 2.5$cm로 하며 (90% 이상을 2.5cm보다 작게 파쇄할 경우) X_0(특성입자)를 구한 값(cm)은?(Rosin-Rammler식 적용 $n=1$)

> **풀이**
>
> $$Y = 1 - \exp\left[-\left(\dfrac{X}{X_0}\right)^n\right]$$
>
> $$0.9 = 1 - \exp\left[-\left(\dfrac{2.5}{X_0}\right)^1\right]$$
>
> $$-\dfrac{2.5}{X_0} = \ln 0.1$$
>
> 특성입자$(X_0 : \text{cm}) = \dfrac{2.5}{2.3} = 1.07\,\text{cm}$

44 토양의 입도분포를 조사하여 다음과 같은 결과를 얻었다. 유효입경, 균등계수, 곡률계수를 구하시오. (단, D_{10}, D_{30}, D_{60}은 각각 통과백분율 10%, 30%, 60%에 해당하는 입경)

구분	D_{10}	D_{30}	D_{60}
입자크기(mm)	0.25	0.55	0.85

> **풀이**
>
> 유효입경(D_{10}) : 0.25 mm
>
> 균등계수$(U) = \dfrac{D_{60}}{D_{10}} = \dfrac{0.85}{0.25} = 3.4$
>
> 곡률계수$(Z) = \dfrac{(D_{30})^2}{D_{10} \times D_{60}} = \dfrac{(0.55)^2}{0.25 \times 0.85} = 1.42$

45 직경이 2.8m인 트롬멜 스크린의 최적속도(rpm)는?

풀이

최적회전속도(rpm)= 임계속도(η_c)×0.45

$$\eta_c = \frac{1}{2\pi}\sqrt{\frac{g}{r}} = \frac{1}{2\pi}\sqrt{\frac{9.8}{1.4}}$$

$$= 0.42\text{cycle/sec} \times 60\,\text{sec/min}$$

$$= 25.2\text{cycle/min} = 25.2\,\text{rpm}$$

$$= 25.2\text{rpm} \times 0.45 = 11.34\,\text{rpm}$$

46 다음의 경우 Worrell식에 대한 선별효율(%)을 구하시오.

- 총투입 폐기물 : 100ton
- 회수량 중 회수대상물질 : 60ton
- 회수량 : 70ton
- 기각회수물질 : 5ton

풀이

x_1　60 ton $\Rightarrow$ y_1　10 ton

x_2　5 ton $\Rightarrow$ y_2　25 ton$(100-70-5)$

$x_0 = x_1 + x_2 = 60 + 5 = 65\,\text{ton}$

$y_0 = y_1 + y_2 = 10 + 25 = 35\,\text{ton}$

$$\text{선별효율(\%)} = \left[\left(\frac{x_1}{x_0}\right) \times \left(\frac{y_2}{y_0}\right)\right] \times 100$$

$$= \left[\left(\frac{60}{65}\right) \times \left(\frac{25}{35}\right)\right] \times 100 = 65.93\,\%$$

47 투입량이 1ton/hr, 회수량이 700kg/hr(그중 회수 대상물질 550kg), 제거량이 300kg/hr(그중 회수대상물질 70kg)일 때 Rietema식을 이용하여 선별효율(%)을 구하시오.

풀이

x_1　550 kg/hr $\Rightarrow$ y_1　150 kg/hr

x_2　70 kg/hr $\Rightarrow$ y_2　230 kg/hr$(1,000-700-70)$

$x_0 = x_1 + x_2 = 550 + 70 = 620\,\text{kg/hr}$

$y_0 = y_1 + y_2 = 150 + 230 = 380\,\text{kg/hr}$

$$\text{선별효율(\%)} = \left(\left|\frac{x_1}{x_0} - \frac{y_1}{y_0}\right|\right) \times 100$$

$$= \left(\left|\frac{550}{620} - \frac{150}{380}\right|\right) \times 100 = 49.24\,\%$$

48 퇴비화를 위하여 다음 조건의 분뇨와 쓰레기를 중량비 1 : 2로 혼합하면 C/N 비는?

구분	함수율	탄소	질소
분뇨	90%	TS의 40%	TS의 15%
쓰레기	20%	TS의 60%	TS의 2%

> **풀이**
>
> $$C/N \text{ 비} = \frac{\text{혼합물 중 탄소의 양}}{\text{혼합물 중 질소의 양}}$$
>
> $$\text{혼합물 중 탄소의 양} = \left[\left[\frac{1}{1+2} \times (1-0.9) \times 0.4\right] + \left[\frac{2}{1+2} \times (1-0.2) \times 0.6\right]\right]$$
>
> $$= 0.333$$
>
> $$\text{혼합물 중 질소의 양} = \left[\left[\frac{1}{1+2} \times (1-0.9) \times 0.15\right] + \left[\frac{2}{1+2} \times (1-0.2) \times 0.02\right]\right]$$
>
> $$= 0.015$$
>
> $$= \frac{0.333}{0.015} = 22.2$$

49 쓰레기를 수거하여 분석한 결과 함수율이 20%이고, 총 휘발성 고형물은 총 고형물의 80%, 유기탄소량은 총 휘발성 고형물의 90%이다. 또한 총 질소량이 총 고형물의 3%일 때 C/N 비는?

> **풀이**
>
> $$C/N \text{ 비} = \frac{\text{탄소의 양}}{\text{질소의 양}} \text{ (폐기물 1kg 기준으로 계산)}$$
>
> $$= \frac{1kg \times (1-0.2) \times 0.8 \times 0.9}{1kg \times (1-0.2) \times 0.03} = 24$$

50 열작감량에 대한 탄소의 함유량은 $0.5 \times Gv$ [Gv = 열작감량률(%), 건조고형물에 대한 비]로 표시한다. 어떤 폐기물의 열작감량이 건조고형물에 대하여 60%, 질소는 3%가 함유되어 있고, 함수율이 30%라면 C/N 비는?

> **풀이**
>
> $$C/N \text{ 비} = \frac{\text{탄소의 양}}{\text{질소의 양}} \text{ (폐기물 1kg 기준으로 계산)}$$
>
> $$= \frac{0.5 \times 1kg(1-0.3) \times 0.6}{1kg \times (1-0.3) \times 0.03} = 10$$

51 어느 도시에서 1일 수거되는 분뇨가 400KL 일 때 분뇨 투입구의 수는?

- 수거차량 용량 : 3KL/대
- 작업시간 : 6시간/일
- 수거차량에서 분뇨 투입시간 : 30분
- 안전율 : 1.3

풀이

분뇨 투입구 수$(N)=\dfrac{수거량}{1대\ 투입량}=\dfrac{400\text{KL/day}}{3\text{KL/대}\times6\text{hr/day}\times60\text{min/hr}\times대/30\text{min}}\times1.3$
$$=14.44\,(15\,개)$$

52 침출수를 혐기성 여상으로 처리하고자 한다. 유량이 $1,500\text{m}^3$/day, BOD가 500mg/L이고 처리효율이 90%라면 이때 혐기성 여상에서 발생되는 메탄가스의 양$(\text{m}^3$/day)은?(단, 1.5m^3 가스/BOD-kg, 가스 중 메탄함량 60%)

풀이

메탄가스의 양$(\text{m}^3/\text{day})=1,500\text{m}^3/\text{day}\times500\text{mg/L}\times1,000\text{L/m}^3\times1\text{kg}/10^6\text{mg}$
$$\times0.9\times1.5\text{m}^3\text{gas/BOD·kg}\times0.6$$
$$=607.5\,\text{m}^3/\text{day}$$

53 어느 분뇨처리장에서 Gas 발생량이 150m^3/day이다. 이 소화조의 운영상태를 정상적으로 본다면 발생되는 CH_4가스량$(\text{m}^3$/day)은?

풀이

소화조의 정상운영상태 : 가스량 중 메탄이 ≒ 60%(2/3)이다.
CH_4 가스량$(\text{m}^3/\text{day})=150\times0.6=90\,\text{m}^3/\text{day}$

54 어떤 분뇨처리장으로 VS가 1.5g/L인 분뇨가 50KL/day 유입될 때 소화조에서 발생되는 총 CH_4가스량(m^3)은?(단, 1단계 및 2단계 소화소에서 VS 제거율은 각각 60%, 20%이고 CH_4 가스 발생량은 각각 1m^3/kg-VS 제거, 0.5m^3/kg-VS 제거)

풀이

분뇨 중 VS 함량
$50\text{KL/day}\times1.5\text{g/L}\times1,000\text{L/KL}\times1\text{kg}/1,000\text{g}=75\,\text{kg}-\text{VS/day}$
1단계 소화조에서 CH_4 발생량
$75\text{kg}-\text{VS/day}\times0.6\times1\text{m}^3/\text{kg}-\text{VS}\ 제거=45\,\text{m}^3/\text{day}$
2단계 소화조에서 CH_4 발생량
$75\text{kg}-\text{VS/day}\times(1-0.6)\times0.2\times0.5\text{m}^3/\text{kg}-\text{VS}\ 제거=3\,\text{m}^3/\text{day}$
총 CH_4 가스량$(\text{m}^3)=45+3=48\,\text{m}^3/\text{day}$

55 VS가 50%이고 함수율이 95%인 농축슬러지 $100m^3$을 소화시켰다. 소화율(VS대상)이 40%이고, 소화 후 함수율이 93%라면 소화 후의 부피(m^3)는?(단, 모든 슬러지의 비중 1.0)

> **풀이**
>
> 잔류고형물을 구하여 함수율을 보정하여 구함
>
> 소화 후 슬러지양(m^3) $= (VS+FS) \times \dfrac{100}{100-X_w}$
>
> $$FS = (100 \times 0.05)m^3 \times 0.5 = 2.5\,m^3$$
> $$VS = (100 \times 0.05)m^3 \times 0.5 \times (1-0.4) = 1.5\,m^3$$
> $$= (2.5+1.5) \times \dfrac{100}{100-93}$$
> $$= 57.14\,m^3$$

56 함수율이 98%인 슬러지 $40m^3$을 농축하여 96%로 하였을 때 슬러지 부피(m^3)는?

> **풀이**
>
> 고형물 수지식 이용(물질수지식)
>
> $40m^3 \times (1-0.98) =$ 농축 후 슬러지 부피 $\times (1-0.96)$
>
> 농축 후 슬러지 부피(m^3) $= 20\,m^3$

57 함수율 80%인 슬러지 $50m^3$을 $15m^3$로 농축하였다면 함수율(%)은?

> **풀이**
>
> 고형물 수지식 이용(물질수지식)
>
> $50m^3 \times (1-0.8) = 15m^3 \times$ 농축 후 고형물 함량
>
> 농축 후 고형물 함량 $= 0.67$
>
> 농축 후 함수율(%) $= 1-0.67 = 0.33 \times 100 = 33\%$

58 유기물($C_6H_{12}O_6$) 15kg을 혐기성으로 완전분해할 때 생성될 수 있는 이론적 메탄의 양(sm^3)은?

> **풀이**
>
> $C_6H_{12}O_6 \rightarrow 3CH_4 + 3CO_2$
>
> $180kg \quad : \quad 3 \times 22.4sm^3$
>
> $15kg \quad : \quad CH_4(sm^3)$
>
> $CH_4(sm^3) = \dfrac{15kg \times (3 \times 22.4)sm^3}{180kg}$
>
> $\qquad\qquad = 5.6\,sm^3$

59 분뇨 500KL/day 를 소화할 경우 1일 동안 얻어지는 열량(kcal/day)은?(단, CH_4 발열량 5,500kcal/m³, 발생가스는 전량 CH_4으로 가정하고 발생가스량은 분뇨투입량의 8배로 한다.)

풀이

1일 얻어지는 열량(kcal/day)$= 500KL/day \times 5,500kcal/m^3 \times 1,000L/KL \times m^3/1,000L \times 8$
$$= 2.2 \times 10^7 kcal/day$$

60 분뇨시설을 가온식으로 운전하고 있다. 분뇨투입량이 1.0KL/hr 일 때 1시간 동안 투입된 분뇨를 소화온도까지 올리는 데 필요한 열량은 몇 kcal/hr인가?(소화온도 35℃, 투입분뇨온도 20℃, 분뇨의 비열은 1cal/g · ℃이며, 분뇨의 비중은 1.0, 기타 열손실은 없는 것으로 간주한다.)

풀이

열량(kcal/hr)=슬러지양(분뇨량)× 비열× 온도차
$$= 1.0KL/hr \times 1ton/1KL \times 1,000kg/1ton \times 1.0kcal/kg{\cdot}℃ \times (35-20)℃$$
$$= 15,000 \, kcal/hr$$

61 함수율 95%인 슬러지의 고형물 중 80%가 휘발분이며 그중 50%가 탄소이고 CH_4 생성률은 80%이다. 이 슬러지를 이용하여 용량 150m³인 소화조를 중온소화시키려고 한다. 소화조 가열에 필요한 최소 슬러지량(ton)은?(단, 슬러지의 온도는 20℃, 중온소화온도 37℃, 비중은 1.0, 메탄발열량 6,000kcal/kg, 비열 1.0kcal/kg · ℃)

풀이

우선 열량을 구함
열량=슬러지양× 비열× 온도차
$$= 150m^3 \times 1ton/1m^3 \times 1,000kg/1ton \times 1.0kcal/kg{\cdot}℃ \times (37-20)℃$$
$$= 2,550,000 \, kcal$$

위의 필요열량과 발생열량이 같으므로
슬러지양(kg)$\times (1-0.95) \times 0.8 \times 0.5 \times 0.8 \times 6000kcal/kg = 2,550,000 \, kcal$
슬러지양(kg)$= 26,562.5kg \times ton/1,000kg = 26.56 \, ton$

62 혐기성 소화탱크에서 유기물이 80%, 무기물이 20% 인 슬러지를 소화하여 소화슬러지의 유기물이 70%, 무기물이 30%가 되었다면 소화율(%)은?

풀이

소화효율(%)$= \left(1 - \dfrac{VS_2/FS_2}{VS_1/FS_1}\right) \times 100 = \left(1 - \dfrac{0.7/0.3}{0.8/0.2}\right) \times 100 = 41.6\,\%$

63 $C_6H_{12}O_6$(포도당) 1kg을 호기성 분해할 경우 필요한 산소량(kg)은?

풀이

호기성 완전반응식

$$C_6H_{12}O_6 \ + \ 6O_2 \ \rightarrow \ 6CO_2 + 6H_2O$$

$180kg \quad : \quad 6 \times 32kg$

$1kg \quad : \quad O_2(kg)$

$$O_2(kg) = \frac{1kg \times (6 \times 32)kg}{180kg} = 1.06kg$$

64 $C_6H_{12}O_6$(포도당) 1kg을 혐기성 분해할 경우 CH_4 생성량(m^3)은?

풀이

혐기성 완전반응식

$$C_6H_{12}O_6 \qquad \rightarrow \qquad 3CO_2 + 3CH_4$$

$180kg \qquad : \qquad 3 \times 22.4m^3$

$1kg \qquad : \qquad CH_4(m^3)$

$$CH_4(m^3) = \frac{1kg \times (3 \times 22.4)m^3}{180kg} = 0.37m^3$$

65 분뇨를 호기성 산화방식으로 처리하고자 한다. 소화조의 용량이 $100m^3$/day인 처리장에 필요한 산기관의 수는?(단, 분뇨의 BOD는 20,000mg/L, 1차 BOD 처리효율 75%, 소모공기량 $100m^3$/BOD-kg, 산기관 1개당 통풍량 $0.15m^3$/min, 연속산기방식)

풀이

$$산기관(개) = \frac{\begin{array}{c}100m^3/day \times 20,000mg/L \times 1,000L/m^3 \times 1kg/10^6mg \\ \times 0.75 \times 100m^3/BOD\cdot kg \times day/24hr \times 1hr/60min\end{array}}{0.15m^3/min}$$

$$= 694.4 \, (695 \, 개)$$

66 생분뇨의 SS가 30,000mg/L이고, 1차 침전조에서 SS 제거율은 85%이다. 1일 100KL 분뇨를 투입할 경우 1차 침전지에서 1일 발생되는 슬러지량(ton/day)은?(단, 발생슬러지 함수율은 97%이고 비중은 1.0)

풀이

$$슬러지양(ton/day) = 유입 SS량 \times 제거량 \times \frac{100}{100 - 함수율}$$

$$= 100KL/day \times 30,000mg/L \times 1,000L/KL \times ton/10^9 mg$$

$$\times 0.85 \times \frac{100}{100 - 97}$$

$$= 85\, ton/day$$

다른 풀이방법(고형물 물질수지식)
1차 침전조제거 SS량 $= 100KL/day \times 30,000mg/L \times 1,000L/KL$

$$\times ton/10^9 mg \times 0.85$$

$$= 2.55\, ton \cdot ss/day$$

고형물 물질수지식
$2.55\, ton \cdot ss/day = 발생슬러지양 \times (1 - 0.97)$
발생슬러지양 $= 85\, ton/day$

67 분뇨처리과정 중 농축슬러지의 고형물 농도가 5%이고 이 고형물 중 유기물의 함유율이 70%이며, 다시 소화과정에 의하여 유기물의 70%가 분해되고 소화된 슬러지의 고형물함량이 5.5%일 때 전체 슬러지량은 얼마나 감소(%)하는가?

풀이

소화 후 유기물(VS) 함량 : 슬러지 1kg 기준
$$1kg \times 0.05 \times 0.7 \times (1 - 0.7) = 0.0105\, kg$$

소화 후 무기물(FS) 함량
$$1kg \times 0.05 \times (1 - 0.7) = 0.015\, kg$$

소화 후 고형물량 $= 0.0105 + 0.015 = 0.0255\, kg$

$$소화슬러지양 = \frac{소화 후 고형물량}{소화 후 고형물의 비율} = \frac{0.0255kg}{0.055} = 0.46\, kg$$

$$슬러지감소비율(\%) = 최초슬러지양 - 소화슬러지양$$

$$= 1 - 0.46$$

$$= 0.54 \times 100 = 54\,(\%)$$

68 분뇨처리장 1차 침전지에서 1일 슬러지제거량이 $100m^3/day$이고 SS농도가 $30,000mg/L$이었다. 이 슬러지를 탈수했을 때 탈수된 슬러지의 함수율이 80%이었다면 탈수된 슬러지량(ton/day)은?(단, 비중 1.0)

> **풀이**
>
> $$슬러지양(ton/day) = 100m^3/day \times 30,000mg/L \times 1,000L/m^3 \times 10^{-9}ton/mg \times \frac{100}{100-80}$$
>
> $$= 15\,ton/day$$

69 어느 분뇨처리장에서 잉여슬러지량은 분뇨처리장의 40%이며 함수율은 99%이다. 이것을 농축조에서 함수율 98%로 농축하여 탈수기로 탈수시키고자 한다. 탈수기를 일주일 중 6일간 운전하고 1일 6시간씩 가동한다면 탈수기 능력(KL/hr)은?(단, 1일 분뇨처리량 100KL)

> **풀이**
>
> $$탈수기\ 능력(KL/hr) = \frac{농축\ 후\ 슬러지량}{탈수기\ 가동시간}$$
>
> 슬러지 고형물 물질수지에 의한 농축 후 슬러지양
>
> $$100KL/day \times 0.4 \times (1-0.99) = 농축\ 후\ 슬러지양 \times (1-0.98)$$
>
> 농축 후 슬러지양 $= 20\,KL/day$
>
> $$= \frac{20KL/day \times 7day/주}{6day/주 \times 6hr/day}$$
>
> $$= 3.89\,KL/hr$$

70 전처리에서의 SS제거율은 50%, 1차 처리에서 SS제거율이 85%일 때 방류수 수질기준 이내로 처리하기 위한 2차 처리의 최소효율(%)은?(단, 분뇨 SS : $10,000mg/L$, 방류수 수질기준 $60mg/L$)

> **풀이**
>
> $$SS제거효율 = \left(1 - \frac{SS_o}{SS_i}\right) \times 100\,(\%)$$
>
> $$SS_o = 60\,mg/L$$
>
> $$SS_i = SS \times (1-\eta_1) \times \eta$$
>
> $$= 10,000mg/L \times (1-0.85) \times 0.5$$
>
> $$= 750\,mg/L$$
>
> $$= \left(1 - \frac{60}{750}\right) \times 100 = 92\,\%$$

71 BOD 15,000mg/L, Cl⁻ 800ppm인 분뇨를 희석하여 활성슬러지법으로 처리한 결과 BOD 30mg/L, Cl⁻ 20ppm이었을 때, 활성슬러지법의 BOD 처리효율(%)은?(단, 염소는 활성슬러지법에 의해 처리되지 않음)

풀이

$$\text{BOD 처리효율(\%)} = \left(1 - \frac{\text{BOD}_o}{\text{BOD}_i}\right) \times 100\,(\%)$$

$$\text{BOD}_o = 30\,\text{mg/L}$$

$$\text{BOD}_i = 15,000\text{mg/L} \times (20/800 = 1/40) = 375\,\text{mg/L}$$

$$= \left(1 - \frac{30}{375}\right) \times 100 = 92\,\%$$

72 다음 조건에서 활성슬러지법으로 제거된 BOD 제거효율(%)은?

구분	BOD(mg/L)	SS(mg/L)	Cl⁻(PPm)	처리방법
생분뇨	20,000	30,000	5,000	1차 희석 후
방류수	40	60	250	활성슬러지법

풀이

$$\text{BOD 제거효율(\%)} = \left(1 - \frac{\text{BOD}_o}{\text{BOD}_i}\right) \times 100\,(\%)$$

$$\text{BOD}_o = 40\,\text{mg/L}$$

$$\text{BOD}_i = 20,000\text{mg/L} \times (250/5,000 = 1/20) = 1,000\,\text{mg/L}$$

$$= \left(1 - \frac{40}{1,000}\right) \times 100 = 96\,\%$$

73 분뇨 1차 처리 후의 BOD가 5,000mg/L이고, 2차 처리제거율을 80%로 할 경우 1차 처리수를 몇 배로 희석하면 BOD가 30mg/L의 방류수 허용기준에 맞겠는가?

풀이

$$\text{BOD 제거효율(\%)} = \left(1 - \frac{\text{BOD}_o}{\text{BOD}_i}\right) \times 100\,(\%)$$

$$\text{BOD}_o = 30\,\text{mg/L}$$

$$\text{BOD}_i = \text{BOD} \times (1/p) = 5,000\text{mg/L} \times (1/희석비(P))$$

$$80\% = [1 - \frac{30\text{mg/L}}{5,000\text{mg/L} \times 1/p}] \times 100$$

$$P = 33.3\,\text{배}$$

74 다음과 같은 조건일 경우 진공여과기의 1일 운전시간(hr/day)은?

- 폐수유입량 : 10,000m³/day
- SS제거율 : 90%
- 약품첨가량 : 제거SS량의 15%
- 여과속도 : 20kg/m² · hr
- 유입SS농도 : 200mg/L
- 여과면적 : 20m²
- 건조고형물회수율 : 100%

풀이

제거SS량

$10,000\text{m}^3/\text{day} \times 200\text{mg/L} \times 0.9 \times 1,000\text{L/m}^3 \times 10^{-6}\text{kg/mg} = 1,800\text{ kg/day}$

약품첨가량을 고려한 총 고형물량

$1,800 \times 1.15 = 2,070\text{ kg/day}$

$운전시간(\text{hr/day}) = \dfrac{2,070\text{kg/day}}{20\text{kg/m}^2\cdot\text{hr} \times 20\text{m}^2} = 5.16\text{ hr/day}$

75 탈수기로 유입되는 슬러지량이 100m³/hr이고, 슬러지 함수율 96%, 여과율(고형준 기준)이 100kg/m² · hr일 경우 여과면적(m²)은?(단, 슬러지 비중 1.0)

풀이

$여과면적(A : \text{m}^2) = \dfrac{Q}{V} \times (1 - W)$

$= \dfrac{100\text{m}^3/\text{hr}}{100\text{kg/m}^2\cdot\text{hr} \times \text{m}^3/1,000\text{kg}} \times (1 - 0.96)$

$= 40\text{ m}^2$

76 여과기로 유입되는 슬러지량이 1,000m³/day, BOD는 800mg/L이며, 잉여슬러지 발생량은 유입량의 5%(함수율 95%)이다. 여과율 10kg/m² · hr의 진공여과기로 탈수시 진공여과기의 면적(m²)은?(단, 탈수기 운전시간 : 8hr/day, 슬러지 비중 1.0)

풀이

$여과면적(A : \text{m}^2) = \dfrac{잉여슬러지 중 고형물의 양}{여과속도(여과율)}$

$= \dfrac{1,000\text{m}^3/\text{day} \times 0.05 \times (1 - 0.95)}{10\text{kg/m}^2\cdot\text{hr} \times 8\text{hr/day} \times 1\text{m}^3/1,000\text{kg}}$

$= 31.25\text{ m}^2$

77 진공여과기로 슬러지를 탈수하여 Cake의 함수율을 85%로 할 때, 5시간 동안 Cake의 발생량(ton)은?(단, 여과속도 : 20kg/m² · hr(고형물 기준), 여과면적 : 40m², 비중 1.0)

> **풀이**
>
> Cake 발생량(ton) = 여과율(여과속도) × 여과면적 × 함수율 보정
>
> $$= 20kg/m^2 \cdot hr \times 40m^2 \times 5hr \times ton/1,000kg \times \frac{100}{100-85}$$
>
> $$= 26.67\,ton$$

78 고형물량이 60kg/m³인 농축슬러지 30m³/hr를 탈수시 소석회를 고형물의 15% 첨가하면 수분의 함량이 85%인 탈수 Cake를 얻을 수 있다. 이 농축슬러지에서 얻을 수 있는 탈수 Cake의 양(kg/hr)은?

> **풀이**
>
> 수 Cake 양(kg/hr) = 총 고형물량 × 함수율 보정
>
> $$= 30m^3/hr \times 60kg/m^3 \times 1.15 \times \frac{100}{100-85}$$
>
> $$= 13,800\,kg/hr$$

79 다음 조건에서의 여과비저항(s²/g)을 구하시오.

- 여과압력 : 980g/cm²
- 고형물농도 : 68mg/mL
- 실험상수 : 4.70s/cm⁶
- 여액점도 : 0.0112g/cm · s
- 여과면적 : 50cm²

> **풀이**
>
> 여과비저항(s²/g) = $\dfrac{2aPA^2}{\mu c}$
>
> $$= \frac{2 \times 4.70 \times 980 \times 50^2}{0.0112 \times 0.068} = 3.02 \times 10^{10}\,(s^2/g)$$

80 호기성 소화방법에 의하여 100KL/day의 분뇨를 처리할 경우 처리장에서 필요한 송풍량(m³/hr)은?(단, BOD : 20,000ppm, 제거율 : 70%, 제거 BOD−kg당 필요송풍량 100m³/kg, 분뇨비중 1.0)

> **풀이**
>
> 필요송풍량(m³/hr) = 100KL/day × 20,000mg/kg × kg/10⁶mg × 1kg/1L
>
> $$\times 1,000L/1KL \times 0.7 \times 100m^3/kg \times 1day/24hr$$
>
> $$= 5,833.3\,m^3/hr$$

81 하루 평균 150ton 의 쓰레기를 배출하는 도시가 있다. 매립지의 평균두께를 4m, 매립밀도를 0.8t/m³로 가정할 때 향후 3년간(1년은 360일 가정)의 쓰레기 매립을 위한 최소 매립면적(m²)은?(단, 복토, 침하 진입로, 기타 시설 등은 고려치 않는다.)

> **풀이**
> $$매립면적(m^2) = \frac{매립폐기물의\ 양}{폐기물밀도 \times 매립깊이} = \frac{150ton/day \times 360day/year \times 3year}{0.8t/m^3 \times 4m}$$
> $$= 50,625\,m^2$$

82 1일 폐기물 배출량이 50ton인 어느 도시에서 Trench 공법으로 폐기물을 매립하려고 한다. 도랑의 깊이가 3.0m, 폐기물밀도 450kg/m³, 폐기물의 압축이 40%까지 된다면 연간 필요한 토지면적(m²/year)은?

> **풀이**
> $$매립면적(m^2/year) = \frac{50ton/day \times 365day/year \times 1,000kg/ton}{450kg/m^3 \times 3.0m} \times (1-0.4)$$
> $$= 8,111.1\,m^2/year$$

83 인구가 30만 명인 어느 도시의 쓰레기 배출원 단위가 1.25kg/인·일 이고 밀도가 0.5ton/m³로 측정되었다. 이러한 쓰레기를 분쇄하여 그 용적이 2/3 로 되고 이 분쇄쓰레기를 다시 압축하여 1/3의 용적이 축소되었다면 분쇄만 하여 매립한 경우와 분쇄 후 압축하여 매립한 경우의 연간 매립소요면적 차이(m²/year)는?(단, Trench 깊이는 4m)

> **풀이**
> $$분쇄만\ 한\ 경우의\ 매립면적(m^2/year) = \frac{1.25kg/인·일 \times 300,000인 \times 365day/year}{500kg/m^3 \times 4m} \times \frac{2}{3}$$
> $$= 45,625\,m^2/year$$
> $$분쇄\ 후\ 압축한\ 경우의\ 매립면적(m^2/year) = 45,625m^2/year \times \left(1 - \frac{1}{3}\right)$$
> $$= 30,416.67\,m^2/year$$
> $$소요면적\ 차이(m^2/year) = 45,625 - 30,416.67 = 15,208.33\,m^2/year$$

84 20,000명인 도시에서 발생한 폐기물을 압축 후 도랑식 위생매립방법으로 처리하고자 한다. 1년 동안에 필요한 매립지 면적(m²/year)은?(단, 도랑의 깊이 3.5m, 폐기물 밀도 400kg/m³, 압축률 30%, 폐기물의 발생량 1.5kg/인·일)

> **풀이**
> $$매립면적(m^2/year) = \frac{1.5kg/인·일 \times 20,000인 \times 365일/year}{400kg/m^2 \times 3.5m} \times (1-0.3) = 5,475\,m^2/year$$

85 1일 쓰레기 발생량이 50ton인 도시쓰레기를 깊이 3.5m의 도랑식으로 매립하는 데 발생된 쓰레기의 밀도가 500kg/m³, 도랑점유율 60%, 부피감소율 40%일 경우 2년간 필요한 부지 면적은 몇 m²인가?(기타 조건은 고려하지 않음)

> 풀이
>
> $$매립면적(m^2) = \frac{50ton/day \times 365day/year \times 2year}{0.5ton/m^3 \times 3.5m \times 0.6} \times (1 - 0.4)$$
> $$= 20,857.14\,m^2$$

86 어느 도시에 사용할 매립지의 총용량은 6,500,000m³이며, 그 도시의 쓰레기 배출량은 1.5kg/인·일이다. 매립지에서 압축에 의한 쓰레기 부피감소율이 30%일 경우 매립지를 사용할 수 있는 연수(year)는?(단, 수거대상인구 700,000명, 발생쓰레기 밀도 500kg/m³로 함)

> 풀이
>
> $$매립기간(year) = \frac{매립용적}{쓰레기\ 발생량}$$
> $$= \frac{6,500,000m^3 \times 500kg/m^3}{1.5kg/인\cdot일 \times 700,000인 \times 365일/year \times (1 - 0.3)}$$
> $$= 12.11\,year$$

[87~89] 도시 전체인구는 10만 명이다. 이 도시의 쓰레기 발생량은 1.2kg/인·일, 쓰레기 밀도는 0.35ton/m³, 매립 시 압축률 45%일 경우 다음 물음에 답하시오.

87 1일 쓰레기발생량(m³/day)은?

> 풀이
>
> $$쓰레기발생량(m^3/day) = \frac{1.2kg/인\cdot일 \times 100,000인 \times ton/1,000kg}{0.35ton/m^3}$$
> $$= 342.86\,m^3/day$$

88 쓰레기 운반차량의 적재량이 8ton인 경우 1일 소요되는 차량의 대수는?

> 풀이
>
> $$차량대수(대) = \frac{1.2kg/인\cdot일 \times 100,000인 \times ton/1,000kg}{8ton/1대}$$
> $$= 15\,대/일$$

89 이 쓰레기를 Trench법으로 매립시 1년간 부지의 면적(m^2/year)은?(단, 깊이는 2.5m)

> **풀이**
>
> $$연간\ 부지면적(m^2/year)=\frac{1.2kg/인\cdot일\times100,000인}{0.35ton/m^3\times2.5m}\times ton/1,000kg\times365일/year \times(1-0.45)$$
> $$=27,531.43\,m^2/year$$

90 반감기가 100hr일 때 감소속도상수 K를 구하여라.(단, 반응은 1차 반응기준)

> **풀이**
>
> 1차 반응식
>
> $$\ln\frac{C_t}{C_0}=-Kt$$
>
> 여기서, C_t : 반응 후 농도, C_0 : 초기농도, K : 속도상수, t : 반응시간
>
> $$\ln0.5=-K\times100\,hr$$
> $$속도상수(K)=0.00693hr^{-1}(0.00693/hr)$$

91 방사성 폐기물이 1차 반응에 의하여 감소한다면, 반감기가 4일 경우 속도상수($-$/day)는?

> **풀이**
>
> $$\ln\frac{C_t}{C_0}=-Kt \qquad \ln0.5=-K\times4$$
> $$속도상수(K)=0.173\,/day$$

92 매립지의 침하는 1차 속도로 일어난다. 반감기가 5년이라면 6년 후 침하깊이는 몇 %인가?

> **풀이**
>
> 1차 반응식에 의한 속도상수(K)를 구함
>
> $$\ln\frac{C_t}{C_0}=-Kt \qquad \ln0.5=-K\times5 \qquad K=0.1386$$
>
> 6년 후 침하율을 구함
>
> $$\ln\frac{C_t}{C_0}=-Kt \to (C_0를\ 100으로\ 가정)$$
>
> $$\ln\left(\frac{C_t}{100}\right)=-0.1386\times6$$
>
> $$C_t=43.53 \to (6년\ 후\ 침하율이\ 43.53\ 진행됨을\ 의미)$$
>
> $$6년\ 후\ 침하된\ 깊이비율(\%)=초기침하깊이-6년\ 후\ 침하깊이=100-43.53=56.46\,\%$$

93 어느 매립지에서 침출수 농도가 반으로 감소하는 데 3.5년 걸렸다면, 침출수의 농도가 90% 분해되는 데 몇 년이 소요되는가?(단, 1차 반응)

풀이

$$\ln\left(\frac{C_t}{C_0}\right)=-Kt \qquad \ln0.5=-K\times3.5 \qquad K=0.198$$

90% 분해소요기간(반응 후 농도는 10% 의미)

$$\ln\left(\frac{10}{100}\right)=-0.198\times t$$

소요기간(t : 년)= 11.63 년

94 매립지 바닥으로부터 나오는 침출수의 속도는 Darcy 법칙으로 추정할 수 있다. 이 침출수의 배출속도를 단위면적당 0.2L/day 허용하며 매립지 바닥의 침출수의 높이를 0.8m로 유지시키고자 한다. 이에 필요한 매립지 바닥의 점토층(침투율 0.7L/m²·일) 두께(m)는?

풀이

Darcy식

$$Q=KA=K\left(\frac{dh}{dl}\right)$$

여기서, Q : 침투율
K : 투수계수
dh : 침출수 높이(침출수로부터 지하수면까지의 깊이)
dl : 점토의 두께(침출수가 흐르는 방향으로 차수층의 토양 깊이)

$$0.7L/day\cdot m^2=0.2L/day\cdot m^2\times\left(\frac{0.8m}{점토의\ 두께}\right)$$

점토의 두께(m)= 0.23 m

95 다음 조건과 같은 매립지 내 침출수가 차수층을 통과하는 데 소요되는 시간(year)은?(단, 점토층 두께 1.0m, 유효공극률 0.38, 투수계수 10^{-7}cm/sec, 상부침출수 수두 0.3m)

풀이

$$침출수의\ 점토층\ 통과시간(year)=\frac{d^2\cdot n}{K(d+h)}(sec)$$
$$=\frac{1.0^2m^2\times0.38}{(10^{-7}cm/sec\times m/100cm)\times(1.0+0.3)m}$$
$$=292,307,692\ sec(9.26\ year)$$

96 유효공극률 0.2, 점토층 위의 침출수 수두 1.5m인 점토차수층 1.0m를 통과하는 데 5년이 걸렸다면 점토차수층의 투수계수(cm/sec)는?

> **풀이**
>
> $$t = \frac{d^2 \times n}{K(d+h)}$$
>
> $$31{,}536{,}000\,\text{sec/year} \times 5\text{year} = \frac{1.0^2\text{m}^2 \times 0.2}{K(1.0+1.5)\text{m}}$$
>
> 투수계수(K: cm/sec $= 5.07 \times 10^{-10}$m/sec(5.07×10^{-8}cm/sec)

97 합리식을 이용하여 침출수의 양(m³/day)을 구하시오.(단, 매립지 면적(집수면적) : 25km², 설계 확률 강우강도(연평균 일일강우량) : 125mm/day, 유출계수 : 0.25)

> **풀이**
>
> $$\text{침출수 양(첨두유량 : m}^3\text{/day)} = \frac{C \times I \times A}{1{,}000}$$
>
> $$= \frac{0.25 \times 125 \times 2{,}500{,}000}{1{,}000} \rightarrow (2.5\text{km}^2 = 2{,}500{,}000\text{m}^2)$$
>
> $$= 78{,}125\,\text{m}^3\text{/day}$$

98 다음 조건의 침출수 양(m³/day)은?(단, 합리식을 이용함)

> - 면적 10,000m², 관길이 1,000m
> - 유입속도 30cm/sec
> - 유입시간 360sec
> - 강우강도$(I) = \frac{3{,}600}{(t+20)}$ (mm/day)
> - 유출계수 0.80

> **풀이**
>
> 선제유입시간(t : min)= 파이프 통과시간+ 유입시간
> $$= (1{,}000\text{m} \times 1\text{sec}/0.3\text{m} \times 1\text{min}/60\text{sec}) + (360\text{sec} \times 1\text{min}/60\text{sec})$$
> $$= 61.56\,\text{min}$$
>
> 강우강도(I : mm;day)$= \frac{3{,}600}{(t+20)}$ mm/day
> $$= \frac{3{,}600}{(61.56+20)} = 44.14\text{mm/day}$$
>
> 침출수 양(Q : m³/day)$= \frac{C \times I \times A}{1{,}000}$
> $$= \frac{0.80 \times 44.14 \times 10{,}000}{1{,}000} = 353.11\,\text{m}^3\text{/day}$$

99 매립지 주변을 고려하여 물수지를 고려한다. 강우량(P), 증발산량(ET), 유출량(R), 침출수량(L)만을 고려할 경우 연간 침출수량(mm/year)은?(단, P : 1,500mm/y, ET : 720mm/y, R : 40mm/y)

풀이

침출수량(L)=강우량(P)$-$[유출량(R)$+$증발산량(ET)]
$\quad\quad = 1,500 - (40 + 720) = 740 \, \text{mm/year}$

100 다음 조건의 침출수량(mm/year)은?

- 연평균 강우량 : 1,100mm
- 유출계수 : 10%
- 증발산량 : 700mm
- 토양과 폐기물의 수분보유량 : 0

풀이

침출수량(L)=강우량(P)$-$[유출량(R)$+$증발산량(ET)]$-$토양의 수분보유량(F)
$\quad\quad$ 유출량= 강우량(1,100mm/year)$\times$ 유출계수(0.1)=110mm/year
$\quad\quad = 1,100 - (110 + 700) - 0$
$\quad\quad = 290 \, \text{mm/year}$

101 다음 조건의 매립장에서 예상되는 연간 침출수 발생량(m^3/year)은?

- 매립지 면적 : 5ha
- 증산량 : 200mm
- 토양 유출계수 : 15%
- 연평균 강우량 : 1,500mm
- 토양의 수분 보유량 : 800mm
- 복토의 경사도 : 5%

풀이

침출수량(m^3/year)=강우량(P)$-$[유출량(R)$+$증발산량(ET)]$-$토양의 수분보유량(F)
$\quad\quad$ 유출량= 강우량(1,500mm/year)$\times$유출계수(0.15)$=0.225 \, \text{m/year}$
$\quad\quad$ 침출수량(L)$= 1.5 - (0.225 + 0.2) - 0.8 = 0.275 \, \text{m/year}$
$\quad\quad =$침출수량(m/year)$\times$ 매립지 면적(m^2)
$\quad\quad = 0.275\text{m/year} \times 5\text{ha} \times (100\text{m})^2/1\text{ha}$
$\quad\quad = 13,750 \, \text{m}^3/\text{year}$

102 탄소(C) 3kg을 완전 연소시킨다면 산소는 몇 Nm^3 필요한가?

> **풀이**
>
> $$C \quad + \quad O_2 \quad \longrightarrow \quad CO_2$$
> $$12kg \quad : \quad 22.4Nm^3$$
> $$3kg \quad : \quad O_2\,(Nm^3)$$
>
> $$O_2\,(Nm^3) = \frac{3kg \times 22.4Nm^3}{12kg} = 5.6\,Nm^3$$

103 탄소(C) 1kg을 완전 연소시키는 데 필요한 산소의 양(kg)은?

> **풀이**
>
> 완전연소방식
> $$C \quad + \quad O_2 \quad \longrightarrow \quad CO_2$$
> $$12kg \quad : \quad 32kg$$
> $$1kg \quad : \quad O_2\,(kg)$$
> $$O_2\,(kg) = \frac{1kg \times 32kg}{12kg} = 2.67\,kg$$

104 CO_2 100kg의 표준상태에서 부피(m^3)는?(단, CO_2는 이상기체이고 표준상태)

> **풀이**
>
> 완전연소방정식
> $$C \quad + \quad O_2 \quad \rightarrow \quad CO_2$$
> $$44kg : 22.4m^3$$
> $$100kg : CO_2\,(m^3)$$
>
> $$CO_2\,(m^3) = \frac{100kg \times 22.4m^3}{44kg} = 50.91\,m^3$$

105 쓰레기 조성을 원소 분석한 결과 중량비가 탄소 70%, 수소 5%, 산소 19%, 질소 4%, 황 2% 였다. 이 쓰레기 50kg이 연소 시 필요한 이론산소량(sm^3)은?

> **풀이**
>
> $$\begin{aligned}
> 이론산소량(sm^3) &= 1.867C + 5.6H - 0.7O + 0.7S \\
> &= (1.867 \times 0.7) + (5.6 \times 0.05) - (0.7 \times 0.19) + (0.7 \times 0.02) \\
> &= 1.468 sm^3/kg \times 50kg \\
> &= 73.4\,sm^3
> \end{aligned}$$

106 탄소 80%, 수소 10%, 산소 9%, 황 1%로 조성된 중유의 완전연소에 필요한 이론공기량 (sm^3/kg)은?

> **풀이**
>
> 이론공기량(A_o)
>
> $A_o(sm^3/kg) = \dfrac{1}{0.21}\left[1.867C + 5.6\left(H - \dfrac{0}{8}\right) + 0.7S\right]$
>
> $= \dfrac{1}{0.21}\left[(1.867 \times 0.8) + 5.6\left(0.1 - \dfrac{0.09}{8}\right) + (0.7 \times 0.01)\right]$
>
> $= 9.51\,sm^3/kg$

107 쓰레기 1.5ton을 소각처리하고자 한다. 쓰레기 조성이 다음과 같을 때 이론공기량(sm^3)은?(단, C : 50%, H : 20%, O : 30%)

> **풀이**
>
> 이론공기량(A_o)
>
> $A_o(sm^3) = \dfrac{1}{0.21}\,(1.867 + 5.6H - 0.70)$
>
> $= \dfrac{1}{0.21}\left[(1.867 \times 0.5) + (5.6 \times 0.20) - (0.7 \times 0.30)\right]$
>
> $= 8.779\,sm^3/kg \times 1,500kg$
>
> $= 13,167.86\,sm^3$

108 폐기물의 원소 조성이 다음과 같을 때 이론공기량(sm^3/kg)은?(단, 가연분 80%〔C=50%, H=10%, O=35%, S=5%〕, 수분 10%, 회분 10%)

> **풀이**
>
> 이론공기량(A_o)
>
> $A_o(sm^3/kg) = \dfrac{1}{0.21}(1.867C + 5.6H + 0.7S - 0.7O)$
>
> 가연분 중 각 성분계산 : $C = 0.8 \times 50 = 40\%$
>
> $H = 0.8 \times 10 = 8\%$
>
> $O = 0.8 \times 35 = 28\%$
>
> $S = 0.8 \times 5 = 4\%$
>
> $= \dfrac{1}{0.21}\left[(1.867 \times 0.4) + (5.6 \times 0.08) + (0.7 \times 0.04) - (0.7 \times 0.28)\right]$
>
> $= 4.89\,sm^3/kg$

109 프로필알코올(C_3H_7OH) 1kg을 완전연소하는 데 필요한 이론공기량(sm^3)은?

> 풀이
>
> C_3H_7OH 분자량
>
> $C_3H_7OH = (12 \times 3) + (1 \times 8) + 16 = 60$
>
> $$\text{각 성분의 구성} : C = \frac{36}{60} = 0.6$$
>
> $$H = \frac{8}{60} = 0.133$$
>
> $$O = \frac{16}{60} = 0.267$$
>
> $$A_o(sm^3) = \frac{1}{0.21}[1.867C + 5.6H - 0.70]$$
>
> $$= \frac{1}{0.21}[(1.867 \times 0.6) + (5.6 \times 0.133) + (0.7 \times 0.267)]$$
>
> $$= 8sm^3/kg \times 1kg = 8\,sm^3$$

110 C_6H_6 $10sm^3$이 완전 연소하는 데 소요되는 이론공기량(sm^3)은?

> 풀이
>
> $$A_o(sm^3) = \frac{1}{0.21}\left(m + \frac{n}{4}\right)(sm^3/sm^3)$$
>
> $$= 4.76m + 1.19n$$
>
> $$= (4.76 \times 6) + (1.19 \times 6)$$
>
> $$= 35.7sm^3/sm^3 \times 10sm^3 = 357\,sm^3$$

111 다음 조성의 기체연료 $1sm^3$을 완전 연소시키기 위하여 필요한 이론공기량(sm^3)은?

> $H_2 : 30\%$, $CO : 9\%$, $CH_4 : 20\%$, $C_3H_8 : 5\%$, $CO_2 : 5\%$, $O_2 : 3\%$, $N_2 : 28\%$

> 풀이
>
> H_2 : 이론산소량
>
> $$H_2 + \frac{1}{2}O_2 \rightarrow H_2O$$
>
> $1sm^3 : 0.5sm^3$
>
> $0.3sm^3(O_2 : sm^3)$
>
> 수소 연소시 이론산소량($O_2 : sm^3$) = $0.15\,sm^3$

CO : 이론산소량

$$CO + \frac{1}{2}O_2 \rightarrow CO_2$$

$1sm^3 : 0.5sm^3$

$0.09sm^3 : (O_2 : sm^3)$

CO 연소시 이론산소량$(O_2 : sm^3) = 0.045\,sm^3$

CH$_4$: 이론산소량

$$CH_4 + 2O_2 \rightarrow CO_2 + 2H_2O$$

$1sm^3 : 2sm^3$

$0.2sm^3 : (O_2 : sm^3)$

CH$_4$ 연소시 이론산소량$(O_2 : sm^3) = 0.4\,sm^3$

C$_3$H$_8$: 이론산소량

$$C_3H_8 + 5O_2 \rightarrow 3CO_2 + 4H_2O$$

$1sm^3 : 5sm^3$

$0.05sm^3 : (O_2 : sm^3)$

C$_3$H$_8$ 연소시 이론산소량$(O_2 : sm^3) = 0.25\,sm^3$

필요 이론산소량 $= (0.15 + 0.045 + 0.4 + 0.25) - 0.03$
$$= 0.815\,sm^3$$

필요 이론공기량$(sm^3) = \dfrac{0.815}{0.21} = 3.88\,sm^3$

---

112 페기물 1ton을 연소시킬 때의 이론공기량(kg)은?(단, 폐기물의 원소조성은 C : 20%, H : 2%, O : 18%, 불연성 물질이 60%, 공기 중의 산소량은 0.23)

> **풀이**
>
> 이론산소량 $= 2.677C + 8\left(H - \dfrac{0}{8}\right) + S$
>
> $\qquad = (2.677 \times 0.2) + \left[8\left(0.02 - \dfrac{0.18}{8}\right) + 0\right]$
>
> $\qquad = 0.513\,kg/kg$
>
> 이론공기량 $= \dfrac{0.513}{0.23} = 2.232\,kg$
>
> 폐기물 1,000kg 연소시 이론공기량(kg) $= 2.232kg/kg - $ 폐기물 $\times 1,000kg$
>
> $\qquad\qquad\qquad = 2,232\,kg$

113 쓰레기 소각시 소요공기량의 이론상 중량비는 얼마인가?(단, 쓰레기의 성분은 C : 9.66%, H : 2.31%, O : 9.97%, 기타 성분 : 78.06%)

> **풀이**
>
> 이론산소량(O_o)
>
> $$O_o = 2.667C + 8\left(H - \frac{O}{8}\right) + S$$
>
> $$= (2.667 \times 0.0966) + \left[8\left(0.0231 - \frac{0.0997}{8}\right)\right] + 0$$
>
> $$= 0.342 \, kg/kg$$
>
> 이론공기량(A_o)
>
> $$A_o = \frac{0.342}{0.23} = 1.49kg \, 공기/쓰레기1kg$$

114 수소 1kg을 연소하는 데 필요한 양론적인 공기량은 탄소 1kg을 연소하는 데 필요한 공기의 몇 배인가?(단, 공기 중의 산소량은 중량비로 0.232로 함)

> **풀이**
>
> 수소
>
> $$H_2 + \frac{1}{2}O_2 \rightarrow H_2O$$
>
> $2kg : 0.5 \times 32kg$
>
> $1kg : O_2(kg)$　　$O_2(kg) = 8kg$
>
> 이론적인(양론적) 공기량 $= \dfrac{8}{0.232} = 34.48 \, kg$
>
> 탄소
>
> $$C + O_2 \rightarrow CO_2$$
>
> $12kg : 32kg$
>
> $1kg : O_2(kg)$　　$O_2(kg) = 2.667kg$
>
> 이론적인(양론적) 공기량 $= \dfrac{2.667}{0.232} = 11.49$
>
> 공기 비율 $= \dfrac{수소연소시\ 필요한\ 이론공기량}{탄소연소시\ 필요한\ 이론공기량}$
>
> $$= \frac{34.48}{11.49} = 3.0 \, (3\,배)$$

115 배기가스 성분의 분석결과 산소량이 9.5%이라면 완전연소시 공기비는?

> 풀이

완전연소시 공기비(m)

$$m = \frac{21}{21 - O_2} = \frac{21}{(21 - 9.5)} = 1.83$$

116 폐기물 소각에 필요한 이론공기량이 1.55Nm³/kg이고 공기비는 1.8이다. 하루 폐기물 소각량이 100ton일 경우 실제 필요한 공기량(Nm³/hr)은?

> 풀이

실제공기량(A : Nm³/hr)$= m \times A_o$

m(공기비)$= 1.8$

A_o(이론공기량)$= 1.55 \, \text{Nm}^3/\text{kg}$

$= 1.8 \times 1.55 \text{Nm}^3/\text{kg} \times 100 \text{ton/day} \times 1{,}000 \text{kg/ton} \times \text{day}/24\text{hr}$

$= 11{,}625 \, \text{Nm}^3/\text{hr}$

117 어떤 폐기물의 원소조성이 다음과 같고 실제공기량이 7sm³일 때 공기비는?

가연분 60%(C=40%, H=10%, O=45%, S=5%), 수분 30%, 회분 10%

> 풀이

공기비(m)

$$m = \frac{A}{A_o}$$

$A : 7 \, \text{sm}^3$

$A_o = \frac{1}{0.21}(1.867\text{C} + 5.6\text{H} + 0.7\text{S} - 0.70)$

가연분 중 각 성분 : C $= 0.6 \times 40 = 24\,\%$

H $= 0.6 \times 10 = 6\,\%$

O $= 0.6 \times 45 = 27\,\%$

S $= 0.6 \times 5 = 3\,\%$

$= \frac{1}{0.21}[(1.867 \times 0.24) + (5.6 \times 0.06) + (0.7 \times 0.03) - (0.7 \times 0.27)]$

$= 2.93 \, \text{sm}^3$

$= \frac{7}{2.93} = 2.39$

118 배기가스의 분석차가 $CO_2 : 10\%$, $O_2 : 10\%$, $N_2 : 80\%$이면 연소시 공기비(m)는?

풀이

공기비(m)

$$m = \frac{N_2}{N_2 - 3.76O_2} = \frac{80}{80 - (3.76 \times 10)} = 1.89$$

119 탄소, 수소의 중량 조성이 각각 85%, 15%인 액체연료를 15kg/hr 연소하는 경우 배기가스의 분석치는 $CO_2 : 10.5\%$, $O_2 : 6.5\%$, $N_2 : 83\%$였다. 이 경우 매시간당 실제 필요한 공기량(m^3/hr)은?

풀이

실제공기량(A)

$$A(m^3/hr) = m \times A_o$$

$$m = \frac{N_2}{N_2 - 3.76O_2} = \frac{83}{83 - (3.76 \times 6.5)} = 1.42$$

$$A_o = \frac{1}{0.21}(1.867C + 5.6H)$$

$$= \frac{1}{0.21}[(1.867 \times 0.85) + (5.6 \times 0.15)]$$

$$= 11.56 \, m^3/kg$$

$$= 1.42 \times 11.56 m^3/kg \times 15kg/hr$$

$$= 246.16 \, m^3/hr$$

120 쓰레기 조성이 중량기준으로 $C : 13\%$, $H : 12\%$, 기타 불연소물질 75%이다. 만일 소각 시 소각로에 공급하여야 할 과잉공기량(m^3/kg)은? 〔단, 과잉공기계수(m) = 1.5, 이론공기량 $\left(A_o : m^3/kg\right) = 8.89C + 26.7\left(H - \dfrac{0}{8}\right) + 3.3S$〕

풀이

과잉공기량(m^3/kg)=실제공기량 - 이론공기량

$$\text{이론공기량}(m^3/kg) = (8.89 \times 0.13) + \left[26.7\left(0.12 - \frac{0}{8}\right)\right] + (3.3 \times 0)$$

$$= 4.36 \, m^3/kg$$

$$= (1.5 \times 4.36) - 4.36 = 2.18 \, m^3/kg$$

121 소각대상 물질의 원소조성을 분석한 결과 C : 86%, H : 4%, O : 8%, S : 2%이고 연소 시 연소가스의 조성이 CO_2 : 12.5%, O_2 : 2.5%, N_2 : 85%였다. 실제공기량(sm^3/kg)은?

풀이

실제공기량(sm^3/kg)=이론공기량× 공기비

$$이론공기량 = \frac{1}{0.21}\left[1.867C + 5.6\left(H - \frac{0}{8}\right) + 0.7S\right]$$

$$= \frac{1}{0.21}\left[(1.867 \times 0.86) + \left[5.6\left(0.04 - \frac{0.08}{8}\right)\right]\right.$$
$$\left. + (0.7 \times 0.02)\right]$$

$$= \frac{1.78}{0.21} = 8.51 \, sm^3/kg$$

$$공기비 = \frac{N_2}{[N_2 - 3.76(O_2 - 0.5CO)]} = \frac{85}{[85 - (3.76 \times 2.5)]} = 1.124$$

$$= 8.51 sm^3/kg \times 1.124 = 9.57 \, sm^3/kg$$

122 이론공기량을 사용하여 C_4H_{10}을 완전 연소시킨다면 발생되는 건조연소가스 중의 CO_{2max}(%)는?

풀이

$$CO_{2max}(\%) = \frac{CO_2 \, 양}{G_{od}} \times 100$$

$$C_4H_{10} + 6.5O_2 \rightarrow 4CO_2 + 5H_2O$$

$$22.4m^3 : 6.5 \times 22.4m^3$$

$$1m^3 : 6.5m^3 \quad [CO_2 \rightarrow 4m^3]$$

$$G_{od} = (1 - 0.21)A_o + CO_2 = \left[(1 - 0.21)\frac{6.5}{0.21}\right] + 4 = 28.45 \, m^3/m^3$$

$$= \frac{4}{28.45} \times 100 = 14.05\%$$

123 공기비를 1.25로 하는 어떤 연료를 연소시킬 때 배출가스 조성을 분석한 결과 CO_2가 15%이었다면 CO_{2max}(%)는?

풀이

$$m = \frac{CO_{2max}\%}{CO_2\%}$$

$$CO_{2max}(\%) = m \times CO_2\%$$
$$= 1.25 \times 15 = 18.75\%$$

124 프로판(C_3H_8)과 부탄(C_4H_{10})이 70% : 30% 의 용적비로 혼합된 기체 $1Nm^3$이 완전 연소시 CO_2 발생량(Nm^3)은?

> **풀이**
>
> 혼합가스 $1Nm^3$ 중의 각 함량
>
> $C_3H_8 = \dfrac{70}{100}$, $C_4H_{10} = \dfrac{30}{100}$
>
> $C_3H_8 \rightarrow$ 탄소수(C)는 3(연소시 $1Nm^3$당 $3Nm^3$ CO_2 발생)
>
> $C_4H_{10} \rightarrow$ 탄소수(C)는 4(연소시 $1Nm^3$당 $4Nm^3$ CO_2 발생)
>
> CO_2 발생량(Nm^3) $= 3C_3H_8 + 4C_4H_{10}$
>
> $\qquad\qquad\qquad = 3 \times \left(\dfrac{70}{100}\right) + 4 \times \left(\dfrac{30}{100}\right)$
>
> $\qquad\qquad\qquad = 3.3\,Nm^3$

125 1.5%의 황을 함유하는 연료유를 1일 500kg 연소시키는 보일러가 있다. 배출되는 SO_2(ppm)은?(단, 표준상태에서 연료 1kg 연소시 기체생성부피는 $15m^3$, 연소시 95% 황이 SO_2로 전환됨)

> **풀이**
>
> $SO_2\,(ppm) = \dfrac{SO_2 양}{건조연소가스량} \times 10^6$
>
> $\qquad$ S의 연소반응식
>
> $\qquad S \quad + \quad O_2 \quad \rightarrow \quad SO_2$
>
> $\qquad 32\,kg : 22.4\,sm^3$
>
> $\qquad 500\,kg/day \times 0.015 \times 0.95 : SO_2\,(sm^3)$
>
> $\qquad SO_2\,(sm^3) = \dfrac{500kg/day \times 0.015 \times 0.95 \times 22.4\,sm^3}{32kg} = 4.98\,sm^3/day$
>
> $\qquad$ 건조연소가스량(연료 500kg/day 연소시 기체량)
>
> $\qquad = 15m^3/kg \times 500\,kg/day$
>
> $\qquad = 7,500\,m^3/day$
>
> $\quad = \dfrac{4.98\,sm^3}{7,500m^3/day} \times 10^6$
>
> $\quad = 664\,ppm$

126 CH_4 $1sm^3$을 공기과잉계수 1.3으로 연소시킬 경우 실제 습윤 연소가스량(sm^3)은?

> **풀이**
>
> 연소반응식
>
> $CH_4 + 2O_2 \rightarrow CO_2 + 2H_2O$
>
> 실제 습윤 연소가스량(G_w)
>
> $G_w(sm^3) = (m - 0.21)A_o + \left(x + \dfrac{y}{2}\right)$
>
> $\qquad A_o = \dfrac{1}{0.21}\left(x + \dfrac{y}{4}\right) = \dfrac{1}{0.21}\left(1 + \dfrac{4}{4}\right) = 9.52\,sm^3$
>
> $\qquad = [(1.3 - 0.21) \times 9.52] + \left(1 + \dfrac{4}{2}\right)$
>
> $\qquad = 13.38\,sm^3$

127 CH_4 $1sm^3$을 공기과잉계수 1.3으로 연소시킬 경우 건조 연소가스량(sm^3)은?

> **풀이**
>
> 연소반응식
>
> $CH_4 + 2O_2 \rightarrow CO_2 + 2H_2O$
>
> 실제 건조 연소가스량($G_d : sm^3$) $= (m - 0.21)A_o + (x)$
>
> $\qquad A_o = \dfrac{1}{0.21}\left(x + \dfrac{y}{4}\right) = \dfrac{1}{0.21}\left(1 + \dfrac{4}{4}\right) = 9.52\,sm^3$
>
> $\qquad = [(1.3 - 0.21) \times 9.52] + (1)$
>
> $\qquad = 11.38\,sm^3$

128 프로판의 고위발열량이 $12,000 kcal/sm^3$이라면 저위발열량($kcal/sm^3$)은?

> **풀이**
>
> 저위발열량(Hl)
>
> $Hl(kcal/sm^3) = Hh - 480 \times nH_2O$
>
> $\qquad C_3H_8 + 5O_2 \rightarrow 3CO_2 + 4H_2O$
>
> $\qquad = 12,000 - (480 \times 4)$
>
> $\qquad = 10,080\,kcal/sm^3$

129 수소 15.0%, 수분 1.0%인 액체연료의 고위발열량이 13,000kcal/kg이라면 저위발열량 (kcal/kg)은?

> **풀이**
>
> 저위발열량(Hl)
>
> $Hl\,(\text{kcal/kg}) = Hh - 600(9H + W)$
>
> $\qquad\quad = 13,000 - 600 \times [(9 \times 0.15) + 0.01]$
>
> $\qquad\quad = 12,184\,\text{kcal/kg}$

130 C_4H_{10}의 이론적 연소 시 부피기준 AFR은?

> **풀이**
>
> C_4H_{10} 연소반응식
>
> $C_4H_{10} + 6.5O_2 \rightarrow 4CO_2 + 5H_2O$
>
> $AFR = \dfrac{1/0.21 \times 6.5}{1} = 30.95\,\text{mols air/1mol fuel}$

131 C_8H_{18} 1mol 을 완전 연소시 AFR을 중량비(kg공기/kg연료)로 구하시오. (단, 표준상태)

> **풀이**
>
> C_8H_{18} 연소반응식
>
> $C_8H_{18} + 12.5O_2 \rightarrow 8CO_2 + 9H_2O$
>
> $AFR = $ 부피기준 $AFR \times \dfrac{\text{건조공기분자량}(28.95)}{C_8H_{18}(\text{분자량})}$
>
> $\qquad$ 부피기준 $AFR = \dfrac{1/0.21 \times 12.5}{1} = 59.5\,\text{mols air/mol fuel}$
>
> $\quad = 59.5 \times \dfrac{28.95}{114}$
>
> $\quad = 15.14\,\text{kg air/kg fuel}$

132 소각로 연소실 열부하가 50,000kcal/m³·hr, 저위발열량이 1,000kcal/kg, 폐기물 중량이 15,000kg일 때 소각로의 용적(m³)은?(단, 1일에 8시간씩 가동한다.)

> **풀이**
>
> 소각로 용적$(\text{m}^3) = \dfrac{\text{소각로} \times \text{발열량}}{\text{연소실 열부하율}}$
>
> $\qquad\qquad\quad = \dfrac{15,000\text{kg/day} \times 1,000\text{kcal/kg} \times \text{day/8hr}}{50,000\text{kcal/m}^3 \cdot \text{hr}}$
>
> $\qquad\qquad\quad = 37.5\,\text{m}^3$

133 소각로의 배기가스량이 5,000kg/hr, 가스온도 1,100℃, 체류시간이 2sec일 때 소각로의 용적(m³)은?(단, 표준온도에서 배기가스의 밀도는 0.2kg/m³)

> **풀이**
>
> 소각로 용적(m³) = 배기가스량 × 체류시간
>
> $$= \frac{5,000\mathrm{kg/hr} \times \mathrm{hr}/3,600\mathrm{sec} \times 2\mathrm{sec}}{0.2\mathrm{kg/m^3}} \times \frac{(273+1,100)}{273}$$
>
> $$= 69.85\,\mathrm{m^3}$$

134 20m³의 용적의 소각로에서 연소실 열발생률을 25,000kcal/m³·hr로 하기 위한 저위발열량 8,000kcal/kg인 폐기물의 투입량(kg/hr)은?

> **풀이**
>
> 폐기물의 양(kg/hr) = $\dfrac{\text{연소실 열발생률} \times \text{연소실 용적}}{\text{쓰레기 발열량}}$
>
> $$= \frac{25,000\mathrm{kcal/m^3 \cdot hr} \times 20\mathrm{m^3}}{8,000\mathrm{kcal/kg}}$$
>
> $$= 62.5\,\mathrm{kg/hr}$$

135 폐기물 소각로의 연소실 열부하(kcal/m³·hr)를 구하시오.(연소실 용적 550m³, 1일 가동시간 8시간, 폐기물소각량 5,000kg/day, 폐기물 Hh 7,500kcal/kg 수분응축잠열 600kcal/kg)

> **풀이**
>
> 연소실 열부하(kcal/m³·hr) = $\dfrac{\text{소각발열량(저위발열량)}}{\text{용적}}$
>
> $$= \frac{(7,500-600)\mathrm{kcal/kg} \times 5,000\mathrm{kg/day} \times \mathrm{day}/8\mathrm{hr}}{550\mathrm{m^3}}$$
>
> $$= 7,840.91\,\mathrm{kcal/m^3 \cdot hr}$$

136 폐기물 소각능력이 800kg/m²·hr인 소각로를 1일 8시간 동안 운전시 로스톨(rostol)의 면적(m²)은?(단, 1일 소각량은 100톤)

> **풀이**
>
> 로스톨(화상) 면적(m²) = $\dfrac{\text{시간당 소각량}}{\text{화상부하율(소각능력)}}$
>
> $$= \frac{100,000\mathrm{kg/day} \times \mathrm{day}/8\mathrm{hr}}{800\mathrm{kg/m^2 \cdot hr}}$$
>
> $$= 15.63\,\mathrm{m^2}$$

137 폐기물의 연소능력이 $280kg/m^2 \cdot hr$이며 연소할 폐기물의 양이 $200m^3/day$ 이다. 1일 8hr 소각로를 가동시킨다고 할 때 화상면적(m^2)은?(폐기물 밀도 $200kg/m^3$)

> **풀이**
>
> $$화상면적(m^2) = \frac{시간당 \; 소각량}{폐기물 \; 연소능력(화상부하율)}$$
> $$= \frac{200m^3/day \times 200kg/m^3 \times day/8hr}{280kg/m^2 \cdot hr}$$
> $$= 17.86 \, m^2$$

138 소각로에서 연소온도가 $850℃$, 배기온도 $450℃$, 슬러지 온도가 $25℃$일 경우 열효율(%)은?

> **풀이**
>
> $$열효율(\%) = \frac{(연소온도 - 배기온도)}{(연소온도 - 공급온도)}$$
> $$= \frac{(850 - 450)}{(850 - 25)} \times 100$$
> $$= 48.5 \, \%$$

139 연료를 이론산소량으로 완전연소시켰을 경우의 이론연소온도는 몇 ℃인가?(단, 저위발열량 $5,000kcal/sm^3$, 이론연소가스량 $15sm^3/sm^3$ 연소가스 평균정압비율 $0.35kcal/sm^3 \cdot ℃$, 실온 $15℃$)

> **풀이**
>
> $$이론연소온도(℃) = \frac{저위발열량}{이론연소가스량 \times 연소가스 \; 평균정압비열} + 실제온도$$
> $$= \frac{5,000kcal/sm^3}{15sm^3/sm^3 \times 0.35kcal/sm^3 \cdot ℃} + 15℃$$
> $$= 967.38 \, ℃$$

140 폐기물발열량을 열량계로 측정하니 $3,000kcal/kg$이고 연소시 수분생성량이 $0.5kg/kg$일 경우 저위발열량(kcal/kg)은?

> **풀이**
>
> $$저위발열량(Hl : kcal/kg) = Hh - 600(9H + W)$$
> $$= 3,000 - 600[(9 \times 0) + 0.5]$$
> $$= 2,700 \, kcal/kg$$

141 고위발열량이 19,000kcal/sm³인 프로판(C₃H₈)을 연소시킬 때 이론연소온도(℃)는?(단, 이론연소가스량 15sm³/sm³이며, 연소가스의 정압비율은 0.63kcal/sm³ · ℃, 연료온도 15℃, 공기는 예열하지 않으며, 연소가스는 해리되지 않음)

> **풀이**
>
> $$이론연소온도(℃)=\frac{저위발열량}{이론연소가스량 \times 연소가스\ 평균정압비열} + 실제온도$$
>
> $$저위발열량(Hl)=Hh-480\left[\frac{y}{2}(C_xH_y)\right]=19,000-480\left[\frac{8}{2}(C_3H_8)\right]$$
> $$=17,080\ kcal/sm^3$$
>
> $$=\frac{17,080kcal/sm^3}{15sm^3/sm^3 \times 0.63kcal/sm^3 \cdot ℃}+15℃$$
> $$=1,822.4\ ℃$$

142 황성분이 1.5%인 폐기물을 5ton/hr 소각하는 소각로에서 배기가스 중의 SO₂를 CaCO₃으로 완전히 탈황하는 경우 이론상 하루에 필요한 CaCO₃의 양(ton/day)은?(단, 폐기물 중의 S는 모두 SO₂로 전환되며, 소각로의 1일 가동시간 8hr)

> **풀이**
>
> 반응식
> $$CaCO_3+SO_2 \rightarrow CaSO_3+CO_2$$
> S 와 CaCO₃는 1 : 1 반응
> $$S \rightarrow CaCO_3$$
> 32 ton : 100 ton
> $$5ton/hr \times 0.015 \times 8hr/day : CaCO_3(ton/day)$$
>
> $$CaCO_3(ton/day)=\frac{100ton \times 5ton/hr \times 0.015 \times 8hr/day}{32ton}=1.88\ ton/day$$

143 20ton/hr 의 폐유를 소각하는 소각로에서 황산화물을 탈황하여 부산물인 90% 황산으로 전량 회수된다면 그 부산물(kg/hr)은?(단, 폐유 중 황성분 1.5%, 탈황률 95%라 가정한다.)

> **풀이**
>
> S 와 H₂SO₄는 1 : 1 반응
> $$S \rightarrow H_2SO_4$$
> 32 kg : 98 kg
> $$20\ ton/hr \times 0.015 \times 0.95 : H_2SO_4(kg/hr) \times 0.9$$
>
> $$H_2SO_4(kg/hr)=\frac{98kg \times 20ton/hr \times 0.015 \times 0.95 \times 1,000kg/ton}{32kg/0.9}=969.8\ kg/hr$$

144 폐기물 연소 후 배출되는 HCl 농도가 400ppm이고, 부피가 6,100sm³/hr일 때, HCl를 Ca(OH)₂로 처리시 필요한 Ca(OH)₂의 양(kg/hr)은?(단, Ca원자량은 40, 처리반응률은 100%로 함)

풀이

반응식

$2HCl + Ca(OH)_2 \rightarrow CaCl_2 + 2H_2O$

$2 \times 22.4 \, sm^2 : 74 \, kg$

$6,100sm^3/hr \times 400mL/m^3 \times m^3/10^6 mL \quad : \quad Ca(OH)_2 : [kg/hr]$

$Ca(OH)_2 (kg/hr) = \dfrac{6,100sm^3/hr \times 400mL/m^3 \times m^3/10^6 mL \times 74kg}{2 \times 22.4 \, sm^3} = 4.03 \, kg/hr$

145 여과집진기(Bag Filter)를 이용하여 가스유량이 200m³/min 인 함진가스를 2.0cm/sec의 여과속도로 처리할 때 여과포의 유효면적(m²)은?

풀이

$유효면적(총여과면적 : m^2) = \dfrac{처리가스유량}{여과속도}$

$= \dfrac{200m^3/min}{2.0cm/sec \times m/100cm \times 60sec/min}$

$= 166.67 \, m^2$

146 밀도가 2.2g/cm³인 폐기물 30kg에 고형화재료 10kg을 첨가하여 고형화시킨 결과 밀도가 2.6g/cm³로 증가하였다면 부피변화율(VCF)은?

풀이

부피변화율(VCF)

$VCF = \dfrac{고화\ 처리\ 후의\ 폐기물\ 부피}{고화\ 처리\ 전의\ 폐기물\ 부피}$

$고화\ 전\ 부피 = \dfrac{30kg}{2.2g/cm^3 \times kg/1,000g} = 13,635.36 \, cm^3$

$고화\ 후\ 부피 = \dfrac{(30+10)kg}{2.6g/cm^3 \times kg/1,000g} = 15,384.62 \, cm^3$

$VCF = \dfrac{15,384.62}{13,636.36} = 1.13$

147 표준상태에서 배기가스 중 CO_2 함유율이 0.15% 이라면 몇 mg/sm^3인가?

풀이

$$0.15\% \times \frac{10,000ppm}{1\%} = 1,500\,ppm$$

$$(mg/m^3) = 1,500ppm \times \frac{44}{22.4}$$

$$= 2,946.43\,mg/m^3$$

148 다음 조건의 전력생산량(kW)은?(단, 1kJ/hr=0.2784kW, 발열량 12,000kJ/kg인 폐기물 1ton/hr을 소각, 열효율 22%)

풀이

전력생산량(kW)=생성열량× 열효율

$$= 12,000kJ/kg \times 1,000kg/hr \times 0.22 \times 0.2784kW/(1kJ/hr)$$

$$= 734,976\,kW$$

149 다음 조건의 습윤중량기준 저위발열량(kcal/kg)은 얼마인가? 〔단, 건조중량기준 고위발열량 3,550kcal/kg, 폐기물 조성 수분 70%, 회분 7%, 가연분 23%(C : 11.5%, H : 1.83%, O : 8.76%, N : 0.39%, 기타 : 0.34%)〕

풀이

습윤저위발열량(Hl : kcal/kg)=습윤고위발열량$-600(9H + W)$

$$\text{습윤고위발열량=건조고위발열량} \times \frac{\text{고형물의 양}}{\text{폐기물의 양(습윤)}}$$

$$= 3,550kcal/kg \times \frac{(1-0.7)}{1}$$

$$= 1,065\,kcal/kg$$

$$= 1,065 - 600[(9 \times 0.0183) + 0.7]$$

$$= 644.84kcal/kg$$

150 폐기물처리기사(산업기사)의 골치 아픈 계산문제를 공부하는 방법은?

풀이

• 계산문제는 절대로 눈으로 풀면 안 됩니다.
• 계산문제는 실제로 계산기를 이용하여 "꼭" 직접 풀이해 보세요.
• 계산문제의 유형 및 난이도는 본 교재 필수문제 및 핵심계산문제에서 85% 이상은 벗어나지 않을 것으로 예상되며 "꼭" 여러분의 것으로 만드십시오.
• 계산문제 그래도 도저히 안 되면 좀 무식하지만 외우세요.

PART 07

핵심(이론)
350문제

01 다음 중 유해성이 있다고 판단할 수 있는 폐기물의 성질과 가장 거리가 먼 것은?

㉮ 반응성　　　　　㉯ 발화성
㉰ 부식성　　　　　㉱ 부패성

풀이 유해 폐기물의 성질을 판단하는 성질(시험방법)
① 부식성　　　　② 독성
③ 유해성　　　　④ 난분해성
⑤ 반응성　　　　⑥ 유해가능성
⑦ 인화성(발화성)　⑧ 감염성
⑨ 용출특성

02 쓰레기 배출량을 추정하는 방법 중 시간만 고려하는 방법과 시간을 단순히 하나의 독립적인 종속인자로 고려하는 방법의 문제점을 보완할 수 있도록 고안된 모델은?

㉮ 동적모사모델　　㉯ 경향법
㉰ 다중회귀모델　　㉱ 물질수지모델

03 다음 중 쓰레기의 발생량 예측 방법 모델이 아닌 것은?

㉮ Trend Method
㉯ Multiple Regression Model
㉰ Dynamic Simulation Model
㉱ Direct Weighting Method

풀이 쓰레기 발생량 예측 방법
① 경향법(Trend Method)
② 다중회귀모델 (Multiple Regression Model)
③ 동적 모사모델(Dynamic Simulation Model)

쓰레기 발생량 조사방법
① 적재차량 계수분석법(Load−count Analysis)
② 직접계근법(Direct Weighting Method)
③ 물질수지법(Material Balance Method)
④ 통계조사(표본조사, 전수조사)

04 폐기물 발생량을 예측하는 방법 중 단지 시간과 그에 따른 쓰레기 발생량(또는 성상) 간의 상관관계를 고려하는 것은?

㉮ 경향법　　　　　㉯ 동적 모사모델
㉰ 다중회귀모델　　㉱ 전수조사모델

05 다중회귀모델에서 쓰레기 발생량에 영향을 주는 인자가 아닌 것은?

㉮ 인구　　　　　　㉯ 자원회수량
㉰ 지역소득　　　　㉱ 엥겔지수

풀이 발생량에 영향을 주는 인자
① 인구(인구변동)
② 지역소득(GNP or GRP)
③ 자원회수량
④ 상품 소비량 또는 매출액
⑤ 사회적 · 경제적 특성

06 쓰레기 발생량은 총 발생량보다는 주로 단위발생량으로 표기하는데, 단위로 적정한 것은?

㉮ kg/인 · 일　　　㉯ kg/인 · 주
㉰ m^3/인 · 일　　㉱ m^3/인 · 주

07 다음 중 쓰레기 발생량 조사방법이 아닌 것은?

㉮ 물질수지법
㉯ 적재차량 계수분석법
㉰ 직접계근법
㉱ 수거트럭수지법

08 생활폐기물 발생량의 조사방법 중 직접계근법에 관한 설명과 가장 거리가 먼 것은?

㉮ 입구에서 쓰레기가 적재되어 있는 차량과 출구에서 쓰레기를 적하한 공차량을 계근하여 쓰레

기량을 산출한다.

㉯ 비교적 정확한 쓰레기 발생량을 파악할 수 있다.

㉰ 적재차량 계수분석에 비해 작업량이 많고 번거롭다.

㉱ 주로 산업폐기물을 발생량을 추산하는 데 이용되며 조사범위가 정확하여야 한다.

풀이 ㉱항의 설명은 조사방법 중 물질수지법 내용이다.

09 우리나라의 생활폐기물 일일발생량으로 적절한 것은?

㉮ 약 2.0 kg/인 ㉯ 약 0.5 kg/인

㉰ 약 1.0 kg/인 ㉱ 약 0.1 kg/인

10 쓰레기 발생량 조사방법에 관한 설명으로 틀린 것은?

㉮ 물질수지법 : 일반적인 생활폐기물 발생량을 추산할 때 주로 이용한다.

㉯ 적재차량 계수분석 : 일정기간 동안 특정지역의 쓰레기 수거, 운반차량의 댓수를 조사하여 이 결과를 밀도로 이용하여 질량으로 환산하는 방법이다.

㉰ 직접계근법 : 비교적 정확한 쓰레기 발생량을 파악할 수 있다.

㉱ 직접계근법 : 적재차량 계수 분석에 비하여 작업량이 많고 번거롭다는 단점이 있다.

풀이 물질수지법은 주로 산업폐기물 발생량을 추산할 때 이용하는 방법이다.

11 쓰레기 발생량 조사방법 중 물질수지법에 관한 설명으로 틀린 것은?

㉮ 주로 산업폐기물 발생량을 추산할 때 이용된다.

㉯ 먼저 조사하고자 하는 계의 경계를 정확하게 설정한다.

㉰ 물질수지를 세울 수 있는 상세한 데이터가 있는 경우에 가능하다.

㉱ 비용이 저렴하고 일반적으로 폭 넓게 사용된다.

풀이 물질수지법은 비용이 많이 소요되고 작업량이 많아 널리 이용되지 않고 특수한 경우에만 사용한다.

12 국내 대형 소각장 및 위생매립장에 반입되는 쓰레기의 양을 주로 측정하는 데 이용되며, 비교적 정확한 발생량을 파악할 수 있으나 작업량이 많고 번거로운 폐기물의 발생량 조사방법은?

㉮ 적재차량계수분석법

㉯ 직접계근법

㉰ 표본추출법

㉱ 물질수지법

13 쓰레기 발생량 조사법에 대한 설명이다. 다음 중 옳은 것은?

㉮ 적재차량 계수분석은 쓰레기의 밀도 또는 압축 정도를 정확히 파악할 수 있는 장점이 있다.

㉯ 직접계근법은 적재차량 계수분석에 비해 작업량은 적지만 정확한 쓰레기 발생량의 파악이 어렵다.

㉰ 물질수지법은 산업폐기물의 발생량 추산 시 많이 사용되는 방법이다.

㉱ 쓰레기의 발생량은 각 지역의 규모나 특성에 따라 많은 차이가 있어 주로 총 발생량으로 표기한다.

풀이 ㉮ 항 : 적재차량 계수분석법의 단점은 쓰레기의 밀도 또는 압축 정도에 따라 오차가 크다는 것이다.

㉯ 항 : 직접계근법의 단점은 적재차량 계수분석에 비하여 작업량이 많고 번거로움이 있다는 것이다.

㉱ 항 : 쓰레기의 발생량은 각 지역의 규모나 특성에 따라 많은 차이가 있어 총 발생량보다는 주로 단위발생량(kg/인 · 일)으로 표기한다.

14 쓰레기 발생량 조사방법 중 전수조사의 장점이 아닌 것은?

㉮ 표본오차가 적다.

㉯ 표본치의 보정이 가능하다.

㉰ 조사기간이 짧다.

㉱ 행정시책에 대한 이용도가 높다.

풀이 전수조사는 조사기간이 길다.

15 쓰레기 발생량 조사방법 중 표본조사의 장점과 거리가 먼 것은?

㉮ 비용이 적게 든다.

㉯ 조사기간이 짧다.

㉰ 조사상 오차가 크다.

㉱ 행정시책의 이용도가 높다.

풀이 행정시책의 이용도가 높은 조사방법은 전수조사이다.

16 쓰레기 발생량에 영향을 주는 인자에 관한 설명으로 가장 거리가 먼 것은?

㉮ 쓰레기통이 클수록 쓰레기 발생량은 증가한다.

㉯ 수집빈도가 높을수록 쓰레기 발생량은 증가한다.

㉰ 생활수준이 낮을수록 쓰레기 발생량은 증가한다.

㉱ 도시규모가 커질수록 쓰레기 발생량은 증가한다.

풀이 생활수준이 높아지면 발생량이 증가하고 다양화된다.

17 쓰레기 발생량에 영향을 미치는 요인에 관한 설명으로 알맞지 않은 것은?

㉮ 수거빈도가 잦거나 쓰레기통의 크기가 크면 쓰레기 발생량이 증가한다.

㉯ 재활용품의 회수 및 재이용률이 높을수록 쓰레기 발생량이 감소한다.

㉰ 쓰레기 관련 법규는 쓰레기 발생량에 중요한 영향을 미친다.

㉱ 생활수준이 높은 주민들의 쓰레기 발생량은 그렇지 않은 주민들보다 적고 또한 단순하다.

18 폐기물 발생량에 영향을 미치는 인자들에 대한 설명으로 맞는 것은?

㉮ 대도시보다는 문화수준이 열악한 중소도시의 주민이 쓰레기를 더 많이 발생시킨다.

㉯ 쓰레기 발생량은 주방쓰레기량에 영향을 많이 받으므로, 엥겔지수가 높은 서민층의 쓰레기가 부유층보다 많다.

㉰ 쓰레기를 자주 수거해가면 쓰레기발생량이 증가한다.

㉱ 쓰레기통이 클수록 유효용적이 증가하여 발생량이 감소한다.

풀이 ㉮ 항 : 생활수준(문화수준)이 높아지면 발생량이 증가하고 다양화된다.

㉯ 항 : 쓰레기 발생량은 서민층보다는 부유층에서 발생량이 많다.

㉱ 항 : 쓰레기통이 클수록 유효용적이 증가하여 발생량이 증가한다.

19 분뇨에 대한 설명 중 틀린 것은?

㉮ 유기물 함유도와 점도가 높아서 쉽게 고액분리되지 않는다.

㉯ 분과 뇨의 고형질의 비는 7 : 1 정도이다.

㉰ 협잡물의 함유율이 높고, 염분의 농도도 비교적 높다.

㉱ 일반적으로 1인 1일 평균 600g의 분과 300~800g의 뇨를 배출한다.

풀이 일반적으로 1인 1일 평균 100g의 분과 800g의 뇨를 배출한다.

20 분뇨의 특징에 관한 설명으로 틀린 것은?

㉮ 분뇨는 외관상 황색~다갈색이며 비중은 1.02 정도이다.

㉯ 분뇨는 하수슬러지에 비해 질소의 농도가 높다.

㉰ 다량의 유기물을 포함하여 고액분리가 곤란하다.

㉱ 분뇨 중 질소산화물의 함유형태를 보면 분은 VS 의 60~70% 정도이다.

풀이 분뇨 중 질소산화물의 함유형태를 보면 분은 VS의 12~20%, 뇨는 VS의 80~90% 정도이다.

21 우리나라 수거분뇨 내의 염소이온 농도로 가 장 적절한 것은?

㉮ 약 5,500mg/L
㉯ 약 8,500mg/L
㉰ 약 10,000mg/L
㉱ 약 12,500mg/L

22 하수슬러지와 비교한 분뇨의 특성으로 옳은 것은?

㉮ 분뇨 내의 협잡물 농도는 높으나 염분, 질소농도 는 낮다.

㉯ 분뇨 내의 협잡물과 염분농도는 높으나 질소농도 는 낮다.

㉰ 분뇨 내의 협잡물과 질소농도는 높으나 염분농도 는 낮다.

㉱ 분뇨 내의 협잡물, 염분, 질소농도는 높다.

23 분뇨의 일반적 성질 중 C/N비 및 협잡물의 비 율로 맞는 것은?

㉮ C/N비 : 약 10, 협잡물 비율 : 약 3~5%
㉯ C/N비 : 약 20, 협잡물 비율 : 약 1~3%
㉰ C/N비 : 약 30, 협잡물 비율 : 약 3~5%
㉱ C/N비 : 약 40, 협잡물 비율 : 약 1~3%

24 폐기물의 성상분석 절차 중 가장 먼저 시행하 는 것은?

㉮ 함수율 측정
㉯ 밀도 측정
㉰ 원소분석 측정
㉱ 발열량 측정

풀이 폐기물의 성상분석 단계
시료 → 밀도 측정 → 물리적 조성분석 → 건조 → 분류(가연, 부연성) → 절단 및 분쇄 → 화학적 조성 분석 및 발열량 측정

25 도시 폐기물의 개략분석(Proximate Analysis) 항목과 가장 거리가 먼 것은?

㉮ 수분함량
㉯ 휘발성 고형물
㉰ 고정탄소
㉱ 산소함유량

풀이 도시폐기물의 개략분석(근사분석) 항목
① 수분함량
② 휘발성 고형물
③ 고정탄소
④ 회분(재)

26 폐기물 관리체계에서 비용이 가장 많이 소요 되는 단계는?

㉮ 수거
㉯ 매립
㉰ 저장
㉱ 퇴비화

풀이 폐기물 관리에 소요되는 총 비용 중 수거 및 운반단계 가 약 60% 이상을 차지한다.

27 효과적인 수거노선 설정에 관한 내용과 가장 거리가 먼 것은?

㉮ 적은 양의 쓰레기가 발생하나 동일한 수거빈도 를 받기를 원하는 수거지점은 가능한 한 같은 날 왕복 내 수거되지 않도록 한다.

㉯ 가능한 한 지형지물 및 도로 경계와 같은 장벽을 이용하여 간선도로 부근에서 시작하고 끝나도록 배치하여야 한다.

㉰ U자형 회전은 피하고 많은 양의 쓰레기가 발생되

는 발생원은 하루 중 가장 먼저 수거하도록 한다.

㉻ 가능한 한 시계방향으로 수거노선을 정한다.

풀이 적은 양의 쓰레기가 발생하나 동일한 수거빈도를 원하는 적재지점(수거지점)은 같은 날 왕복 내에서 수거한다.

28 수거노선에 대한 설명 중 틀린 것은?

㉮ 간선도로 부근에서 시작하고 끝나야 한다.

㉯ 언덕지역에서는 아래로 진행하면서 수거한다.

㉰ 가능한 한 시계방향으로 수거노선을 정한다.

㉱ 아주 많은 양의 쓰레기 발생원은 가장 나중에 수거한다.

풀이 아주 많은 양의 쓰레기가 발생되는 발생원은 하루 중 가장 먼저 수거한다.

29 효율적이고 경제적인 수거노선을 결정할 때 유의사항으로 틀린 것은?

㉮ 수거인원 및 차량형식이 같은 기존 시스템의 조건들을 서로 관련시킨다.

㉯ 아주 많은 양의 쓰레기가 발생되는 발생원은 하루 중 가장 먼저 수거한다.

㉰ U자형 회전을 이용하여 수거하고 가능한 시계방향으로 수거노선을 결정한다.

㉱ 출발점은 차고와 가깝게 하고 수거된 마지막 컨테이너가 처분지의 가장 가까이에 위치하도록 배치한다.

풀이 반복운행 또는 U자형 회전은 피하여 수거한다.

30 효과적인 수거를 위한 쓰레기 수거차량의 노선 결정 시 유의할 사항으로 옳지 않은 것은?

㉮ 아주 많은 양의 쓰레기가 발생되는 발생원은 하루 중 가장 먼저 수거한다.

㉯ 언덕지역에서는 언덕의 꼭대기에서부터 시작하

여 적재하면서 차량이 아래의 진행하도록 한다.

㉰ U자형 회전을 피한다.

㉱ 가급적 반시계방향으로 노선을 정한다.

풀이 가능한 시계방향으로 노선을 정한다.

31 수거 노선을 선정할 때 유의할 사항 중 잘못된 것은?

㉮ 지형지물 및 도로경계와 같은 장벽을 피하여 간선도로 부근에서 시작하고 끝나도록 한다.

㉯ 가능한 한 시계방향으로 수거 노선을 정한다.

㉰ 발생량이 아주 많은 발생원은 하루 중 가장 먼저 수거한다.

㉱ 발생량이 적으나 수거빈도가 동일하기를 원하는 적재지점은 가능한 한 같은 날 왕복 내에서 수거한다.

풀이 가능한 한 지형지물 및 도로경계와 같은 장벽을 사용하여 간선도로 부근에서 시작하고 끝내야 한다.

32 거주자가 정해진 수거일에 맞추어 쓰레기 저장용기를 노변에 갖다 놓으면 수거차량이 용기를 비우고 빈 용기를 주인이 찾아가는 쓰레기 수거형태는?

㉮ Curb Service

㉯ Alley Service

㉰ Poor-To-Door-Collection

㉱ Black Service

33 다음의 쓰레기 수거형태 중 효율이 가장 좋은 것은?(단, MHT 기준)

㉮ 운전 수거

㉯ 타종 수거

㉰ 대형쓰레기통 수거

㉱ 노변 수거

풀이 수거형태에 따른 수거효율

- 타종 수거 → 0.84MHT
- 대형쓰레기통 수거 → 1.1MHT
- 플라스틱 자루 수거 → 1.35MHT
- 집밖 이동식 수거 → 1.47MHT
- 집안 이동식 수거 → 1.86MHT
- 집밖 고정식 수거 → 1.96MHT
- 문전 수거 → 2.3MHT
- 벽면 부착식 수거 → 2.38MHT

34 가정용 쓰레기를 수거할 때 쓰레기통의 위치와 구조에 따라서 수거효율이 달라진다. 다음 중 수거효율이 가장 좋은 것은?

⑦ 집밖 이동식   ⓝ 집안 이동식
ⓓ 벽면 부착식   ⓐ 집밖 고정식

풀이 집밖 이동식은 MHT가 1.47로 집안 이동식(1.86), 벽면 부착식(2.38), 집밖 고정식(1.96)보다 낮으며, MHT가 적은 수치일수록 수거효율이 높다.

35 새로운 쓰레기 수집시스템에 관한 설명으로 틀린 것은?

⑦ 모노레일 수송 : 쓰레기를 적환장에서 최종처분장까지 수송하는 데 적용할 수 있다.
ⓝ 컨베이어 수송 : 광대한 지역에 적용될 수 있는 방법으로 컨베이어 세정에 문제가 된다.
ⓓ 관거 수송 : 쓰레기 발생밀도가 높은 곳에서 현실성이 있으며 조대 쓰레기는 파쇄, 압축 등의 전처리가 필요하다.
ⓐ 관거 수송 : 잘못 투입된 물건은 회수하기가 곤란하므로 가설 후에 경로변경이 어렵다.

풀이 ⓝ항의 내용은 컨테이너 수송의 내용이다.

36 다음은 파이프-라인을 이용한 쓰레기 수송방법에 대한 설명이다. 정확하지 않은 내용은?

⑦ 쓰레기 발생밀도가 낮은 곳에서 현실성이 있다.
ⓝ 잘못 투입된 물건을 회수하기가 곤란하다.
ⓓ 조대 쓰레기는 파쇄, 압축 등의 전처리가 필요하다.
ⓐ 장거리에는 이용이 곤란하다.

풀이 파이프-라인(관거) 쓰레기 수거방법은 쓰레기 발생밀도가 높은 지역에서 현실성이 있다.

37 쓰레기 수송방법 중 관거(Pipe Line) 방법에 관한 설명과 가장 거리가 먼 것은?

⑦ 초기 투자비용이 많이 소요된다.
ⓝ 쓰레기 발생밀도가 상대적으로 높은 지역에서 사용 가능하다.
ⓓ 장거리 수송이 경제적으로 현실성이 있다.
ⓐ 관거 설치 후 노선변경이 어렵다.

풀이 장거리 수송하는 데는 부적합하다. 일반적으로 단거리(2.5 km 이내)에서만 현실성이 있다.

38 광대한 국토와 철도망이 있는 곳에서 사용가능하며 수집차의 집중과 청결유지가 가능한 지역의 선정이 문제가 되는 쓰레기 수송방식은?

⑦ 모노레일 수송   ⓝ 컨테이너 수송
ⓓ 컨베이어 수송   ⓐ 관거 수송

39 다음은 다양한 수집시스템에 관한 설명이다. 각 시스템에 대한 설명 중 틀린 것은?

⑦ 모노레일 수송은 쓰레기를 발생원에서 최종적환장까지 수송하는 데 적용할 수 있다. 자동무인화의 장점에 비해 가설이 어렵고 설치비가 높은 단점이 있다.
ⓝ 컨베이어 수송은 지하에 설치된 컨베이어에 의해 수송하는 방법으로 수송망을 하수도처럼 설치하면 각 가정의 쓰레기를 처분장까지 운반할 수 있다. 악취문제의 해결과 경관보전의 장점에

비해 고가의 시설비와 정기적 정비가 필요한 단점이 있다.

㉰ 컨테이너 철도수송은 광대한 지역에서 적용할 수 있는 방법이며 철도역 기지의 선정이 어렵고 사용 후 컨테이너의 세정에 많은 물이 요구되어 폐수처리의 문제가 발생한다.

㉱ 관거를 이용한 수거는 자동화, 인건비절감, 무공해화가 가능하며 눈에 띄지 않는 장점이 있으나 가설 후 경로 변경의 어려움, 높은 설치비, 인구밀집지역에만 가능하다는 제한성이 존재한다.

[풀이] 모노레일(Mono Rail) 수송은 쓰레기를 적환장에서 최종처분장까지 수송하는 데 적용할 수 있다.

40 새로운 쓰레기 수집 수송 방법인 Pipe Line 수송방법의 장·단점으로 틀린 것은?

㉮ 사고발생 시 시스템 전체 마비를 예방할 수 있어 안정성이 높다.

㉯ 조대(祖大) 쓰레기는 파쇄, 압축 등의 전처리가 필요하다.

㉰ 쓰레기 발생밀도가 높은 지역에서 현실성이 있다.

㉱ 가설 후에 경로변경이 곤란하고 설치비가 높다.

[풀이] Pipe Line 수송방법은 사고발생 시 시스템 전체가 마비되며 대체시스템으로 전환이 필요하다.

41 새로운 폐기물 수송방법에 관한 내용 중 알맞지 않은 것은?

㉮ Mono-Rail 수송 : 쓰레기 적환장에서 최종 처분장까지 수송하는 데 적용할 수 있다.

㉯ Conveyor 수송 : 사용 후 세정으로 세정수 처리 문제를 고려해야 한다.

㉰ Container 수송 : 광대한 국토와 철도망이 있는 곳에서 사용할 수 있다.

㉱ Pine-Line 수송 : 쓰레기의 발생밀도가 높고 단거리에서 현실성이 있다.

[풀이] 사용 후 세정으로 세정수 처리문제를 고려해야 하는 수송방법은 Container 수송이다.

42 쓰레기의 새로운 수집모델인 모노레일 수송에 관한 내용으로 틀린 것은?

㉮ 적환장에서 최종처분장까지 수송하는 데 적용할 수 있다.

㉯ 자동무인화할 수 있다.

㉰ 가설이 어렵고 설치비가 높다.

㉱ 시설 완료 후에도 경로변경이 용이하다.

[풀이] 모노레일 수송은 시설완료 후 경로변경이 어렵고 반송노선이 필요하다는 단점이 있다.

43 수송망을 하수도 시설처럼 가설하면 각 가정에서 배출된 쓰레기를 최종처분장까지 운반할 수 있으나 내구성과 미생물 부착 등의 문제가 있으며 유지비가 많이 드는 단점이 있는 쓰레기 수송수단은?

㉮ 컨테이너 철도 수송

㉯ 저장백(BAG) 수송

㉰ 컨테이너 수송

㉱ 컨베이어 수송

44 새로운 쓰레기 수거 시스템인 관거수거방법 중 공기수송에 대한 설명으로 옳지 않은 것은?

㉮ 공기수송은 고층주택 밀집지역에 적합하며 소음방지 시설이 필요하다.

㉯ 진공수송은 쓰레기를 받는 쪽에서 흡인하여 수송하는 것으로 진공압력은 $1.5\,kg_f/cm^2$ 이상이다.

㉰ 진공수송은 경제적인 수집거리는 약 $2\,km$ 정도이다.

㉱ 가압수송은 쓰레기를 불어서 수송하는 방법으로 진공수송보다는 수송거리를 더 길게 할 수 있다.

[풀이] 진공수송에 있어서 진공압력은 최대 $0.5\,kg_f/cm^2$ Vac 정도이다.

정답 40 ㉮ 41 ㉯ 42 ㉱ 43 ㉱ 44 ㉯

45 폐기물 수거의 효율성을 향상시키기 위한 적환장 설치 위치를 선정 시 고려사항으로 틀린 것은?

㉮ 쉽게 간선도로에 연결되며, 2차 보조 수송수단과 연결이 쉬운 곳

㉯ 건설비와 운영비가 적게 들고 경제적인 곳

㉰ 수거 쓰레기 발생지역의 무게중심에서 가능한 한 먼 곳

㉱ 주민의 반대가 적고, 환경적 영향이 최소인 곳

풀이 적환장의 설치장소는 수거하고자 하는 개별적 고형 폐기물 발생지역의 하중중심(무게중심)과 되도록 가까운 곳이어야 함

46 국내에서 쓰레기 전환시설이 NIMBY 시설로 인식되고 있다. 그 원인이라 볼 수 없는 것은?

㉮ 압축차량을 사용하므로, 직접 수송이 불가능하다.

㉯ 적환장 인근에 쓰레기 차량의 출입이 빈번해진다.

㉰ 악취발생 및 쓰레기가 비산하게 된다.

㉱ 파리, 모기 등의 해충과 쥐가 서식하게 되어서 비위생적이다.

47 다음 내용은 어떠한 적환 시스템을 설명하는 것인가?

> 수거차의 대기시간이 없이 빠른 시간 내에 적하를 마치므로 적환 내외의 교통체증 현상을 없애주는 효과가 있다.

㉮ 직접투하방식 ㉯ 저장투하방식

㉰ 간접투하방식 ㉱ 압축투하방식

48 적환장의 방식 중 저장투하방식에 대한 설명으로 옳지 않은 것은?

㉮ 쓰레기를 저장 피트(Pit)나 플랫폼에 저장한 후 불도저 등의 보조장치를 사용하여 수송차량에 싣는다.

㉯ 일반적으로 저장 피트는 2~2.5 m 깊이로 되어 있으며 저장량은 계획 처리량의 0.5~2일분의 쓰레기를 저장한다.

㉰ 수입차량의 대기시간을 단축시킬 수 있는 장점이 있다.

㉱ 부패성 쓰레기는 직접 투입되고 재활용품이 많은 쓰레기는 별도 투하되어 재활용품을 선별한 뒤 수송차량에 적재하여 매립지로 수송하게 된다.

풀이 ㉱항은 직접·저장투하 결합방식의 내용이다.

49 일반적으로 적환장을 설치하는 경우와 가장 거리가 먼 것은?

㉮ 고밀도 거주지역이 존재할 때

㉯ 상업지역에서 폐기물 수집에 소형 용기를 많이 사용할 때

㉰ 불법투기와 다량의 어질러진 쓰레기들이 발생할 때

㉱ 처분지가 수집 장소로부터 멀리 떨어져 있을 때

풀이 저밀도 거주지역이 존재할 때 적환장을 설치한다.

50 적환 및 적환장에 관한 설명으로 알맞지 않은 것은?

㉮ 적환장은 수송차량의 적재용량에 따라 직접적환, 간접적환, 복합전환으로 구분된다.

㉯ 적환장은 소형 수거를 대형 수송으로 연결해주는 곳이며 효율적인 수송을 위하여 보조적인 역할을 수행한다.

㉰ 적환장의 설치장소는 수거하고자 하는 개별적 고형 폐기물 발생지역의 하중중심에 되도록 가까운 곳이어야 한다.

㉱ 적환을 시행하는 이유는 종말처리장이 대형화되어 폐기물의 운반거리가 연장되었기 때문이다.

풀이 적환장의 형식은 직접투하방식, 저장투하방식, 직접 저장투하 결합방식으로 구분한다.

51 적환장에 대한 설명으로 가장 거리가 먼 것은?

㉮ 최종처리장과 수거지역의 거리가 먼 경우 사용하는 것이 바람직하다.

㉯ 폐기물의 수거와 운반을 분리하는 기능을 한다.

㉰ 적환장에서 재사용 가능한 물질의 선별이 가능하다.

㉱ 적환장의 위치는 최종처분지와 가깝게 위치하는 것이 바람직하다.

풀이 적환장의 설치장소는 수거하고자 하는 쓰레기 발생지역의 무게중심과 되도록 가까운 곳이어야 한다.

52 다음 중 적환장 선정 시 고려해야 되는 사항과 거리가 먼 것은?

㉮ 환경피해 영향이 최소인 곳

㉯ 가급적 폐기물 발생지의 중심부에 위치할 것

㉰ 가급적 간선도로에서 거리가 가깝지 않을 것

㉱ 작업이 용이하고 설치가 간편할 것

풀이 주도로의 접근이 용이하고, 쉽게 간선도로에 연결되며, 2차 또는 보조수송 수단의 연결이 쉬운 지역에 설치한다.

53 적환장에 대한 설명으로 가장 옳은 것은?

㉮ 주위 민원을 피하기 위해 적환방법은 반드시 직접투하식을 택한다.

㉯ 쓰레기를 대용량 용기 및 대형차량으로 수거 시 더욱 필요하다.

㉰ 적환장의 위치는 쓰레기 발생량의 무게 중심에 둔다.

㉱ 최종 처분지 근처에 두는 것이 유리하다.

54 전과정평가(LCA)는 4부분으로 구성된다. 그 중 상품, 포장, 공정, 물질, 원료 및 활동에 의해 발생하는 에너지 및 천연원료요구량 대기 · 수질오염

물질 배출, 고형폐기물과 기타 기술적 자료구축 과정에 속하는 것은?

㉮ Scoping Analysis

㉯ Inventory Analysis

㉰ Impact Analysis

㉱ Improvement Analysis

풀이 ① Scoping Analysis : 설정분석(목표 및 범위)
② Inventory Analysis : 목록분석
③ Impact Analysis : 영향분석
④ Improvement Analysis : 개선분석(개선평가)

55 다음 중 LCA의 구성요소가 아닌 것은?

㉮ 수행평가

㉯ 목록분석

㉰ 영향평가

㉱ 개선평가

56 전 과정평가(LCA)는 4부분으로 구성된다. 환경부하에 대한 영향을 평가하는 기술적, 정량적 및 정성적 과정에 속하는 것은?

㉮ Scoping and Initiation

㉯ Inventory Analysis

㉰ Impact Analysis

㉱ Improvement Analysis

57 사용하는 자원, 에너지, 환경에 미치는 각종 부하를 원료자원 채취−생산−유통−사용−재사용−폐기의 전 과정에 걸쳐 가능한 정량적으로 분석 및 평가하여 현재 인류가 직면하고 있는 자원의 고갈 및 생태계의 파괴현상과 지구환경문제 등을 근본적으로 해결하기 위한 각종 개선방안을 모색하는 기술적이며 체계적인 과정을 의미하는 것은?

㉮ LCA(Life Cycle Assessment)

㉯ ISO 14000

㉰ EMAS(Ecomanagement & Audit Scheme)

㉱ ESSD(Environmentally Sound and Sustainable Development)

58 폐기물 관리를 위해서 가장 중요한 1차적인 근본적 항목에 해당되는 것은?

㉮ 재이용   ㉯ 감량화

㉰ 재활용   ㉱ 퇴비화

> 풀이 폐기물 관리에 있어서 우선적으로 고려할 사항
> ① 감량화
> ② 재회수 및 재활용(재이용)
> ③ 소각
> ④ 매립

59 폐기물 처리의 기본목표와 가장 거리가 먼 것은?

㉮ 감량화   ㉯ 원료화

㉰ 안정화   ㉱ 무해화

60 폐기물의 자원화 및 재활용을 추진하기 위하여 선행되어야 할 조건으로 가장 적절한 것은?

㉮ 소각시설의 건설추진

㉯ 위생매립시설 확보

㉰ 폐기물 수거료 인상

㉱ 재생제품 시장의 안정성 확보

61 가로의 청결상태를 기준으로 청소상태를 평가하는 것은?

㉮ CEI   ㉯ TUM

㉰ USI   ㉱ GFE

62 청소상태의 평가방법에 관한 설명으로 틀린 것은?

㉮ 지역사회 효과지수는 가로의 청소상태를 기준으로 평가한다.

㉯ 사용자 만족도지수는 서비스를 받는 사람들의 만족도를 설문조사하여 계산되며 설문문항은 6개로 구성되어 있다.

㉰ 지역사회 효과지수에서 가로 청결상태의 Scale은 1~6로 정하여 각각 100, 80, 60, 40, 20, 0점으로 한다.

㉱ 지역사회 효과지수는 가로 청소상태의 문제점이 관찰되는 경우 10점씩 감점한다.

> 풀이 지역사회 효과지수(CEI)에서 가로 청결상태의 Scale은 1~4로 정하여 100, 75, 50, 25, 0점으로 한다.

63 청소상태 만족도 평가를 위한 지역사회 효과지수인 CEI(Community Effects Index)에 관한 설명으로 알맞은 것은?

㉮ 적환장 크기와 수거량의 관계로 결정된다.

㉯ 수거방법에 따른 MHT 변화로 측정한다.

㉰ 가로(街路) 청소상태를 기준으로 측정한다.

㉱ 일반대중들에게 설문조사를 실시하여 결정한다.

64 청소상태를 평가하는 방법 중 서비스를 받는 사람들의 만족도를 설문조사하여 계산하는 '사용자 만족도 지수'의 약자로 알맞은 것은?

㉮ USI   ㉯ UAI

㉰ CEI   ㉱ CDI

정답   58 ㉯   59 ㉯   60 ㉱   61 ㉮   62 ㉰   63 ㉰   64 ㉮

65 다음 중 유해폐기물 불법매립과 관련이 깊은 사건은?

㉮ 보팔사건
㉯ 트레일 스멜터 사건
㉰ 러브운하 사건
㉱ 세베소 사건

풀이 러브커넬사건(러브운하사건)은 미국(1940~1952) 후커케미컬사의 유해폐기물 불법매립으로 일어난 환경재난사건이다.

66 폐기물은 단순히 버려져 못쓰는 것이라는 의식을 바꾸어 "폐기물=자원"이라는 공감대를 확산시킴으로써 재활용정책에 활력을 불어 넣은 "생산자 책임 재활용 제도"는?

㉮ ROHS   ㉯ ESSD
㉰ EPR   ㉱ WEE

풀이 생산자 책임 재활용 제도(EPR)
Extended Producer Responsibility

67 다음 국제협약 및 조약 중에서 유해폐기물의 국가 간 이동 및 처리의 통제를 위한 것은?

㉮ 런던국제덤핑협약
㉯ GATT협약
㉰ 리우(Rio)협약
㉱ 바젤(Basel)협약

68 1992년 리우데자네이로에서 가진 유엔환경개발 회의에서 대두된 용어(약자)로 「친환경적이면서 지속 가능한 개발」이란 뜻을 가진 것은?

㉮ EPSS   ㉯ ESSD
㉰ EEZ   ㉱ POHC

69 환경경영체제(ISO-14000)에 대한 설명 중 가장 거리가 먼 것은?

㉮ 기업이 환경문제의 개선을 위해 자발적으로 도입하는 제도이다.
㉯ 환경사업을 기업 영업의 최우선 과제 중의 하나로 삼는 경영체제이다.
㉰ 기업의 친환경성 이미지에 대한 광고 효과를 위해 도입할 수 있다.
㉱ 전 과정평가(LCA)를 이용하여 기업의 환경성과를 측정하기도 한다.

풀이 환경경영체제(ISO-14000)
① EMS라고도 하며 기존의 품질경영을 환경 분야에까지 확장한 개념
② 환경관리를 기업경영의 방침으로 삼고 기업 활동이 환경에 미치는 부정적인 영향을 최소화 하는 것을 의미
③ 환경경영의 구체적인 목표와 프로그램을 정하여 이의 달성을 위한 조직, 책임, 절차 등을 규정
④ 인적·물적인 경영자원을 효율적으로 배분하여 조직적으로 관리하는 체제를 의미

70 폐기물 처리 및 관리 차원에서 흔히 사용되는 용어에 대한 설명 중 옳지 않은 것은?

㉮ 3P(Polluter Pay(s) Principles)는 오염자부담 원칙을 말한다.
㉯ 3R(Recycle, Recreation, Reuse)은 폐기물의 재이용, 재활용 등 폐기물 관리에 관한 것을 말한다.
㉰ 3T(Temperature, Time, Turbulence)는 소각이나 열분해 시 적절한 소기의 목적을 달성할 수 있는 요소를 말한다.
㉱ ESSD는 친환경적이며 지속 가능한 개발을 말한다.

풀이 3R은 감량화(Reduction), 재이용 또는 재활용(Reuse or Recycle) 회수이용(Recovery)이다.

정답 65 ㉰   66 ㉰   67 ㉱   68 ㉯   69 ㉯   70 ㉯

71 쓰레기 감량화 대책 중 발생 대책이 아닌 것은?

㉮ 철저한 분리수거 실시

㉯ 가정용품의 적절한 정비

㉰ 중고품의 활용

㉱ 에너지 회수

풀이 에너지 회수, 중량 및 부피감소화, 재생이용은 발생 후 대책이다.

72 쓰레기 압축기를 형태에 따라 구별한 것으로 틀린 것은?

㉮ 소용돌이식 압축기

㉯ 충격식 압축기

㉰ 고정식 압축기

㉱ 백 압축기

풀이 압축기의 형태에 따른 구분
① 고정식 압축기(Stationary Compactors)
② 백 압축기(Bag compactors)
③ 수직 또는 소용돌이식 압축기(Vertical or Console Compactors)
④ 회전식 압축기(Rotary Compactors)

73 폐기물 압축기에 대한 설명으로 틀린 것은?

㉮ 고압력 압축기의 압력 강도는 700~35,000 kN/m^3 범위이다.

㉯ 고압력 압축기로 폐기물의 밀도를 1,600 kg/m^3 까지 압축시킬 수 있으나 경제적 폐기물의 압축 밀도는 1,000 kg/m^3 정도이다.

㉰ 고정식 압축기는 주로 유압에 의해 압축시키며 압축방법에 따라 회분식과 연속식으로 구분된다.

㉱ 수직식 또는 소용돌이식 압축기는 기계적 작동이나 유압 또는 공기압에 의해 작동하는 압축피스톤을 갖고 있다.

풀이 고정식 압축기는 주로 수압에 의해 압축시키고 압축은 압축피스톤을 사용한다. 또한 압축방법에 따라 수평식압축기, 수직식 압축기로 구분된다.

74 쓰레기 압축처리 방법 중 포장기(Baler)대한 설명으로 적합하지 않는 것은?

㉮ 압축 후 삼베나 가죽 또는 철끈으로 묶는다.

㉯ 관리에 용이한 크기나 무게로 포장한다.

㉰ 완전하게 건조되지 못한 폐기물은 취급하기 곤란하다.

㉱ 매립지에서는 포장을 해체하여 최종 처분한다.

75 폐기물 압축기에 대한 설명으로 옳지 않은 것은?

㉮ 캔류나 병류는 약 2.4atm 정도에서 압축되므로 저압 압축기를 사용할 수 있다.

㉯ 고압 압축기는 1,000kg/m^{3}까지 압축시킬 수 있으나 경제적 압축 밀도는 700~800kg/m^3 정도이다.

㉰ 고정식 압축기는 주로 수압에 의해 압축시킨다.

㉱ 수직식 또는 소용돌이식 압축기는 압축 피스톤을 유압 또는 공기에 의해 작동시키거나 기계적으로 작동시킨다.

풀이 고압력 압축기는 1,600kg/m^{3}까지 압축시킬 수 있으나 경제적 압축 밀도는 1,000kg/m^3 정도이다.

76 냉각파쇄기에 대한 설명으로 틀린 것은?

㉮ 파쇄기의 발열 및 열화를 방지한다.

㉯ 유가물을 고순도, 고회수율로 회수가 가능하다.

㉰ 복합재질의 선택 파쇄는 불가능하다.

㉱ 투자비가 크므로 특수용도로 주로 활용된다.

풀이 냉각파쇄기는 복합재질의 선택파쇄가 가능하다.

77 파쇄기에 관한 설명으로 틀린 것은?

㉮ 충격파쇄기는 유리나 목질류 등을 파쇄하는 데 이용된다.

㉯ 충격파쇄기는 대개 회전식이다.

㉰ 전단파쇄기는 충격파쇄기에 비해 파쇄속도가 느리고 이물질의 혼입에 대하여 약하다.

㉱ 압축파쇄기는 파쇄기의 마모가 심하고 비용이 많이 소요되는 단점이 있다.

풀이 압축파쇄기는 파쇄기의 마모가 적고 파쇄비용이 저렴한 장점이 있다.

78 폐기물파쇄기 중 전단파쇄기에 관한 설명으로 틀린 것은?

㉮ 고정칼, 왕복 또는 회전칼과의 교합에 의하여 폐기물을 전단한다.

㉯ 충격파쇄기에 비해 파쇄속도가 빠르다.

㉰ 충격파쇄기에 비해 파쇄물의 크기를 고르게 할 수 있다.

㉱ 충격파쇄기에 비해 이물질 혼입에 약하다.

풀이 전단파쇄기는 충격파쇄기에 비해 파쇄속도가 느리다.

79 파쇄 메커니즘과 가장 거리가 먼 것은?

㉮ 압축작용

㉯ 전단작용

㉰ 회전작용

㉱ 충격작용

풀이 파쇄기의 메커니즘(작용력)
  ① 압축작용
  ② 전단작용
  ③ 충격작용
  ④ 상기 3가지 조합작용

80 전단파쇄기에 관한 설명으로 옳지 않은 것은?

㉮ 충격파쇄기에 비해 이물질의 혼입에 강하며 폐기물의 입도가 고르다.

㉯ 고정칼의 왕복 또는 회전칼의 교합에 의하여 폐기물을 전단한다.

㉰ 주로 목재류, 플라스틱류 및 종이류를 파쇄하는 데 이용한다.

㉱ 충격파쇄기에 비해 대체적으로 파쇄속도가 느리다.

풀이 충격파쇄기에 비해 이물질의 혼입에 취약하며, 파쇄물의 입도를 고르게 할 수 있다.

81 폐기물을 분쇄하거나 파쇄하는 목적으로 가장 거리가 먼 것은?

㉮ 겉보기 비중의 감소

㉯ 유기물 분리

㉰ 비표면적의 증가

㉱ 입경분포의 균일화

풀이 폐기물의 분해 · 파쇄 목적
  ① 겉보기 비중의 증가
  ② 유기물의 분리, 회수
  ③ 비표면적의 증가
  ④ 입경분포의 균일화
  ⑤ 용적감소
  ⑥ 취급의 용이 및 운반비 감소
  ⑦ 매립 : 소각을 위한 전처리

82 폐기물의 파쇄에 대한 설명 중 틀린 것은?

㉮ 터브 그라인더(Tub Grinder)는 발생원에서 현장처리를 할 수 있는 일종의 해머밀 파쇄기이다.

㉯ 전단파쇄기는 해머밀 파쇄기보다 저속으로 운전된다.

㉰ 전형적인 터브 그라인더(Tub Grinder)는 투입구 직경이 크다는 특징을 가진다.

㉱ 해머밀 파쇄기는 반대방향으로 회전하는 두 개의 칼날작용으로 균일한 파쇄가 가능하다.

풀이 해머밀 파쇄기에 투입된 폐기물은 중심축의 주위를 고속회전하고 있는 회전해머의 충격에 의해 파쇄된다.

83 폐기물의 파쇄를 통한 세립화 및 균일화의 장점과 가장 거리가 먼 것은?

㉮ 조대 폐기물에 의한 소각로의 손상방지

㉯ 용량감소로 인한 운반비의 절감 및 매립부지 절약

㉰ 자력선별에 의한 고가 금속 등의 회수 가능

㉱ 고형 연료재 생산 및 연소가스 이용

84 쓰레기를 파쇄하여 매립 시 이점과 가장 거리가 먼 것은?

㉮ 곱게 파쇄하면 매립 시 복토가 필요 없거나 복토 요구량이 절감된다.

㉯ 매립 시 안정적인 혐기성 조건을 유지하면 냄새가 방지된다.

㉰ 매립작업이 용이하고 압축장비가 없어도 고밀도의 매립이 가능하다.

㉱ 폐기물 입자의 표면적이 증가되어 미생물작용이 촉진된다.

풀이 매립 시 폐기물이 잘 섞여서 호기성 조건을 유지하므로 냄새가 방지된다.

85 취성도가 낮은 쓰레기는 전단파쇄가 유효하다. 취성도를 가장 바르게 나타낸 것은?

㉮ 압축강도와 인장강도의 비

㉯ 인장강도와 전단강도의 비

㉰ 충격강도와 전단강도의 비

㉱ 충격강도와 압축강도의 비

86 파쇄처리에 따른 비표면적의 증가효과와 가장 거리가 먼 것은?

㉮ 소각처리 시 연소효율의 향상

㉯ 수거 시 비산먼지 발생방지 효율의 향상

㉰ 열분해 시 반응효율의 향상

㉱ 퇴비화 시 발효율의 향상

풀이 수거 시 비산먼지 발생에 의해 수거효율이 저감된다.

87 다음 중 특성입자크기에 관한 설명으로 가장 적절한 것은?

㉮ 입자의 무게 기준으로 53.2%가 통과할 수 있는 체의 눈 크기

㉯ 입자의 무게 기준으로 63.2%가 통과할 수 있는 체의 눈 크기

㉰ 입자의 무게 기준으로 73.2%가 통과할 수 있는 체의 눈 크기

㉱ 입자의 무게 기준으로 83.2%가 통과할 수 있는 체의 눈 크기

88 압력 메커니즘에 의한 파쇄에 대한 설명으로 옳지 않은 것은?

㉮ 금속, 플라스틱, 목재 등 다양한 폐기물에 적합하다.

㉯ 구조상 큰 덩어리의 폐기물 파쇄에 적합하다.

㉰ 기구적으로 가장 간단하고 튼튼하다고 할 수 있다.

㉱ 파쇄부의 마모가 적고 운전비용이 적게 소요된다.

풀이 압력 메커니즘을 이용한 압축파쇄기는 금속, 고무, 연질플라스틱 파쇄는 곤란하다.

89 비자성이고 전기전도성이 좋은 물질(동, 알루미늄, 아연)을 다른 물질로부터 분리하는 데 가장 적절한 선별방법은?

㉮ 와전류 선별

㉯ 자기선별

㉰ 자장선별

㉱ 정전기 선별

90 다음의 쓰레기 선별에 관련된 내용 중 틀린 것은?

㉮ Zigzag 공기 선별기는 컬럼의 층류를 발달시켜 선별효율을 증진시킨 것이다.

㉯ 손선별은 정확도가 높고 파쇄공정 유입 전 폭발 가능 위험물질을 분류할 수 있는 장점이 있다.

㉰ 관성선별로는 가벼운 것(유기물)과 무거운 것(무기질)을 분리한다.

㉱ 진동 스크린 선별은 주로 골재 분리에 많이 이용하며 체경이 막히는 문제가 발생할 수 있다.

풀이) 지그재그(Zigzag) 공기 선별기는 컬럼의 난류를 높여줌으로써 선별효율을 증진시킨 것이다.

91 돌, 코르크 등의 불투명한 것과 유리 같은 투명한 것의 분리에 이용되는 선별방법은?

㉮ Floatation

㉯ Optical Sorting

㉰ Ilertial Separation

㉱ Electrostatic Separator

풀이) Optical Sorting은 광학선별을 말한다.

92 광학선별은 물질이 가진 광학적 특성의 차를 이용하여 분리하는 기술이다. 다음 중 광학선별의 절차(과정) 단계에 대한 내용으로 틀린 것은?

㉮ 조사결과는 광학적으로 평가됨

㉯ 광학적으로 조사됨

㉰ 입자는 기계적으로 투입됨

㉱ 선별대상입자는 압축공기분사에 의해 정밀하게 제거됨

풀이) 광학 선별의 절차(과정) 4단계
• 1단계 : 입자는 기계적으로 투입
• 2단계 : 광학적으로 조사
• 3단계 : 조사결과는 전기·전자적으로 평가
• 4단계 : 선별대상입자는 압축공기분사에 의해 정밀하게 제거됨

93 약간 경사진 판에 진동을 주어 무거운 것이 빨리 경사판 위로 올라가는 원리를 이용한 폐기물 선별 장치는?

㉮ Stoners

㉯ Secators

㉰ Bed Separator

㉱ Jigs

94 물렁거리는 가벼운 물질로부터 딱딱한 물질을 선별하는 데 이용되며, 경사진 컨베이어를 통해 폐기물을 주입시켜 회전하는 드럼 위에 떨어뜨려 분류하는 선별방식은?

㉮ Stoners

㉯ Jigs

㉰ Secators

㉱ Float Separator

95 Trommel Screen에 대한 설명 중 틀린 것은?

㉮ 스크린 다음에 분쇄기를 두어 분리된 폐기물을 주입, 분쇄함으로써 입도를 균일하게 한다.

㉯ 원통의 경사도가 크면 효율도 떨어지고 부하율도 커진다.

㉰ 스크린 중 선별효율이 우수하고 유지관리상 문제가 적다.

㉱ 회전속도가 증가하면 어느 정도까지는 선별효율이 증가하나 일정속도 이상이 되면 원심력에 의해 막힘 현상이 일어난다.

풀이) 트롬멜 스크린(Trommel Screen) 앞에 분쇄기를 설치하여 분리된 폐기물을 주입, 분쇄함으로써 입도를 균일하게 한다.

96 다음 중 폐유리병을 크기 및 색깔별로 선별할 수 있는 방법으로 가장 적절한 것은?

㉮ Hand Sorting

㉯ Floatation

㉰ Secators

㉱ Inertial Separation

풀이) Hand Sorting은 손선별(인력선별)을 말한다.

정답) 90 ㉮ 91 ㉯ 92 ㉮ 93 ㉮ 94 ㉰ 95 ㉮ 96 ㉮

97 공기선별기에 대한 설명 중 틀린 것은?

㉮ 수직공기선별기를 개선한 Zigzag 공기선별기는 칼럼의 난류를 완화시켜 선별효률을 증진시키고자 고안된 장치이다.

㉯ 일반적으로 공기 선별기의 성능은 주입률이 커질수록 떨어지는 것으로 알려져 있다.

㉱ 경사공기선별기는 중력에 의해 입구로 들어온 폐기물을 진동판에 의하여 분리한다.

㉲ 공기선별은 폐기물 내의 가벼운 물질인 종이나 플라스틱류를 기타 무거운 물질로부터 선별해내는 방법이다.

풀이 지그재그(Zigzag) 공기선별기는 칼럼의 난류를 완화시켜 선별효율을 증진시키고자 고안된 장치이다.

98 트롬멜 스크린에 관한 설명으로 틀린 것은?

㉮ 회전속도는 임계속도 이상으로 운전할 때가 최적이다.

㉯ 선별효율이 좋고 유지관리상의 문제가 적다.

㉱ 경사도가 크면 효율도 떨어지고 부하율도 커지며 대개 2~3° 정도이다.

㉲ 길이가 길면 효율은 증진되나 동력소모가 많다.

풀이 트롬멜 스크린의 최적 회전속도는 '임계회전속도 ×0.45' 정도이다.

99 폐기물 선별에 대한 설명 중 옳지 않은 것은?

㉮ 와전류식 선별은 전자석유도에 관한 페러데이법칙을 기초로 한다.

㉯ 풍력선별기에 있어 전형적인 폐기물/공기비는 2~7이다.

㉱ 펄스풍력선별기는 유속의 변화를 이용하는 장치이다.

㉲ 정전기적 선별을 이용하면 플라스틱에서 종이를 선별할 수 있다.

풀이 풍력선별기에 있어 전형적인 '공기/폐기율' 비는 2~7 정도이다.

100 선별방식 중 각 물질의 비중차를 이용하는 방법으로 약간 경사진 평판에 폐기물을 올려놓고 좌우로 빠른 진동과 느린 진동을 주어 가벼운 입자는 빠른 진동 쪽으로, 무거운 입자는 느린 진동 쪽으로 분류하는 것은?

㉮ Secators ㉯ Stoners
㉱ Table ㉲ Jig

101 와전류 분리에 관한 설명으로 알맞지 않는 것은?

㉮ 와전류 분리법은 비극성이고 전기전도도가 좋은 물질을 와전류현상에 의하여 다른 물질로부터 분리하는 방법이다.

㉯ 와전류 분리법으로 분리하기 좋은 물질은 동, 알루미늄, 아연 등이다.

㉱ 전자석 유도에 관한 페러데이법칙을 기초로 한다.

㉲ 와전류는 자장 중에 놓인 부도체의 외부에 전자유도로 생기는 와전류상의 전류이다.

풀이 와전류는 시간적으로 변화하는 자장 속에 놓인 도체의 내부에 전자유도로 생기는 와전류상의 전류이다.

102 트롬멜 스크린에 대한 설명으로 옳지 않은 것은?

㉮ 스크린 중에서 선별효율이 좋고 유지관리상의 문제가 적다.

㉯ 스크린의 경사도는 2~3° 정도이다.

㉱ 스크린의 경사도가 크면 효율이 떨어지고 부하율도 커진다.

㉲ 임계속도는 경험적으로 최적속도×0.45 정도이다.

풀이 트롬멜 스크린의 최적회전속도는 '임계회전속도 ×0.45' 정도이다.

103 트롬멜 스크린의 전형적인 운전특성과 가장 거리가 먼 것은?

㉮ 스크린 개방면적(%) : 53
㉯ 경사속도[도(°)] : 15~25
㉰ 회전속도(rpm) : 11~13
㉱ 길이(m) : 4.0

풀이 트롬멜 스크린의 운전특성 중 경사도는 2~3°이다.

104 쓰레기 선별효율 중 Trommel 스크린 선별효율에 영향을 주는 인자에 관한 설명으로 알맞지 않은 것은?

㉮ 스크린에 폐기물을 주입하기 이전에 분쇄기를 두는 것이 효과적이다.
㉯ 회전속도는 어느 정도 증가할수록 선별효율이 증가하나 그 이상이 되면 막힘 현상이 일어난다.
㉰ 경사도가 크면 효율은 증진되나 부하율이 떨어진다.
㉱ 경험적으로 [임계회전속도×0.45=최적회전속도]로 나타낼 수 있다.

풀이 원통의 경사도가 크면 선별효율이 떨어지고 부하율도 떨어진다.

105 선별기인 스토너(Stoner)에 관한 설명으로 틀린 것은?

㉮ 원래 밀 등의 곡물에서 돌이나 기타 무거운 물질을 제거하기 위하여 고안되었다.
㉯ 공기가 유입되는 다공진동판으로 구성되어 있다.
㉰ 상당히 넓은 입자크기분포 범위에서 밀도선별기로 작용한다.
㉱ 중요한 운전변수는 다공판의 기울기와 공기의 유량이다.

풀이 Stoner는 상당히 좁은 입자크기분포 범위 내에서 밀도선별기로 작용한다.

106 '손선별'에 관한 설명으로 틀린 것은?

㉮ 선별의 정확도가 높다.
㉯ 파쇄공정으로 유입되기 전에 폭발가능성이 있는 위험물질을 분류할 수 있다.
㉰ 벨트폭은 한쪽에서만 작업하는 경우 60cm 정도로 한다.
㉱ 작업효율은 2.5~5.0ton/인·시간 정도이다.

풀이 손선별의 작업효율은 0.5 ton/인·hr이다.

107 와전류분리에 대한 설명으로 가장 거리가 먼 것은?

㉮ 와전류에 의한 자속의 방향은 그것을 일으키게 하는 자속과 같은 방향이 되어 반발력을 상쇄시킨다.
㉯ 와전류는 시간적으로 변화하는 자장 속에 놓인 도체의 내부에 전자유도에 의해 생기는 와상의 전류이다.
㉰ 자속이 두 개 있으며 고유저항, 도자율 등의 물성의 차이에서 반발력 크기의 차이가 생기기 때문에 비자성의 도체의 분리가 가능하다.
㉱ 비자성이고 전기전도도가 좋은 물질을 와전류현상에 의해 다른 물질에서 분리할 수 있다.

풀이 와전류에 의한 자속의 방향은 그것을 일으키게 하는 자속과 다른 방향이 되어 반발력 크기의 차이가 생겨 비자성 도체의 분리가 가능하다.

108 도시폐기물의 선별작업에서 가장 많이 사용되는 트롬멜 스크린의 선별효율에 영향을 주는 인자와 가장 거리가 먼 것은?

㉮ 회전 속도
㉯ 진동 속도
㉰ 폐기물 부하
㉱ 체눈의 크기

풀이) 트롬멜 스크린의 선별효율에 영향을 주는 인자
  ① 체눈의 크기(입경)
  ② 직경
  ③ 경사도
  ④ 길이
  ⑤ 회전속도
  ⑥ 폐기물의 부하와 특성

109 사금선별을 위해 오래전부터 사용되던 습식 선별방법은?

㉮ Jigs

㉯ Stoners

㉰ Tommel Screen

㉱ Ballistic Separator

110 폐기물 선별방법 중 분쇄한 전기줄로부터 금속을 회수하거나 분쇄된 자동차나 연소재로부터 알루미늄, 구리 등을 회수하는 데 사용되는 선별장치는?

㉮ Fluidized Bed Separator

㉯ Stoners

㉰ Optical Sorting

㉱ Jigs

풀이) Fluidized Bed Separator은 유동상 분리를 말한다.

111 다음 폐기물 처리장치 중 2차 오염물질로 폐수가 가장 많이 발생하는 장치는?

㉮ Pulverizer

㉯ Shredder

㉰ Compator

㉱ Hammer Mill

112 폐기물 선별기술에 대한 설명 중 가장 거리가 먼 내용은?

㉮ 공기선별은 무거운 물질로부터 가벼운 물질을 선별하는 데 이용

㉯ Stoners는 퇴비에서 유리와 같은 무거운 물질을 선별하는 데 이용

㉰ Gigs는 흔들층을 침투하는 능력의 차이로 가볍고 무거운 물질을 선별하는 장치

㉱ 관성분리법은 중력분리의 한 방법으로 입자의 종말속도와 공기의 상승속도의 차이를 이용함

풀이) 관성선별은 분해된 폐기물을 중력이나 탄도학을 이용하여 가벼운 것(유기물)과 무거운 것(무기물)으로 분리한다.

113 도시폐기물을 입자 크기별로 분류하기 위하여 회전식 원통 스크린(Trommel)을 많이 이용한다. Trommel 스크린에 대한 설명 중 옳지 않은 것은?

㉮ 원통 내로 압축공기를 송입할 수 있다.

㉯ 원통의 체로 수평으로부터 5도 전후로 경사된 축을 중심으로 회전시켜 체분리하는 것이다.

㉰ 원통 내 부하율(폐기물)이 증가하면 선별효율은 감소한다.

㉱ 파쇄입경의 차이가 작을수록 선별효과는 적어지나 선별효율은 커져 분별공정이 잘 진행된다.

풀이) 파쇄입경의 차이가 작을수록 선별효과가 적어져 선별효율이 낮아지므로 분별공정이 잘 진행되지 못한다.

114 펄스풍력 선별기의 전형적인 r(공기/폐기물)의 비는?

㉮ 1~2

㉯ 2~7

㉰ 7~9

㉱ 9~10

115 폐기물의 선별 및 재료회수공정의 기본적인 순서로서 가장 적절한 것은?

㉮ 폐기물－분쇄－저장－공기선별－자석선별－사이클론

㉯ 폐기물－저장－분쇄－공기선별－사이클론－자석선별

㉰ 폐기물－저장－분쇄－자석선별－공기선별－사이클론

㉱ 폐기물－분쇄－저장－공기선별－사이클론－자석선별

116 폐기물 중 철금속(Fe)/비철금속(Al, Cu)/유리병의 3종류를 각각 분리할 수 있는 방법으로 가장 적절한 것은?

㉮ 자력선별법　　　　㉯ 정전기선별법
㉰ 와전류선별법　　　㉱ 풍력선별법

117 RDF의 구비조건 아닌 것은?

㉮ 대기오염이 적을 것
㉯ 함수량이 낮을 것
㉰ 발열량이 낮을 것
㉱ 재의 양이 적을 것

풀이 RDF의 구비조건
① 발열량이 높을 것
② 함수율이 낮을 것
③ 쓰레기 원료 중에 비가연성 성분이나 연소 후 잔류하는 재의 양이 적을 것
④ 대기오염이 적을 것
⑤ 배합률이 균일할 것
⑥ 저장 및 이송이 용이할 것
⑦ 기존 고체연료 사용시설에 사용 가능할 것

118 RDF에 관한 설명으로 틀린 것은?

㉮ RDF 내 염소량이 크면 연료로 사용 시 다이옥신의 발생 등이 문제가 된다.

㉯ RDF 내 조성은 셀룰로오스가 주성분이므로 수분에 따른 부패의 우려가 없다.

㉰ RDF를 대량으로 사용하기 위해서는 배합률(조성)이 일정하여야 하며 재의 양이 적어야 한다.

㉱ RDF의 종류는 Power RDF, Pellet RDF, Fluff RDF가 있다.

풀이 RDF의 조성은 주로 유기물질이므로 수분함량이 증가하면 부패하여 연료로서의 가치를 상실한다.

119 RDF에 관한 설명으로 틀린 것은?

㉮ RDF의 조성은 주로 유기물질이므로 수분함량에 따라 부패되기 쉽다.

㉯ RDF 중에 Cl 함량이 크면 다이옥신 발생 위험성이 높다.

㉰ Pellet RDF의 수분함량은 4% 이하를 유지한다.

㉱ Fluff RDF의 발열량은 약 2,500~3,500kcal/kg 정도의 범위이다.

풀이 Pellet RDF의 수분함량은 12~18% 정도이다.

120 일반적으로 직경이 10~20mm이고 길이가 30~50mm인 형태와 크기를 가지며 보관이나 운반의 효율을 높이는 동시에 단위 무게당 열량을 향상시킨 RDF의 종류는?

㉮ Powder RDF　　　㉯ Pellet RDF
㉰ Fluff RDF　　　　㉱ Bubble RDF

풀이 RDF의 종류 및 특성

종류	함수율 (%)	회분량 (%)	연료 형태	열용량	이송 방법
Power RDF	4% 이하	10~ 20%	분말 (0.5mm 이하)	4,300 kcal/kg	공기
Pellet RDF	12~ 18%	12~ 25%	원통 (직경 10~ 20mm, 길이 30~ 50mm)	3,300~ 4,000 kcal/kg	제약 없음
Fluff RDF	15~ 20%	22~ 30%	사각 (25~ 50mm)	2,500~ 3,500 kcal/kg	공기

121 쓰레기 고형화연료(RDF) 소각로의 장단점에 대한 설명으로 틀린 것은?

㉮ 일반적으로 기존 시설과 병용되어 시설비가 저렴하다.

㉯ 연료공급의 신뢰성 문제가 있을 수 있다.

㉰ 소각시설의 부식발생으로 수명이 단축될 수 있다.

㉱ 연소분진과 대기오염에 대한 주의가 필요하다.

풀이 RDF 소각로는 동력이 많이 필요하고 투자비도 많이 소요되며 숙련된 기술을 필요로 한다.

122 폐기물전환연료(RDF)에 대한 설명 중 옳지 않은 것은?

㉮ RDF는 폐기물을 압착하여 고체연료로 만든 것을 말한다.

㉯ RDF의 주된 성분은 종이류, 플라스틱류, 섬유류이다.

㉰ RDF를 위하여 폐기물을 파쇄, 선별 등 전처리를 하여야 한다.

㉱ PVC나 PCB 함유폐기물이 혼합되어도 무관하다.

풀이 RDF 중에 PVC 등이 함유되면 연소 시 배기가스처리에 유의해야 하며 Cl 함량이 크면 다이옥신의 발생 위험성도 높아진다.

123 RDF 소각시설의 단점이나 문제점에 대한 설명 중 가장 거리가 먼 내용은?

㉮ 유황함량이 많아 연소 시 다량의 SOx가 발생하여 연소분진과 대기오염에 대한 주의가 요망된다.

㉯ 소각시설의 부식발생으로 인하여 시설수명이 단축될 수 있다.

㉰ 일반 석탄보일러에서 사용 시 Slagging, Fouling 문제가 발생될 수 있다.

㉱ 조성이 유기물질이기 때문에 수분함량이 증대하면 부패된다.

풀이 황산화물(SOx)은 크게 문제되지 않으나 분진 및 악취가 문제된다.

124 다음 설명 중 옳지 않은 것은?

㉮ 연소는 열에 의한 산화과정이다.

㉯ 열분해는 공기를 공급하지 않은 상태에서 가열 처리한다.

㉰ 가스화는 양론 이하의 공기량을 공급하여 처리한다.

㉱ RDF는 폐기물의 최종처리방법이다.

풀이 RDF는 폐기물의 감량 및 재활용단계이다.

125 쓰레기 소각에 비하여 열분해공정의 특징이라 볼 수 없는 것은?

㉮ 배기가스량이 적다.

㉯ 환원성 분위기를 유지할 수 있어서 Cr^{3+}가 Cr^{+6}로 변화하지 않는다.

㉰ 황분, 중금속분이 Ash 중에 고정되는 확률이 적다.

㉱ 흡열반응이다.

풀이 열분해 공정은 황, 금속분이 Ash(회분) 중에 고정되는 비율이 크다.

126 쓰레기 열분해 시 열분해 온도가 증가할수록 발생가스 중 함량(구성비 %)이 증가하는 것은?

㉮ H_2 ㉯ CH_4

㉰ C_2H_6 ㉱ CO_2

풀이 온도가 증가할수록 수소(H_2) 함량은 증가하고 이산화탄소(CO_2) 함량은 감소된다.

127 폐기물의 열분해에 관한 설명으로 틀린 것은?

㉮ 열분해를 통하여 얻어지는 연료의 성질을 결정 짓는 요소로는 운전온도, 가열속도, 폐기물의 성질 등으로 알려져 있다.

㉯ 열분해방법은 저온법과 고온법이 있는데, 통상적으로 저온은 500~900℃, 고온은 1,100~1,500℃를 말한다.

정답   121 ㉮   122 ㉱   123 ㉮   124 ㉱   125 ㉰   126 ㉮   127 ㉰

㉰ 열분해 온도에 따른 가스의 구성비는 고온이 될 수록 CO_2 함량이 늘고 수소함량은 줄어든다.

㉱ 열분해에 의해 생성되는 액체물질에는 식초산, 아세톤, 메탄올, 오일, 타르, 방향성 물질이 있다.

풀이 열분해 온도에 따른 가스의 구성비는 고온이 될수록 CO_2 함량은 줄고 수소 함량은 증가된다.

128 폐기물의 열분해에 관한 설명으로 옳지 않은 것은?

㉮ 500~900℃의 저온 열분해에서는 타르, Char 및 액체상태의 연료가 많이 생성된다.

㉯ 1,100~1,500℃의 고온 열분해에서는 가스 상태의 연료가 많이 생성된다.

㉰ 일반적으로 고온 열분해법을 열분해(Pyrolysis)라 부른다.

㉱ 일반적으로 장치를 1,700℃ 정도로 운전하면 모든 재는 슬래그로 배출된다.

풀이 일반적으로 고온 열분해법을 가스화(Gasification)라 부른다.

129 상부로부터 분쇄되었거나 또는 분쇄되지 않는 폐기물이 주입되어 건조된 후 열분해되어 슬래그나 재가 하부로 배출되는 열분해장치는?

㉮ 유동상 열분해장치

㉯ 고정상 열분해장치

㉰ 습상 열분해장치

㉱ 부유상 열분해장치

130 폐유, 폐용제와 더불어 폐플라스틱 또한 액체 연료화가 가능한데 이 플라스틱의 일반적인 액체 연료화 방법은?

㉮ 열분해 ㉯ 감압증류

㉰ 용매추출 ㉱ 이온정제

131 유기성 폐기물로부터 에너지 회수를 위한 열분해처리 공법에 대한 설명 중 가장 거리가 먼 내용은?

㉮ 저산소 혹은 무산소 분위기에서 반응시킨다.

㉯ 유지관리비가 저렴하다.

㉰ 소각에 비교하여 생산물의 정제장치가 필요하다.

㉱ 환원분위기이므로 대기오염물질의 발생이 적다.

풀이 열분해 처리공법은 수분함량이 많으면 운전온도까지 올려야 하고, 건조 과정을 거치므로 운전 및 유지 관리비가 많이 든다.

132 반응속도가 빠르기 때문에 폐기물의 수분함량이 변화해도 큰 무리 없이 운전될 수 있는 장점이 있으나 열손실이 크고 운전이 까다로운 열분해장치로 가장 적절한 것은?

㉮ 유동상 열분해장치

㉯ 부유상 열분해장치

㉰ 다단상 열분해장치

㉱ 회전상 열분해장치

133 열분해를 통하여 생성되는 연료의 성질을 결정짓는 요소와 가장 거리가 먼 것은?

㉮ 폐기물의 성상

㉯ 가열속도

㉰ 운전온도

㉱ 산소분율

풀이 열분해를 통하여 얻어지는 연료의 성질을 결정짓는 요소
① 운전온도
② 가열속도
③ 가열시간
④ 폐기물의 성상
⑤ 수분함량
⑥ 공기공급
⑦ 스팀공급

134 다음 중 탄질비(C/N, 건조질량)의 값이 가장 큰 것은?

㉮ 소나무 ㉯ 낙엽

㉰ 돼지분뇨 ㉱ 소화전 활성슬러지

풀이 주어진 항목 중 소나무가 C/N비 약 730 정도로 가장 높다.

135 유기성 폐기물 자원화 기술 중 퇴비화의 장단점으로 가장 거리가 먼 것은?

㉮ 운영 시 에너지 소모가 비교적 적다.

㉯ 퇴비가 완성되어도 부피가 크게 감소(50% 이하)되지 않는다.

㉰ 생산된 퇴비는 비료가치가 높다.

㉱ 다양한 재료를 이용하므로 퇴비제품의 품질표준화가 어렵다.

풀이 생산된 퇴비는 비료가치로서 경제성이 낮다.

136 유기성 폐기물 퇴비화의 장단점에 대한 설명으로 가장 거리가 먼 것은?

㉮ 다른 폐기물처리에 비해 고도의 기술수준이 요구되지 않는다.

㉯ 퇴비화 과정에서 부피가 90% 이상 줄어 최종처리 시 비용이 절감된다.

㉰ 다양한 재료를 이용하므로 퇴비제품의 품질표준화가 어렵다.

㉱ 초기 시설투자가 적으므로 운영 시에 소요되는 에너지도 낮다.

풀이 완성된 퇴비의 감용률은 50% 이하로서 다른 처리방식에 비하여 낮다.

137 퇴비를 효과적으로 생산하기 위하여 퇴비화 공정 중에 주입하는 Bulking Agent에 대한 설명과 가장 거리가 먼 것은?

㉮ 처리대상물질의 수분함량을 조절한다.

㉯ 미생물의 지속적인 공급으로 퇴비의 완숙을 유도한다.

㉰ 퇴비의 질(C/N 비) 개선에 영향을 준다.

㉱ 처리대상물질 내의 공기가 원활히 유동될 수 있도록 한다.

138 폐기물의 퇴비화기술에서 퇴비화의 운전인자는 매우 중요한 역할을 한다. 퇴비화의 운전인자 중 Bulking Agent의 특성이 아닌 것은?

㉮ 수분 흡수능력이 좋아야 한다.

㉯ 쉽게 조달이 가능한 폐기물이어야 한다.

㉰ 입자 간의 구조적 안정성이 있어야 한다.

㉱ 폐기물의 C/N비에 영향을 주지 않아야 한다.

풀이 퇴비의 질(C/N 조절효과) 개선에 영향을 준다.

139 우리나라 음식물 쓰레기를 퇴비로 재활용하는 데 있어서 가장 큰 문제점으로 지적되는 사항은?

㉮ 염분함량 ㉯ 발열량

㉰ 유기물함량 ㉱ 밀도

140 Humus(부식질)의 특징과 거리가 먼 것은?

㉮ 악취가 없으며 흙냄새가 난다.

㉯ 물 보유력과 양이온교환능력이 좋다.

㉰ 탄질비(C/N)가 거의 1에 가깝다.

㉱ 짙은 갈색이다.

풀이 C/N비는 낮은 편이며 10~20 정도이다.

141 퇴비화를 하기 위한 유기성 폐기물의 [탄소/질소비]에 대한 설명으로 옳지 않은 것은?

㉮ 탄소는 미생물들이 생장하기 위한 에너지원이다.

㉯ 질소는 생장에 필요한 단백질 합성에 주로 쓰인다.

㉠ 탄소/질소비가 20보다 낮으면 질소가 질산염으로 산화되어 pH가 낮아진다.

㉣ 보통 미생물의 세포의 탄소/질소비는 5~15로 미생물에 의한 유기물의 분해는 탄소/질소비가 미생물 세포의 그것과 비슷해질 때까지 이루어진다.

[풀이] C/N비가 20보다 낮으면 질소가 암모니아로 변하여 pH를 증가시키고, 이로 인해 암모니아 가스가 발생하여 퇴비화과정 중 악취가 생긴다.

142 폐기물의 퇴비화에 대한 설명 중 가장 거리가 먼 내용은?

㉠ 탄질률(C/N)은 퇴비화가 진행되므로 점차 낮아져 최종적으로 30 정도가 된다.

㉣ 폐기물 내에 질소함량이 적은 것은 퇴비화가 잘 되지 않는다.

㉢ pH는 운전 초기에는 5~6 정도로 떨어졌다가 퇴비화됨에 따라 증가하여 최종적으로 8~9가량이 된다.

㉤ 온도가 서서히 내려가 40℃ 이하 정도가 되면 퇴비화가 거의 완성된 상태로 간주한다.

[풀이] C/N비는 분해가 진행될수록 점점 낮아져 최종적으로 10 정도가 된다.

143 퇴비화과정에서 최종단계인 숙성단계를 거쳐서 생산된 퇴비(부식질, Humus)에 대한 설명 중 가장 올바른 것은?

㉠ 리그닌 함량과 가용영양분의 함량이 모두 낮다.

㉣ 리그닌의 함량은 낮지만, 가용영양분의 함량은 높다.

㉢ 리그닌의 함량은 높지만, 가용영양분의 함량은 낮다.

㉤ 리그닌 함량과 가용영양분의 함량이 모두 높다.

144 쓰레기 퇴비화 시 최적 발효조건이 아닌 것은?

㉠ 초기 C/N비는 25~50이 적당하다.

㉣ 초기 수분을 50~60 중량 %로 조정한다.

㉢ pH는 9 이상으로 조절한다.

㉤ 초기 며칠간은 55~60℃ 정도로 유지한다.

[풀이] 퇴비화에 가장 적합한 폐기물의 pH 범위는 5.5~8.0 범위이다.

145 퇴비화기술에 대한 설명으로 옳지 않은 것은?

㉠ 퇴비화를 정상적으로 유도하기 위해서는 배기가스의 산소농도가 15% 수준을 유지하여야 한다.

㉣ 유기성 폐기물이 대상이며 함수율이 60% 전후인 원료가 적합하다.

㉢ 분해를 위해서는 대상원료별 적합한 탄질소비를 맞추어 주는 것이 필요하다.

㉤ 통기개량제는 톱밥 등을 사용하며 수분조절, 탄질소비 조절기능을 겸한다.

[풀이] 퇴비화를 정상적으로 유도하기 위해서는 산소농도 5~15%의 공기를 공급하며 공기주입률은 약 50~200 L/min · m³ 정도로 한다.

146 다음 폐기물 중 C/N비가 가장 큰 물질은?

㉠ 톱밥   ㉣ 목초
㉢ 낙엽   ㉤ 가축분뇨

[풀이] C/N비
• 톱밥(약 510)   • 목초(약 20)
• 낙엽(약 60)   • 가축분뇨(약 20)

147 유기성 폐기물의 퇴비화과정(초기단계-고온단계-숙성단계) 중 고온단계에서 주된 역할을 담당하는 미생물은?

㉠ 전반기 : Pesudomonas
후반기 : Bacillus

④ 전반기 : Thermoactinomyces

후반기 : Enterbacter

⑤ 전반기 : Enterbacter

후반기 : Pesudomonas

⑥ 전반기 : Bacillus

후반기 : Thermoactinomyces

148 슬러지를 최종 처분하기 위한 가장 합리적인 처리공정 순서는?

> A : 최종 처분, B : 건조, C : 개량, D : 탈수, E : 농축, F : 유기물 안정화(소화)

㉮ E−F−D−C−B−A

㉯ E−D−F−C−B−A

㉰ E−F−C−D−B−A

㉱ E−D−C−F−B−A

149 일반적으로 탈수에 이용되지 않는 방법은?

㉮ 부상분리　　　　㉯ 진공여과

㉰ 원심분리　　　　㉱ 가압여과

풀이 탈수방법

① 천일건조(건조상)

② 진공탈수

③ 가압탈수

④ 원심분리탈수

⑤ 벨트 프레스

150 슬러지개량(Conditioning)에 관한 설명 중 틀린 것은?

㉮ 주로 슬러지의 탈수 성질을 향상시키기 위하여 시행한다.

㉯ 주로 화학약품처리, 열처리를 행하며, 수세나 물리적인 세척방법 등도 효과가 있다.

㉰ 슬러지를 열처리함으로써 슬러지 내의 Colloid와

미세입자 결합을 유도, 고액분리를 쉽게 한다.

㉱ 수세는 주로 혐기성 소환된 슬러지 대상으로 실시하며 소화슬러지의 알칼리도를 낮춘다.

풀이 슬러지 열처리방법은 슬러지액을 밀폐된 상황에서 150 ~ 200℃ 정도의 온도로 반 시간 ~ 한 시간 정도 처리함으로써 슬러지 내의 콜로이드와 겔구조를 파괴하여 탈수성을 개량한다.

151 슬러지를 개량하는 목적으로 가장 적합한 것은?

㉮ 슬러지의 탈수가 잘 되게 하기 위함

㉯ 탈리액의 BOD를 감소시키기 위함

㉰ 슬러지 건조를 촉진하기 위함

㉱ 슬러지의 악취를 줄이기 위함

풀이 슬러지 개량 목적 중 주된 것은 슬러지의 탈수성 향상이다.

152 슬러지를 농축시키는 이유와 가장 거리가 먼 사항은?

㉮ 유해물질 농도 감소

㉯ 화학약품 투어량 감소

㉰ 처리비용 감소

㉱ 저장탱크 용적 감소

풀이 슬러지 농축 목적

① 부피 감소

② 화학약품 투어량 감소

③ 처리비용 감소

④ 저장탱크 용적 감소

⑤ 탈수 시 탈수효율 향상

⑥ 소화조의 슬러지 가열 시 에너지 감소

153 슬러지 농축조를 설계하려고 할 때 고려하여야 할 사항으로 가장 거리가 먼 것은?

㉮ 슬러지의 유량 및 농도

ⓒ 농축 후의 슬러지의 농도
ⓒ 약품소요량의 유무
ⓒ 상징액의 유량과 BOD 농도

154 알칼리도를 감소시키기 위해 희석수를 사용하여 슬러지를 개량시키는 방법을 무엇이라고 하는가?

㉮ 탈수 Condition
㉯ Elutriation
㉰ Thickening
㉱ Thermal Condition

풀이 Elutriation은 수세법(세정법)을 말한다.

155 습식 고온고압 산화처리(Zimmerman Process)에 대한 설명으로 옳지 않은 것은?

㉮ 질소제거율이 높다.
㉯ 탈수성이 좋고 고액분리가 잘 된다.
㉰ 기기의 부식, 냄새, 열교환기의 이상 및 조작상의 어려움이 있다.
㉱ 가연물을 그대로의 상태로 공기에 의하여 산화하게 하는 방식으로 보통 70 atm, 210℃로 가동한다.

풀이 Zimmerman Process는 투자 유지비가 높으며 시설의 수명이 짧고 질소제거율이 낮으며 스케일 생성 등이 문제가 된다.

156 슬러지의 혐기성 소화가스 중의 메탄 함량이 70%, 이산화탄소의 함량이 30%라고 할 때 소화조의 작동상태는?

㉮ 불안정한 정상상태이다.
㉯ 평균적인 정상상태이다.
㉰ 비정상적인 상태이다.
㉱ 소화로 인하여 가스발생량이 증가한 상태이다.

풀이 ① 정상적인 CH_4(메탄) 함유량 : 55 ~ 65 vol%
② 정상적인 CO_2(이산화탄소) 함유량 : 30 vol%

157 유기성 슬러지의 재이용 방법으로 가장 거리가 먼 것은?

㉮ 소화가스 이용
㉯ 열분해
㉰ 퇴비화
㉱ 유효성분 직접추출

158 슬러지의 건조상 설계를 위한 고려사항으로 가장 거리가 먼 것은?

㉮ 일기
㉯ 슬러지 성상
㉰ 탈수 보조제
㉱ 토질의 증발력

풀이 슬러지 건조상 설계 시 고려사항
① 기상조건(강우량, 일사량, 온습도, 풍속)
② 슬러지 성상
③ 탈수보조제의 사용 여부

159 분뇨처리 방식 중 혐기성 소화방식을 호기성 산화방식에 비교하여 설명한 것이다. 가장 거리가 먼 것은?

㉮ 슬러지가 적게 생성된다.
㉯ 유지관리에 숙련이 필요하다.
㉰ 슬러지의 탈수성이 양호하다.
㉱ 설치면적 및 운전비가 많이 소요된다.

풀이 동력시설의 소모가 적어 운전비용(동력비)이 저렴하다.

160 분뇨를 혐기성 소화법으로 처리하고 있다. 정상적인 작동 여부를 확인하려고 할 때 조사항목과 거리가 먼 것은?

㉮ 소화가스량
㉯ 소화가스 중 메탄과 이산화탄소 함량
㉰ 유기산 농도

㉺ 투입 분뇨의 비중

풀이 분뇨를 혐기성 소화법으로 처리 중 정상작동 여부 확인 시 조사항목
① 소화가스량
② 소화가스 중 메탄과 이산화탄소의 함량
③ 유기산 농도(부하량)
④ 소화시간
⑤ 온도 및 체류시간
⑥ 휘발성 유기산
⑦ 알칼리도
⑧ pH

161 혐기성 소화의 장단점으로 틀린 것은?

㉮ 슬러지의 탈수 및 건조가 어렵다.
㉯ 호기성 처리에 비해 슬러지의 발생량이 적다.
㉰ 처리수를 다시 호기성 처리하여 방류한다.
㉱ 동력시설의 소모가 적어 운전비용이 저렴하다.

풀이 생성슬러지의 탈수 및 건조가 쉽다.

162 일반적으로 하수 슬러지를 혐기성 소화처리 하는 경우, 소화로 내 유기산 농도로 가장 적절한 것은?

㉮ 200~450mg/L
㉯ 3,00~3,500mg/L
㉰ 5,500~6,000mg/L
㉱ 13,000~15,500mg/L

163 혐기성 소화공법에 비해 호기성 소화공법이 갖는 장단점이라 볼 수 없는 것은?

㉮ 상등액의 BOD 농도가 낮다.
㉯ 소화 슬러지량이 많다.
㉰ 소화슬러지의 탈수성이 좋다.
㉱ 운전이 쉽다.

풀이 호기성 소화는 소화 슬러지의 탈수성이 불량하다.

164 다량의 분뇨를 일시에 소화조에 투입할 때 일반적으로 나타나는 장해라 볼 수 없는 것은?

㉮ 스컴(Scum)의 발생 증가
㉯ pH 저하
㉰ 유기산의 저하
㉱ 탈리액의 인출 불균등

풀이 유기산의 농도가 증가한다.

165 호기성 소화공법의 특징에 대한 설명 중 틀린 것은?

㉮ 혐기성 소화보다 운전이 용이하다.
㉯ 상등액은 BOD와 SS가 낮으며 암모니아 농도도 낮다.
㉰ 처리수 내 유지류의 농도가 낮다.
㉱ 생산된 슬러지의 탈수성이 우수하다.

풀이 생산 슬러지의 탈수성이 불량하다.

166 소화조(평균 : 36℃~37℃, 10~15일간 저장)에서 혐기성 처리할 때 발생하는 가스의 양은 평균 투입 분뇨량의 몇 배 정도인가?

㉮ 2~3배
㉯ 4~5배
㉰ 6~7배
㉱ 8~9배

167 혐기성 분뇨처리의 특징 중 가장 거리가 먼 내용은?

㉮ 분뇨처리에서 가장 일반적으로 사용되는 공법이다.
㉯ 유기물의 농도가 높을수록 유리하다.
㉰ 소화슬러지의 발생량이 적다.
㉱ 분해에 소요되는 기간이 짧다.

풀이 혐기성 분뇨처리는 분해에 기간이 많이 소요된다.

정답 161 ㉮ 162 ㉮ 163 ㉰ 164 ㉰ 165 ㉱ 166 ㉱ 167 ㉱

168 다음은 분뇨를 혐기성 소화와 활성슬러지 공법을 연계하여 처리할 때의 공정들이다. 가장 합리적인 처리계통 순서는?

① 1차 소화조	② 2차 소화조
③ 폭기조	④ 소독조
⑤ 저류조	⑥ 투입조
⑦ 희석조	⑧ 침전조

㉮ ⑤→⑥→①→②→③→⑧→④→⑦
㉯ ⑥→⑧→⑤→①→②→⑦→③→④
㉰ ⑥→⑤→⑧→①→②→③→④→⑦
㉱ ⑥→⑤→①→②→⑦→③→⑧→④

169 혐기성 분해에 영향을 주는 인자로서 가장 거리가 먼 것은?

㉮ 탄질비
㉯ pH
㉰ 유기산농도
㉱ 온도

170 폐기물 처리시 에너지를 회수할 수 있는 처리방법과 가장 거리가 먼 것은?

㉮ RDF
㉯ 열분해
㉰ 호기성 소화
㉱ 혐기성 소화

> **풀이** 호기성 소화에서는 유용한 에너지원인 메탄가스(CH_4)가 발생되지 않는다.

171 폐기물을 화학적으로 처리하는 방법 중 용매추출법에 대한 특징이 아닌 것은?

㉮ 높은 분배계수와 낮은 끓는점을 가지는 폐기물에 이용 가능성이 높다.
㉯ 사용되는 용매는 극성이어야 한다.
㉰ 증류 등에 의한 방법으로 용매 회수가 가능해야

한다.
㉱ 물에 대한 용해도가 낮고 물과 밀도가 다른 폐기물에 이용 가능성이 높다.

> **풀이** 추출법에 사용되는 용매는 비극성이어야만 한다.

172 다음은 시안화합물 처리방법인 열가수분해법에 대한 내용이다. ( ) 안에 알맞은 내용은?

> 시안화합물을 압력용기 중에서 가열하여 시안을 ( )로(으로) 가수분해시키는 방법이다.

㉮ 암모니아와 개미산
㉯ 시안화나트륨과 금속염
㉰ 염소산나트륨과 암모늄
㉱ 시안화수소와 물

173 액상폐기물 처리 시 유용하게 적용되는 활성탄 흡착에 관한 설명으로 알맞지 않은 것은?

㉮ 곁가지 시술을 가진 유기물이 곧은 시술을 가진 유기물보다 흡착이 잘 된다.
㉯ 불포화 유기물이 포화유기물보다 흡착이 잘된다.
㉰ 수산기(OH)가 있으면 흡착률이 높아진다.
㉱ 할로겐족이 포함되어 있으면 일반적으로 흡착농도가 증가한다.

> **풀이** 수산기(OH)가 있으면 물리적 흡착률이 감소한다.

174 다음의 유해성 물질 중 침전 이온교환기술을 적용하여 처리하기 가장 어려운 것은?

㉮ 비소
㉯ 시안
㉰ 납
㉱ 수은

> **풀이** 시안은 이온교환기술로 처리가 곤란하며 알칼리 염소분해 또는 오존 처리가 가능하다.

175 유해폐기물 처리기술 중 용매추출에 대한 설명으로 가장 거리가 먼 것은?

㉮ 액상폐기물에서 제거하고자 하는 성분을 용매 쪽으로 흡수시키는 방법이다.

㉯ 용매추출에 사용되는 용매는 점도가 낮아야 하며 극성이어야 한다.

㉰ 용매추출 시 가장 중요한 사항은 요구되는 용매의 양이다.

㉱ 미생물에 의해 분해가 힘든 물질 및 활성탄을 이용하기에 농도가 너무 높은 물질 등에 적용 가능성이 크다.

풀이 용매추출에 사용되는 용매는 비극성이어야 한다.

176 액상폐기물에서 제거하려는 성분을 용매에 흡수시켜 처리하는 용매 추출 방법을 적용하여 처리할 가능성이 높은 경우라 볼 수 없는 것은?

㉮ 미생물에 의해 분해가 어려운 물질을 처리할 경우

㉯ 활성탄을 이용하기에는 농도가 너무 높은 물질을 처리할 경우

㉰ 낮은 휘발성으로 인해 Stripping하기가 곤란한 물질을 처리할 경우

㉱ 용해도가 너무 높아 응집처리가 곤란한 물질을 처리할 경우

177 쓰레기 중간처리의 목적으로 가장 거리가 먼 것은?

㉮ 감량화   ㉯ 안정화

㉰ 자원화   ㉱ 고형화

178 고형화 처리방법인 시멘트기초법에서 가장 흔히 사용되는 보통 포틀랜드의 주성분에 해당되는 것은?

㉮ MgO ㉯ Al_2O_2

㉰ SiO_2 ㉱ SO_3

풀이 포틀랜드 시멘트의 주성분은 $CaO \cdot SiO_2$(규산염)이며 CaO(60~65%), SiO_2(22%), 기타(13%)로 구성된다.

179 폐기물 고화처리 시 고화재의 종류에 따라 무기적 방법과 유기적 방법으로 나눌 수 있다. 유기적 고형화에 관한 설명으로 틀린 것은?

㉮ 수밀성이 크며 다양한 폐기물에 적용할 수 있다.

㉯ 최종 고화제의 체적증가가 거의 균일하다.

㉰ 미생물, 자외선에 대한 안정성이 약하다.

㉱ 상업화된 처리법의 현장자료가 빈약하다.

풀이 유기적(유기성) 고형화 기술은 최종 고화제의 체적 증가가 다양하다.

180 유기적 고형화법과 비교한 무기적 고형화법에 관한 설명으로 틀린 것은?

㉮ 다양한 산업폐기물에 적용이 가능하다.

㉯ 비용이 저렴하다.

㉰ 상압 및 상온하에서 처리가 용이하다.

㉱ 수용성이 크며 재료의 독성이 없다.

풀이 무기적(무기성) 고형화 기술은 수용성은 작으나 수밀성은 양호하다.

181 유기적 고형화 기술에 대한 설명으로 틀린 것은?(단, 무기적 고형화 기술과 비교)

㉮ 수밀성이 크며 처리비용이 고가이다.

㉯ 미생물, 자외선에 대한 안정성이 강하다.

㉰ 방사성 폐기물에 적용한다.

㉱ 최종 고화재의 체적증가가 다양하다.

풀이 유기적 고형화기술은 미생물, 자외선에 대한 안정성이 약하다.

정답   175 ㉯   176 ㉱   177 ㉱   178 ㉰   179 ㉯   180 ㉱   181 ㉯

182 지정폐기물을 고화처리 후 적정처리 여부를 시험, 조사하는 항목과 가장 거리가 먼 것은?

㉮ 독성시험

㉯ 투수율

㉰ 압축강도

㉱ 용출시험

풀이 고화처리 후 적정처리 여부 시험·조사항목
    (1) 물리적 시험
        ① 압축강도시험
        ② 투수율시험
        ③ 내수성 검사
        ④ 밀도 측정
    (2) 화학적 시험
        용출시험

183 폐기물 시멘트 고형화법 중 시멘트 기초법에 관한 내용과 가장 거리가 먼 것은?

㉮ 시멘트−포졸란 반응과 처리기술이 잘 발달되어 있다.

㉯ 사용되는 시멘트의 양을 조절하여 폐기물 콘크리트의 강도를 높일 수 있다.

㉰ 폐기물의 건조나 탈수가 필요하지 않다.

㉱ 원료가 풍부하고 값이 싸다.

풀이 시멘트−포졸란 반응과 처리기술이 잘 발달되어 있는 것은 석회 기초법이다.

184 슬러지 고형화방법 중 시멘트기초법의 장점에 대한 설명으로 적절치 못한 것은?

㉮ 시멘트혼합과 처리기술이 잘 발달되어 있다.

㉯ 다양한 폐기물을 처리할 수 있다.

㉰ 폐기물의 건조나 탈수가 필요하지 않다.

㉱ 낮은 pH에서도 폐기물 성분의 용출 가능성이 없다.

풀이 낮은 pH에서 폐기물 성분의 용출 가능성이 있는 것이 단점이다.

185 가장 흔히 사용하는 고화 처리방법 중의 하나이며 무기성 고화재를 사용하여 고농도의 중금속 폐기에 적합한 화학적 처리방법은?

㉮ 피막 형성법

㉯ 유리화법

㉰ 시멘트 기초법

㉱ 열가소성 플라스틱법

186 유해성 폐기물을 고형화하여 처리하는 방법 중 시멘트기초법에 대한 설명으로 가장 옳은 것은?

㉮ 일반적으로 저농도 중금속에 적당한 방법이다.

㉯ 폐기물의 건조나 탈수과정이 따로 필요하다.

㉰ 높은 pH에서 폐기물 성분의 용출 가능성이 있다.

㉱ 폐기물의 무게와 부피를 증가시킨다.

풀이 ㉮ 항 : 고농도 중금속 폐기물을 고형화하는 방법이다.
    ㉯ 항 : 폐기물의 건조나 탈수가 필요 없다.
    ㉰ 항 : 낮은 pH에서 폐기물 성분의 용출 가능성이 있다.

187 시멘트를 이용한 유해폐기물 고화처리 시 압축강도, 투수계수, 물/시멘트비 사이의 관계를 바르게 설명한 것은?

㉮ 물/시멘트비는 투수계수에 영향을 주지 않는다.

㉯ 압축강도와 투수계는 정비례한다.

㉰ 물/시멘트비가 낮으면 투수계수는 증가한다.

㉱ 물/시멘트비가 높으면 압축강도는 낮아진다.

풀이 물/시멘트비율이 클수록 압축강도는 감소하고 투수계수는 증가한다.

188 유해폐기물의 고화 처리방법 중 열가소성 플라스틱법의 장단점으로 틀린 것은?

㉮ 용출 손실률이 시멘트 기초법보다 낮다.

㉯ 대부분의 매트릭스 물질은 수용액의 침투에 저

항성이 매우 크다.

⑭ 고온분해되는 물질의 고화에 적합하여 재활용이 가능하다.

⑮ 혼합률이 비교적 높으며 폐기물을 건조시켜야 한다.

풀이 열가소성 플라스틱법은 높은 온도에서 고온분해되는 물질에는 적용할 수 없다.

189 고화처리법 중 열가소성 플라스틱법(Thermoplastic Process)에 관한 설명으로 틀린 것은?

㉮ 용출 손실률이 시멘트 기초법보다 낮다.

㉯ 고온분해되는 물질에는 적용할 수 없다.

㉰ 혼합률이 비교적 낮다.

㉱ 고화처리된 폐기물성분을 회수하여 재활용할 수 있다.

풀이 열가소성 플라스틱법은 혼합률이 높다.

190 고화처리된 폐기물 내의 유용한 폐기물 성분을 회수하여 다시 쓸 수 있는 고화 처리방법은?

㉮ 피막형성법

㉯ 자가시멘트법

㉰ 열가소성 플라스틱법

㉱ 유리화법

191 유해 폐기물을 고화 처리하는 방법 중 피막형성법에 대한 설명으로 틀린 것은?

㉮ 높은 혼합률(MR)을 가진다.

㉯ 침출성이 낮다.

㉰ 화재 위험성이 있다.

㉱ 피막형성용 수지 값이 비싸다.

풀이 피막형성법은 혼합률이 비교적 낮아 장점으로 작용한다.

192 폐기물 처리의 고화처리방법 중 피막형성법(표면캡슐화법)의 장점에 속하는 것은?

㉮ 침출성이 낮다.

㉯ 높은 혼합률을 갖는다.

㉰ 에너지 소요가 적다.

㉱ 피막형성을 위한 수지값이 저렴하다.

풀이 고화처리방법 중 침출성이 가장 낮은 것은 피막형성법이다.

193 시멘트 고형화법 중 자가시멘트법에 대한 설명으로 틀린 것은?

㉮ 혼합률이 낮으며 중금속 저지에 효과적이다.

㉯ 탈수 등 전처리가 필요없다.

㉰ 장치비가 적고 보조에너지가 필요없다.

㉱ 연소가스 탈황 시 발생된 슬러지 처리에 사용된다.

풀이 자가시멘트법은 장치비가 크고 보조에너지가 필요하다.

194 배연 탈황 시 발생된 슬러지 처리(FGD)에 많이 사용되는 고화 처리방법은?

㉮ 석회 기초법

㉯ 열가소성 플라스틱법

㉰ 표면 캡슐화법

㉱ 자가시멘트법

195 시멘트 고형화법 중 자가시멘트법에 대한 설명으로 옳지 않은 것은?

㉮ 고화제로 포틀랜드 시멘트를 이용한다.

㉯ 시멘트의 수화반응 시 많은 양의 물을 필요로 한다.

㉰ 콘크리트와 같은 고형물을 얻기 위하여 석회와 함께 미세한 포졸란 물질을 폐기물과 섞는 방법이다.

㉒ 연소가스 탈황 시 발생된 슬러지 처리에 많이 사용된다.

풀이 고화제로 포틀랜드 시멘트를 이용하는 방법은 시멘트 기초법이다.

196 유해성 물질(지정폐기물)을 고형화하는 유기중합체법에 대한 설명이다. 옳지 않은 것은?

㉮ 혼합률(MR)이 비교적 낮으며, 저온도 공정이다.
㉯ 고형성분만 처리 가능하며, 최종처분 후에 건조시켜야 한다.
㉰ 최종 처분 시 2차 용기에 넣어 매립하여야 한다.
㉱ 단량체를 폐기물과 혼합한 뒤 촉매를 사용하여 중합시켜 고분자 물질로 만드는 방법이다.

풀이 유기중합체법은 최종 처분 전에 건조시켜야 하는 단점이 있다.

197 다음 중 고형화 정도를 평가하는 항목이 아닌 것은?

㉮ 양생기간
㉯ 강도시험
㉰ 유해성분 용출에 대한 저항성
㉱ 용출시험을 통한 유해물질 종류 확인

풀이 ㉱항 : 용출시험을 통한 유해물질 농도 측정으로 바뀌어야 한다.

198 다음 매립방식 중 내륙매립공법이 아닌 것은?

㉮ Cell 방식
㉯ 순차투입방식
㉰ 도랑형 공법
㉱ Sandwich 방식

풀이 내륙매립공법
　① 샌드위치 공법
　② 셀 공법

③ 압축공법
④ 도랑형 공법

해안매립공법
① 내수배제 또는 수중투기 공법
② 순차투입공법
③ 박층뿌림공법

199 다음 중 위생매립의 장점이 아닌 것은?

㉮ 매립이 종료된 매립지에 특별한 시공 없이 건축물을 세울 수 있다.
㉯ 부지확보가 가능할 경우 가장 경제적인 방법이다.
㉰ 거의 모든 종류의 폐기물 처분이 가능하다.
㉱ 처분대상 폐기물의 증가에 따른 추가 인원 및 장비가 크지 않다.

풀이 건축물은 매립지 침하방지 특수 설계 및 시공 후 가능하다.

200 다음이 설명하는 매립의 종류(매립구조에 의한 분류)는?

> 오수를 가능한 한 빨리 매립지 외로 배제하여 폐기물 층과 저부의 수압을 저감시켜 지하 토양으로의 오수의 침투를 방지함과 동시에 접수하는 단계에서 가능한 한 침출수를 정화할 수 있도록 집수장치를 설계한 구조

㉮ 개량 혐기성 위생매립
㉯ 준호기성 매립
㉰ 순차투입 내륙매립
㉱ 내수배제 내륙매립

201 매립공법 중 압축매립공법(Baling System)에 관한 설명으로 틀린 것은?

㉮ 쓰레기를 매립 후 다짐기계를 이용하여 일정한 압축을 실시한다.

④ 쓰레기의 운반이 쉽다.

④ 지가(地價)가 비쌀 경우에 유효한 방법이다.

④ 층별로 정렬하는 것이 보편적으로, 매립 각 층별로 일일복토를 실시하여야 한다.

풀이 쓰레기를 매립하기 전에 감량화를 목적으로 먼저 쓰레기를 일정한 더미형태로 압축하여 부피를 감소시킨 후 포장을 실시하는 매립방법이다.

202 해안매립공법 중 '순차투입방법'에 관한 설명으로 틀린 것은?

⑦ 호안 측으로부터 순차적으로 쓰레기를 투입하여 육지화하는 방법이다.

④ 부유성 쓰레기의 수면확산에 의해 수면부와 육지부의 경계 구분이 어려워 매립장비가 매몰되기도 한다.

④ 바닥지반이 연약한 경우 쓰레기 하중으로 연약층이 유동하거나 국부적으로 두껍게 퇴적되기도 한다.

④ 수심이 깊은 처분장은 내수를 완전히 배제한 후 순차투입방법을 택하는 경우가 많다.

풀이 수심이 깊은 처분장에서는 건설비 과다로 내수를 완전히 배제하기가 곤란한 경우가 많기 때문에 순차 투입공법을 택하는 경우가 많다.

203 해안매립지의 연약지반 안정화를 위한 다짐공법이 아닌 것은?

⑦ 모래다짐말뚝공법

④ 굴착다짐공법

④ 진공다짐공법

④ 중후낙하공법

풀이 굴착다짐공법은 육지에서 적용하며 해안매립지에서는 곤란하다.

204 쓰레기를 매립하기 전에 감용화를 목적으로 일정한 더미 형태로 부피를 감소시킨 후 포장을 실시하여 매립하는 내륙매립공법은?

⑦ 셀 공법

④ 도랑형공법

④ 샌드위치공법

④ 압축매립공법

205 매립방식 중 Cell방식의 장점에 대한 내용으로 가장 거리가 먼 것은?

⑦ 현재 가장 위생적인 매립방식이다.

④ 화재의 발생 및 확산을 방지할 수 있다.

④ 고밀도 매립이 가능하다.

④ 복토비용 및 유지관리비가 적게 든다.

풀이 셀공법은 복토내용 및 유지관리비가 많이 든다.

206 해안매립에 대한 설명 중 옳지 않은 것은?

⑦ 순차투입공법은 호안 측에서부터 쓰레기를 투입하여 순차적으로 육지화하는 방법이다.

④ 수중투기공법은 고립된 매립지 내의 해수를 그대로 둔채 쓰레기를 투기하는 매립방법이다.

④ 해안매립공법은 매립작업이 연속적인 투입방법으로 이루어지므로 완전한 샌드위치 방식의 매립에 적합하다.

④ 박층뿌림공법은 밑면이 뚫린 바지선 등으로 쓰레기를 박층으로 떨어뜨려 뿌려줌으로써 바닥지반의 하중을 균등하게 해주는 방법이다.

풀이 해안매립공법은 1일 처분량이 많고, 면적이 크며 연속적인 투입방법이 이루어지므로 완전한 샌드위치 방식에 의한 매립은 곤란하다.

207 내륙매립공법 중 도랑형공법의 특성에 대한 설명으로 가장 거리가 먼 것은?

㉮ 폭 20m 및 깊이 10m 정도의 도랑을 판 후 매립한다.

㉯ 파낸 흙을 복토재로 이용 가능한 경우 경제적이다.

㉰ 사전 정비작업이 그다지 필요하지 않으나 단층매립으로 용량의 낭비가 크다.

㉱ 사전 작업 시 침출수 수집장치나 차수막 설치가 용이하다.

풀이 도랑형공법은 사전 작업 시 침출수 수집장치나 차수막 설치가 용이하지 못하다.

208 해안매립 공법 중 폐기물 지반의 안정화 및 매립부지 초기이용에 유리한 공법은?

㉮ 내수배제공법

㉯ 수중투기공법

㉰ 순차투입공법

㉱ 박층뿌림공법

209 매립지 운영 시 일반적으로 통용되는 당일 복토의 최소두께는?

㉮ 15cm

㉯ 30cm

㉰ 45cm

㉱ 60cm

풀이 ① 일일복토(당일복토) → 15cm 이상
② 중간복토 → 30cm 이상
③ 최종복토 → 60cm 이상

210 폐기물 매립지 운영 시 행하는 복토의 종류 중 일일복토에 대한 설명으로 옳은 것은?

㉮ 15 cm가량을 모래로 덮는 방법이다.

㉯ 차량반입도로 및 우수배제가 주목적이다.

㉰ 쓰레기의 비산, 악취발생방지, 병충해 발생방지가 주목적이다.

㉱ 적정 토양재질로 투수성이 높은 모래가 적절하다.

풀이 차량반입도로 및 우수배제가 주목적인 복토는 중간복토이다.

211 폐기물 매립지에서 사용되고 있는 복토재 재료의 종류에는 천연복토재와 인공복토재로 구분할 수 있다. 이 중 인공복토재의 특징이 아닌 것은?

㉮ 투수계수가 높아야 한다.

㉯ 악취발생량을 저감시킬 수 있어야 한다.

㉰ 독성이 없어야 한다.

㉱ 가격이 저렴해야 한다.

풀이 투수계수가 낮아서 우수침투량이 감소되어야 한다.

212 일일복토에 사용하는 가장 적합한 토양은?

㉮ 통기성이 나쁜 점성토계의 토양

㉯ 차수성, 통기성이 좋은 사질토계의 토양

㉰ 부식물질을 적절히 함유한 양토계 토양

㉱ 적당한 규격에 맞춘 Slag

213 복토재의 구비조건과 거리가 먼 것은?

㉮ 투수계수가 클 것

㉯ 공급이 용이하고 독성이 없을 것

㉰ 원료가 저렴하고 살포가 용이할 것

㉱ 악천후에도 사용이 용이할 것

풀이 복토재는 투수계수가 작아야 한다.

214 매립 시 적용되는 연직차수막과 표면차수막에 관한 설명으로 틀린 것은?

㉮ 연직차수막은 지중에 수평방향의 차수층 존재 시 사용된다.

㉯ 연직차수막은 지하수 집배시설이 필요하다.

㉡ 연직차수막은 지하매설로서 차수성 확인이 어려우나 표면차수막은 사용 시 확인이 가능하다.

㉣ 연직차수막은 차수막 단위면적당 공사비가 비싸지만 총 공사비는 싸다.

풀이 연직차수막은 지하수 집배수시설이 불필요하다.

215 연직차수막과 표면차수막의 비교로 알맞지 않는 것은?

㉮ 지하수 집배수시설의 경우 연직차수막은 필요하나 표면차수막은 불필요하다.

㉯ 연직차수막은 지하에 매설하기 때문에 차수성 확인이 어렵다.

㉠ 연직차수막은 차수막 단위면적당 공사비는 비싸지만 총 공사로는 싸다.

㉣ 연직차수막은 차수막 보강시공이 가능하다.

풀이 지하수 집배수시설의 경우 연직차수막은 불필요하나 표면차수막은 필요하다.

216 연직차수막에 대한 설명 중 틀린 것은?

㉮ 지중에 수평방향의 차수층이 존재할 경우 채용

㉯ 차수막 단위면적당 공사비가 비싸지만 총 공사비는 저렴

㉠ 지중이므로 보수가 어렵지만 보강시공이 가능

㉣ 지하수 집배수시설이 필요

풀이 연직차수막은 지하수 집배수시설이 불필요하다.

217 다음 중 차수막에 대한 설명으로 적당하지 않는 것은?

㉮ 연직차수막은 지중에 암반 및 점성토로 구성된 불투수층이 수평방향으로 넓게 분포하고 있는 경우 수직 또는 경사로 시공한다.

㉯ 연직차수막은 지하에 매설하기 때문에 차수성 확인이 어렵다.

㉠ 표면차수막은 원칙적으로 지하수 집배수 시설을 시공한다.

㉣ 표면차수막은 단위면적당 공사비는 비싸지만 총 공사비로는 싸다.

풀이 표면차수막은 단위면적당 공사비는 저가이나 전체적으로는 비용이 많이 든다.

218 매립 시 표면차수막에 관한 설명으로 맞는 것은?

㉮ 지중에 수평방향의 차수층이 존재하는 경우 사용한다.

㉯ 시공 시에는 차수성이 확인되지만 매립 후에는 곤란하다.

㉠ 지하수 집배수시설이 불필요하다.

㉣ 경제성이 있어서 단위면적당 고가이나 전체는 싸다.

풀이 ㉮ : 매립지반의 투수계수가 큰 경우 및 매립지의 필요한 범위에 차수재료로 덮인 바닥이 있는 경우에 사용한다.
　　㉠ : 지하수질 배수시설이 필요하다.
　　㉣ : 경제성이 있어서 단위면적당 공사비는 적게드나 총 공사비는 많이 든다.

219 표면차수막 공법이 아닌 것은?

㉮ 지하연속벽

㉯ 합성고무계 시트

㉠ 아스팔트계 시트

㉣ 어스댐코어

풀이 **연직차수막 공법 종류**
　① 어스댐코어 공법
　② 강널말뚝 공법
　③ 그라우트 공법
　④ 굴착에 의한 차수시트매설 공법

220 점토가 차수막으로 적합하기 위한 포괄적 조건과 가장 거리가 먼 것은?

㉮ 소성지수 : 10% 미만

㉯ 투수계수 : 10^{-7}cm/sec 미만

㉰ 점토 및 미사토 함유량 : 20% 이상

㉱ 액성한계 : 30% 이상

풀이 점토의 소성지수는 10% 이상 30% 미만이다.

221 매립지 내의 물의 이동을 나타내는 Darcy의 법칙을 기준으로 침출수의 유출을 방지하기 위한 옳은 방법은?

㉮ 투수계수는 감소, 수두차는 증가시킨다.

㉯ 투수계수는 증가, 수두차는 감소시킨다.

㉰ 투수계수 및 수두차를 증가시킨다.

㉱ 투수계수 및 수두차를 감소시킨다.

222 점토가 매립지의 차수막으로 적합하기 위한 대표적 조건(기준)으로 적절지 못한 것은?

㉮ 투수계수 : 10^{-7}cm/sec 미만

㉯ 소성지수 : 10% 이상 30% 미만

㉰ 액성한계 : 30% 이상

㉱ 직경 2.5cm 이상인 입자 함유량 : 5% 미만

풀이 직경 2.5cm 이상 입자 함유량은 0%이어야 한다.

223 점토의 수분함량 지표인 소성지수, 액성한계, 소성한계의 관계로 맞는 것은?

㉮ 소성지수＝액성한계－소성한계

㉯ 소성지수＝액성한계＋소성한계

㉰ 소성지수＝액성한계／소성한계

㉱ 소성지수＝소성한계／액성한계

224 매립장에서 적용되는 점토와 합성차수계 차수막에 관한 설명으로 틀린 것은?

㉮ 점토는 벤토나이트 첨가 시 차수성이 더 좋아진다.

㉯ 점토는 바닥처리가 나쁘면 부동침하 및 균열 위험이 있다.

㉰ 합성수지계 차수막은 점토에 비하여 내구성이 높으나 열화위험이 있다.

㉱ 합성수지계 차수막은 점토에 비하여 가격은 저렴하나 시공이 어렵다.

풀이 합성수지계 차수막은 점토에 비하여 가격은 고가이나 시공이 용이하다.

225 매립지의 복토용으로 사용하는 재료 중에서 투수도(Permeability)가 가장 낮은 것은?

㉮ Silty Sand

㉯ 시멘트 고화제(Uniform Silt)

㉰ Sity Clay

㉱ 압축된 매립층(Sandy Clay)

226 매립지의 불투수층의 재료 중 점토에 대한 설명으로 옳지 않은 것은?

㉮ 점토는 입자의 직경이 0.002mm 미만인 흙을 말한다.

㉯ 점토는 양이온 교환능력 등에 의한 오염물질의 정화기능도 가지고 있다.

㉰ 재료 획득의 어려움과 부등침하에 의한 균열이 단점으로 지적된다.

㉱ 점토 중 자갈함유량이 30% 미만이어야 한다.

풀이 점토 중 자갈함유량은 10% 미만이어야 한다.

정답 220 ㉮ 221 ㉱ 222 ㉱ 223 ㉮ 224 ㉱ 225 ㉰ 226 ㉱

227 합성차수막의 재료 중 High-Density Polyethylene에 관한 설명으로 틀린 것은?

㉮ 유인하지 못하고 구멍 등 손상을 입을 우려가 있다.

㉯ 대부분의 화학물질에 대한 저항성이 높다.

㉰ 온도에 대한 저항성이 낮다.

㉱ 적합상태가 양호하다.

풀이 HDPE(High-Density Polyethylene)는 온도에 대한 저항성이 크다.

228 합성차수막인 CSPE에 관한 설명으로 틀린 것은?

㉮ 미생물에 강하다.

㉯ 접합이 용이하다.

㉰ 산과 알칼리에 특히 강하다.

㉱ 강도가 높다.

풀이 CSPE(Chlorosulfonated Polyethylene)는 강도가 낮다.

229 다음 중 합성차수막의 분류가 틀린 것은?

㉮ PVC-Thermoplastic

㉯ CR-Elastomer

㉰ EDPM-Crystalline Thermoplastic

㉱ CPE-Thermoplastic Elastomers

풀이 EDPM은 Eastomer Thermoplastics이다.

230 합성차수막 중 PVC에 관한 설명으로 틀린 것은?

㉮ 작업이 용이하다.

㉯ 접합이 용이하고 가격이 저렴하다.

㉰ 자외선, 오존, 기후에 강하다.

㉱ 대부분의 유기화학물질에 약하다.

풀이 PVC는 자외선, 오존, 기후에 약하다.

231 매립지에 쓰이는 합성차수막의 재료별 장단점에 관한 설명으로 틀린 것은?

㉮ PVC : 가격은 저렴하나 자외선, 오존, 기후에 약하다.

㉯ HDPE : 온도에 대한 저항성이 높다.

㉰ CSPE : 산과 알칼리에 특히 강하다.

㉱ CPE : 접합상태가 양호하다.

풀이 CPE(Chlorinated Pdyethylene)는 접합상태가 양호하지 못하다.

232 합성차수막 중 CR에 관한 설명으로 틀린 것은?

㉮ 가격이 비싸다.

㉯ 대부분의 화학물질에 대한 저항성이 높다.

㉰ 마모 및 기계적 충격에 강하다.

㉱ 접합이 용이하다.

풀이 CR(Chloroprene Rubber)은 접합이 용이하지 못하다.

233 매립지에 쓰이는 합성차수막의 재료별 장단점에 관한 설명으로 틀린것은?

㉮ HDPE : 대부분의 화학물질에 대한 저항성이 크다.

㉯ CPE : 방향족 탄화수소, 기름 등 용매류에 강하다.

㉰ CR : 마모 및 기계적 충격에 강하다.

㉱ EDPM : 접합상태가 양호하지 못하다.

풀이 CPE(Chlorinated Polyethylene)는 방향족 탄화수소, 기름 등 용매류에 약하다.

234 HDPE, LDPE 합성차수막의 장점이 아닌 것은?

㉮ 대부분 화학물질에 대한 저항성이 높다.

㉯ 유연하여 손상의 우려가 적다.

㉰ 접합상태가 양호하다.

㉱ 온도에 대한 저항성이 높다.

풀이 HDPE, LDPE는 유연하지 못하여 구멍 등 손상을 입을 우려가 있다.

235 대부분의 화학물질에 대한 저항성이 높고 마모 및 기계적 충격에 강하나, 접합이 용이하지 못하고 가격이 비싼 합성차수막은?

㉮ PVC ㉯ HDPE
㉰ CPE ㉱ CR

236 차단형 매립지에서 차수설비에 쓰이는 재료 중 투수율이 상대적으로 높고 불투수층을 균일하게 시공하기 쉽지 않는 단점이 있는 반면에 침출수 중의 오염물질 흡착능력이 우수한 장점이 있는 것은?

㉮ CSPE
㉯ Soil Mixture
㉰ HDPE
㉱ Clay Soil

237 합성차수막의 Crystallinity가 증가할수록 합성차수막에 나타나는 성질로 틀린 것은?

㉮ 충격에 강해짐
㉯ 화학물질에 대한 저항성 증가
㉰ 외장강도 증가
㉱ 투수계수 감소

풀이 ① Crystallinity(결정도)가 증가할수록 합성차수막은 충격에 약해진다.
② 결정도가 증가할수록 합성차수막에 나타나는 성질
• 열에 대한 저항도 증가
• 화학물질에 대한 저항성 증가
• 투수계수의 감소
• 인장강도의 증가
• 충격에 약해짐
• 단단해짐

238 침출수가 점토층을 통과하는 데 소요되는 시간을 계산하는 식으로 알맞은 것은?〔단, t : 통과시간(year), 점토공두께(m), h : 침출수수두(m), K : 투수계수(m/year), n : 유효공극률)〕

㉮ $t = \dfrac{nd^2}{K(d+h)}$ ㉯ $t = \dfrac{d_n}{K(d+h)}$

㉰ $t = \dfrac{nd^2}{K(2d+h)}$ ㉱ $t = \dfrac{nd^2}{K(2h+d)}$

239 강우량으로부터 매립지 내의 지하침투량(c)을 산정하는 식을 가장 잘 나타낸 것은?(단, P=총강우량, R=유출률, S=폐기물의 수분저장량, E=증산량)

㉮ $C = P(1-R)-S-E$
㉯ $C = P(1-R)+S-E$
㉰ $C = P-R+S-E$
㉱ $C = P-R-S-E$

240 매립지 가스발생 단계 중 친산소성 상태에 관한 설명으로 가장 적절한 것은?

㉮ 질소와 산소는 감소하는 반면 탄산가스는 증가한다.
㉯ 산소는 감소하는 반면 탄산가스와 질소는 증가한다.
㉰ 산소와 탄산가스는 감소하는 반면 질소는 증가한다.
㉱ 질소는 감소하는 반면 산소와 탄산가스는 증가한다.

풀이 매립지 가스발생 단계 중 친산소성 상태란 제1단계의 호기성 유지상태를 의미한다.

241 혐기성 위생 매립지에서 발생되는 가스의 조성을 검사한 결과, 일정 기간 동안 CH_4, CO_2의 가스 구성비(부피%)가 각각 55%, 40%로 나타나고 있다면 이때 매립지 내의 생물반응단계로 가장 적절한 것은?

㉮ 준호기성 상태
㉯ 임의성 상태
㉰ 완전혐기성 상태
㉱ 혐기성 시작상태

242 다음 매립지 내에서의 분해단계(4단계)중 호기성 단계에 관한 설명으로 적절지 못한 것은?

㉮ N_2의 발생이 급격히 증가된다.
㉯ O_2가 소모된다.
㉰ 주요생성기체는 CO_2이다.
㉱ 매립물의 분해속도에 따라 수일에서 수개월 동안 지속된다.

> **풀이** 호기성 단계(1단계), 즉 친산소성 단계에서는 N_2가 급격히 감소된다.

243 일반적으로 폐기물매립지의 혐기성 상태에서 발생 가능한 가스의 종류와 가장 거리가 먼 것은?

㉮ 이산화탄소
㉯ 황화수소
㉰ 염화수소
㉱ 암모니아

> **풀이** 혐기성 상태에서 발생가스
> ① CH_4(55%)
> ② CO_2(40%)
> ③ N_2(5%)
> ④ NH_3
> ⑤ H_2S

244 다음은 매립쓰레기의 혐기성 분해과정을 나타낸 반응식이다. 발생가스 중의 메탄 함유율(발생량 부피%)을 구하는 식(③)으로 맞는 것은?

$$C_aH_bO_cN_d + (①)H_2O \rightarrow (②)CO_2 + (③)CH_4 + (④)NH_3$$

㉮ $\dfrac{(4a + b - 2c - 3d)}{8}$

㉯ $\dfrac{(4a + 2b + 2c - 3d)}{8}$

㉰ $\dfrac{(4a - b + 3c + 3d)}{8}$

㉱ $\dfrac{(4a - 2b - 3c + 3d)}{8}$

> **풀이** 유기물질의 혐기성 완전분해식
> $$C_aH_bO_cN_dS_e + \left(\frac{4a - b - 2c + 3d + 2e}{4} \right)H_2O$$
> $$\rightarrow \left(\frac{4a + b - 2c - 3d - 2e}{8} \right)CH_4 +$$
> $$\left(\frac{4a - b + 2c + 3d + 2e}{8} \right)CO_2 + dNH_3 + eH_2S$$

245 폐기물 매립지의 매립 후 4단계 분해과정의 경과기간에 대한 설명으로 옳지 않은 것은?

㉮ 1단계는 초기조절단계이며 매립 후 며칠 또는 몇 개월가량 지속적으로 초기혐기성 조건이다.
㉯ 2단계는 혐기성 비메탄화 단계이며 임의성 미생물에 의하여 SO_4^{2-}와 NO_3^-가 환원되는 단계로서 CO_2가 생성된다.
㉰ 3단계는 혐기성 메탄 생성축적단계이며 CH_4가스가 생산되는 혐기성 단계로서 온도가 $55℃$ 까지 증가된다.
㉱ 4단계는 혐기성 정상상태 단계이며 가스 중 CH_4와 CO_2의 함량이 거의 일정한 정상상태로서 혐기성 조건이다.

> **풀이** 1단계는 호기성 단계 즉, N_2와 O_2는 급격히 감소하고 CO_2는 서서히 증가한다.

정답 | 241 ㉰ 242 ㉮ 243 ㉰ 244 ㉮ 245 ㉮

246 폐기물 매립 후 경과 기간에 따른 가스 구성 성분의 변화에 대한 설명으로 옳지 않은 것은?

㉮ 제1단계 : 호기성 단계로 폐기물 내의 수분이 많은 경우는 반응이 가속화되고 용존산소가 쉽게 고갈된다.

㉯ 제2단계 : 호기성 단계로 임의성 미생물에 의해서 SO_4^{2-}와 NO_3^-가 환원되는 단계이다.

㉰ 제3단계 : 혐기성 단계로 CH_4가 생성되며 온도가 약 55℃까지는 증가한다.

㉱ 제4단계 : 혐기성 단계로 가스 내의 CH_4와 CO_2의 함량이 거의 일정한 정상상태 단계이다.

(풀이) 제2단계는 혐기성 비메탄화 단계이다.

247 매립지에서 발생되는 가스를 회수, 재활용하기 위하여 일반적으로 요구되는 매립폐기물 및 발생가스 조건으로 옳지 않은 것은?

㉮ 폐기물 속에는 약 50%의 분해 가능한 물질을 포함하여야 한다.

㉯ 발생기체는 약 25% 이상을 포집할 수 있어야 한다.

㉰ 폐기물 1 kg당 $0.37m^3$ 이상의 기체가 생성되어야 한다.

㉱ 기체의 발열량이 2,200kcal/m^3 이상이어야 한다.

(풀이) 발생기체의 50% 이상 포집이 가능하여야 한다.

248 유기성 폐기물의 생물화적 처리와 관련한 미생물에 대한 용어 중 독립영양계인 화학 독립영양계 미생물의 에너지원과 탄소원으로 맞는 것은?

㉮ 에너지원 : 유기산화환원반응, 탄소원 : CO_2

㉯ 에너지원 : 무기산화환원반응, 탄소원 : CO_2

㉰ 에너지원 : 유기산화환원반응, 탄소원 : 유기탄소

㉱ 에너지원 : 무기산화환원반응, 탄소원 : 유기탄소

(풀이) 탄소원과 에너지원에 따른 미생물 분류

① 광 독립 영양미생물

　㉠ 탄소원 : CO_2

　㉡ 에너지원 : 빛

② 광 종속 영양미생물

　㉠ 탄소원 : 유기탄소

　㉡ 에너지원 : 빛

③ 화학독립 영양미생물

　㉠ 탄소원 : CO_2

　㉡ 에너지원 : 무기물의 산화 · 환원반응

④ 화학종속 영양미생물

　㉠ 탄소원 : 유기탄소

　㉡ 에너지원 : 유기물의 산화 · 환원반응

249 침출수의 특성이 다음과 같을 때 처리공정의 효율성이 가장 알맞게 짝지어진 것은?

> 침출수의 특성
> * COD/TOC > 2.8
> * BOD/COD > 0.5
> * 매립연한 : 5년 이하
> * COD : 10,000 mg/L 이상

㉮ 생물학적 처리 - 양호, 화학적 침전(석회투어) - 보통, 화학적 산화 - 불량, 이온교환수지 - 불량

㉯ 생물학적 처리 - 양호, 화학적 침전(석회투어) - 불량, 화학적 산화 - 불량, 이온교환수지 - 양호

㉰ 생물학적 처리 - 양호, 화학적 침전(석회투어) - 불량, 화학적 산화 - 양호, 이온교환수지 - 양호

㉱ 생물학적 처리 - 양호, 화학적 침전(석회투어) - 불량, 화학적 산화 - 불량, 이온교환수지 - 불량

(풀이) 침출수 특성에 따른 처리공정 구분

	항목	I	II	III
침출수특성	COD (mg/L)	10,000 이상	500 ~ 10,000	500 이하
	COD/TOC	2.7(2.8) 이상	2.0 ~ 2.7	2.0 이하
	BOD/COD	0.5 이상	0.1 ~ 0.5	0.1 이하
	매립연한	초기 (5년 이하)	중간 (5 ~ 10년)	오래 (고령)됨 (10년 이상)

항목		Ⅰ	Ⅱ	Ⅲ
주처리공정	생물학적 처리	좋음 (양호)	보통	나쁨 (불량)
	화학적 응집·침전 (화학적 침전 : 석회 투여)	보통	나쁨 (불량)	나쁨 (불량)
	화학적 산화	보통·나쁨 (불량)	보통	보통
	역삼투 (R.O)	보통	좋음 (양호)	좋음 (양호)
	활성탄 흡착	보통·좋음 (양호)	보통·좋음 (양호)	좋음 (양호)
	이온교환 수지	나쁨 (불량)	보통·좋음 (양호)	보통

250 COD/TOC<2.0, BOD/CON<0.1인 고령화된 매립지에서 발생되는 침출수 처리의 효율성이 불량한 공정은?〔단, COD(mg/L)는 500보다 작다.〕

㉮ 이온교환수지

㉯ 활성탄

㉰ 화학적 침전(석회투여)

㉱ 역삼투공정

풀이 249번 풀이 참조

251 다음 중 침출수를 물리화학적 처리 공정을 적용하여 처리하는 것이 가장 효과적인 조건은?

㉮ COD/TOC<2.0 , BOD/COD>0.1인 오래된 매립지인 경우

㉯ COD/TOC<2.0 , BOD/COD<0.1인 오래된 매립지인 경우

㉰ COD/TOC>2.8 , BOD/COD>0.5인 초기 매립지인 경우

㉱ COD/TOC>2.8 , BOD/COD<0.5인 초기 매립지인 경우

풀이 258번 풀이 참조

252 질소와 인을 제거하기 위한 생물학적 고도처리공법(A₂O)의 공정 중 '호기조'의 역할과 가장 거리가 먼 것은?

㉮ 질산화

㉯ 탈질화

㉰ 유기물의 산화

㉱ 인의 과잉섭취

253 폐기물 매립지의 침출수 처리에 많이 사용되는 펜톤산화제의 조성으로 맞는 것은?

㉮ 과산화수소+철염

㉯ 과산화수소+Alum

㉰ 오존+철염

㉱ 오전+Alum

254 A 매립지의 경우 COD를 기준 이내로 처리하기 위해 기존공정에 펜톤처리공정과 RBC 공정을 추가하여 운전하고 있다면 다음 중 공정 추가 원인으로 가장 적합한 것은?

㉮ 난분해성 유기물질의 과다유입

㉯ 휘발성 유기화합물의 과다유입

㉰ 질소성분 과다유입

㉱ 용존고형물 과다유입

풀이 기존공정에 펜톤처리공정과 RBC 공정을 추가하여 운전하는 이유는 난분해성 유기물질을 산화시키기 위함이다.

255 침출수 처리를 위한 Fenton 산화법에 관한 설명으로 틀린것은?

㉮ 응집제를 첨가하여 침전시킨다.

㉯ 침출수 pH를 9~10으로 조정한다.

㉰ Fenton액을 첨가하여 난분해성 유기물질을 생분해성 유기물질로 전환시킨다.

㉱ Fenton액은 철, 과산화수소를 포함한다.

풀이 펜톤 산화반응의 최적 침출수 pH는 3~3.5(4) 정도에서 가장 효과적이다.

256 침출수 처리를 위한 방법 중 Fenton 산화처리에 관한 설명과 가장 거리가 먼 것은?

㉮ 처리시설은 접촉조, 재생조, 침전조로 구성되어 있다.

㉯ 난분해성 유기물질의 제거 및 NBDCOD를 BDCOD로 변환시켜 생분해성을 증가시킨다.

㉰ 유입시설의 변화 시 탄력적인 대응이 가능하다.

㉱ 시설비는 오존처리시나 활성탄 흡착법보다 적게 소요된다.

풀이 Fenton 산화법의 처리공정 순서는 pH 조정조 → 급속교반조(산화) → 중화조 → 완속교반조 → 침전조 → 생물학적 처리(RBC)

257 침출수 처리를 위한 Fenton 산화법의 공정 구성순서로 가장 알맞은 것은?

㉮ pH 조정조 → 급속교반조 → 중화조 → 완속교반조 → 침전조

㉯ 급속교반조 → 중화조 → 완속교반조 → pH 조정조 → 침전조

㉰ 중화조 → pH 조정조 → 급속교반조 → 완속교반조 → 침전조

㉱ 급속교반조 → 완속교반조 → pH 조정조 → 중화조 → 침전조

258 매립지 침출수 처리방법 중 물리화학적 처리방법이 아닌 것은?

㉮ 이온교환

㉯ SBR

㉰ 전해산화법

㉱ 침전 및 응집

풀이 SBR(Seguencing Batch Reactor) 즉, 연속 회분식 반응도는 활성슬러지 공정 종류 중 하나이다.

259 침출수의 특성에 대한 설명 중 옳지 않은 것은?

㉮ 복토의 다짐밀도가 높을수록 침출수 농도는 높다.

㉯ 혐기성 매립방식이 호기성 매립방식에 비해 침출수 농도가 낮다.

㉰ 유기폐기물 함량이 높을수록 유기오염농도가 높고 초기 BOD/COD 비가 크다.

㉱ BOD/COD 비는 초기에는 높고 시간 경과에 따라 낮아진다.

풀이 혐기성 매립방식이 호기성 매립방식에 비해 침출수 농도가 높다.

260 어떤 매립지에서 다음과 같은 침출수를 생물학적 방법으로 처리하고자 한다. 원활히 처리하기 위하여 조성 중 보충 투입이 필요한 성분은?

> BOD : 6,000, COD : 9,500
> NH_3-N 100, T−N 200
> NO_3-N 20, T−P 100
> Alkalinity 2,500(as $CaCO_3$)
> Hardness 2,000(as $CaCO_3$)
> Cl^- : 100, pH 7.0 (단위 mg/L)

㉮ N

㉯ P

㉰ Cl

㉱ Alkalinity

풀이 생물학적 처리 시 기본 영향밸런스
BOD : N : P=100 : 5 : 1
문제상 BOD 6,000 ppm일 때 총질소(T−N)는 300 ppm, 총인(T−P)은 60 ppm 비율이 되어야 한다. 따라서 보충투입물질은 질소이다.

261 일반적으로 매립장 침출수 생성에 가장 큰 영향을 미치는 인자는?

㉮ 쓰레기 함수율

㉯ 지하수의 유입

㉰ 표토를 침투하는 강수(降水)

㉱ 쓰레기 분해과정에서 발생하는 발생수

262 침출수를 혐기성 공정을 이용하여 처리할 때 장점으로 틀린 것은?

㉮ 고농도의 침출수를 희석 없어 처리할 수 있다.

㉯ 미생물의 낮은 증식으로 인하여 슬러지 처리비용이 감소된다.

㉰ 호기성 공정에 비하여 낮은 영양물 요구량을 가진다.

㉱ 중금속에 대한 저해효과가 호기성 공정에 비해 적다.

풀이 중금속에 대한 저해효과가 호기성 공정에 비해 크며 온도에 대한 영향도 크다.

263 토양오염 물질 중 BTEX 에 포함되지 않는 것은?

㉮ 벤젠 ㉯ 톨루엔

㉰ 에콜렌 ㉱ 자일렌

풀이 토양오염 물질 중 BTEX
B(Benzene) : 벤젠
T(Toluene) : 톨루엔
E(Ethylbenzene) : 에틸벤젠
X(Xylene) : 크실렌, 자일렌

264 토양오염의 특징으로 틀린 것은?

㉮ 오염경로의 다양성

㉯ 피해발현의 완만성

㉰ 타 환경인자와 영향관계의 모호성

㉱ 오염(영향)의 광역성 및 인지성

풀이 오염영향의 국지성 및 오염의 비인지성이다.

265 오염토양을 정화하는 기법인 토양증기추출법의 장단점으로 틀린 것은?

㉮ 오염물질의 독성은 변화가 없다.

㉯ 추출된 기체는 대기오염방지를 위해 후처리가 필요하다.

㉰ 기계 및 장치가 복잡하여 설치 기간이 길다.

㉱ 지반구조의 복잡성으로 총 처리시간을 예측하기가 어렵다.

풀이 토양증기 추출법 장점
① 비교적 기계 및 장치가 간단함
② 지하수의 깊이에 대한 제한을 받지 않음
③ 유지, 관리비가 적으며 굴착이 필요 없음
④ 생물학적 처리효율을 보다 높여줌
⑤ 단기간에 설치가 가능함
⑥ 가장 많은 적용사례가 있음
⑦ 즉시 결과를 얻을 수 있고 영구적 재생이 가능함
⑧ 다른 시약이 필요 없음

토양증기추출법 단점
① 지반구조의 복잡성으로 인해 총 처리기간을 예측하기 어려움
② 오염물질의 증기압이 낮은 경우 오염물질의 제거효율이 낮음
③ 토양의 침투성이 양호하고 균일하여야 적용 가능함
④ 토양층이 치밀하여 기체흐름의 정도가 어려운 곳에서는 사용이 곤란함
⑤ 추출 기체는 후처리를 위해 대기오염방지 장치가 필요함
⑥ 오염물질의 독성은 처리 후에도 변화가 없음
⑦ 지반구조의 복잡성으로 인해 총 처리시간을 예측하기 곤란함

266 토양오염 처리기술 중 '토양증기추출법'에 대한 설명으로 맞는 것은?

㉮ 증기압이 낮은 오염물의 제거효율이 높다.

㉯ 추출된 기체는 대기오염방지를 위해 후처리가 필요하다.

㉰ 필요한 기계장치가 복잡하여 유지, 관리비가 많이 소요된다.

㉱ 토양층이 균일하고 치밀하여 기체 흐름이 어려운 곳에서 적용이 용이하다.

풀이 265번 해설 참조

267 토양오염 처리방법의 하나인 토양증기추출법과 관련된 인자와 그 기준으로 틀린 것은?

㉮ 대상오염물질의 헨리상수(무차원) : 0.01 이상

㉯ 대상오염물질 : 상온에서 휘발성을 갖는 유기물질

㉰ 추출정의 위치 : 오염지역 외곽

㉱ 오염부지 공기투과계수 : 1×10^{-4} cm/sec

풀이 추출정의 위치는 오염지역 내이어야 한다.

268 토양증기추출(SVE) 시스템의 주요인자가 아닌 것은?

㉮ 오염물질의 증기압　㉯ 토양의 공기투과성

㉰ Henry상수　㉱ 분배계수

풀이 SVE 효율에 영향을 미치는 인자
① 공기투과계수
② 수분함량
③ 공극률
④ 용해도
⑤ 헨리상수(0.01 이상)
⑥ 증기압(0.5 mmHg 이상)
⑦ 분배계수(흡착계수)

269 토양 중 유기성 오염물질을 제거하기 위한 바이오벤팅(Bioventing)에 대한 설명으로 틀린 것은?

㉮ 불포화 토양층 내에 산소를 공급함으로써 미생물의 분해를 통해 유기물질을 분해 처리한다.

㉯ 휘발성이 강하거나 분자량이 작은 유기물질의 처리가 어렵다.

㉰ 일반적으로 토양증기추출에 비하여 토양공기의 추출량이 약 1/10 수준이다.

㉱ 기술 적용 시에는 대상부지에 대한 정확한 산소 소모율의 산정이 중요하다.

풀이 휘발성이 강한 유기물질 이외에도 중간 정도의 휘발성을 가지는 분자량이 다소 큰 유기물질도 처리할 수 있다.

270 토양오염 처리기술 중 토양세척법에 관한 설명으로 가장 거리가 먼 것은?

㉮ 적절한 세척제를 사용하여 토양 입자에 결합되어 있는 유해 유기오염물질의 표면장력을 약화시키거나, 중금속을 분리시켜 처리하는 기법이다.

㉯ 세척제로 사용되는 산, 염기, 환경물질은 금속물질을 추출, 정화시키는 데 주로 이용된다.

㉰ 적용방법에 따라 In－Situ, Ex－Situ 방법이 있으며 In－Situ 기법은 토양의 투수성에 많은 제약을 받는다.

㉱ 휘발성이 큰 물질을 주로 정화하게 되며 비휘발성, 생물학적 난분해성 물질도 분리 정화되는 부수적인 효과도 기대할 수 있다.

풀이 토양세척법은 적용 가능한 오염물질의 종류 범위가 넓고 특히 비휘발성, 생물학적 난분해성 물질을 정화하는 데 이용되는 기술이다.

271 토양의 현장처리기법인 토양세척법과 관련된 주요인자와 가장 거리가 먼 것은?

㉮ 헨리상수

㉯ 지하수 차단벽의 유무

㉰ 투수계수

㉱ 분배계수

풀이 토양세척법의 주요인자
① 지하수 차단벽의 유무
② 투수계수
③ 분배계수(토양/물)
④ 알칼리도
⑤ 양이온 및 음이온의 존재유무

272 토양오염처리방법인 Air Sparging의 적용조건에 관한 설명으로 틀린 것은?

㉮ 오염물질의 용해도가 낮은 경우에 적용이 유리하다.

㉯ 피압대수층 조건에 적용이 유리하다.

㉲ 대수층의 투수도가 10^{-3} cm/sec 이상일 때 적용이 유리하다.

㉱ 토양의 종류가 사질토, 균질토일 때 적용이 유리하다.

풀이 Air Sparging(공사살포기법)은 포화대수층인 경우만 적용 가능하다.

273 오염토양을 굴착하여 지표면에 깔아 놓고 정기적으로 뒤집어줌으로써 공기를 공급해주는 호기성 생물학적 처리방법을 무엇이라 하는가?

㉮ 생분해(Biodegradation)

㉯ 토지경작법(Landfarming)

㉰ 생물환기(Bioventing)

㉱ 산소보강(Oxygen Enhancement)

274 토양공기의 조성에 관한 설명으로 틀린 것은?

㉮ 토양성분과 식물양분에 산화적 변화를 일으키는 원인이 된다.

㉯ 대기에 비하여 토양공기 내 탄산가스의 함량이 낮다.

㉰ 대기에 비하여 토양공기 내 수증기의 함양이 높다.

㉱ 토양이 깊어질수록 토양공기 내 산소량은 감소한다.

풀이 대기에 비하여 토양공기 내 탄산가스(CO_2)의 함량은 0.1~1.0%로 높은 편이다.

275 토양오염물질 중 LNAPL은 물보다 가벼워 지하수를 만나면 지하수 표면 위에 기름층을 형성하게 된다. 다음 중 LNAPL에 해당하지 않는 것은?

㉮ 염소계 유기용매류

㉯ 나프탈렌

㉰ 벤젠

㉱ 톨루엔

풀이 NAPL(비수용성 액체)의 분류

① LNAPL : 저밀도 비수용성 액체

  ㉠ 알코올이나 MTBE, BTEX 등의 물보다 밀도가 작은 비혼합유체를 저밀도 비수용성 액체라고 함

  ㉡ 물에 쉽게 용해되지 않고 섞이지 않아 자연상에서 물과 분리된 유체의 형태로 존재하는 NAPL 중 물보다 밀도가 작은 NAPL 의미

  ㉢ 지중에 유입되어 지하수층에 도달하게 되면 물보다 가벼우므로 지하수층 상부에 뜨게 되고 지하수의 흐름에 따라 이동한다.

  ㉣ 대표적 오염물질
  • BTEX(벤젠, 톨루엔, 에틸벤젠, 크실렌)
  • 원유, 휘발유, 디젤유
  • 헵탄, 헥산
  • 이소프로필알코올

② DNAPL : 고밀도 비수용성 액체

  ㉠ 물에 쉽게 용해되지 않고 혼합되지 않아 자연상에서 물과 분리된 유체의 형태로 존재하는 NAPL 중 물보다 밀도가 큰 비수용성액체임

  ㉡ 물보다 비중이 크므로 지하수면 아래까지 침투하여 불투수층까지 도달함

  ㉢ 기반암에 도달한 DNAPL은 지하수 이동방향과 관계없이 기반암의 기울기에 따라 이동함

  ㉣ DNAPL의 정화가 LNAPL보다 훨씬 어렵고 비용도 많이 소모되어 오염지역에 대한 효과적인 정화방법도 개발되어 있지 않음

  ㉤ 밀도가 $1\,g/cm^3$ 이상이며 일반적으로 물보다 무거우므로 지하수저면에 쌓이거나 암반에 형성된 균열 속으로 들어가기도 한다.

  ㉥ 대표적 오염물질
  • TCE(Trichloroethylene), PCE(Perchloroethylene)
  • 페놀, PCB(Polychlorinated Biphenyl)
  • 1.1.1-Trichloroethane(1.1.1-TCA), 2-Chlorophenol(클로로페놀)
  • 클로로포름, 사염화탄소

276 토양의 삼상(三相)에 대한 설명 중 옳지 않은 것은?

㉮ 고상, 액상, 기상의 조성을 체적백분율로 표시한

것이 삼상분포이다.

④ 고상률은 대부분 토양에서 80~90%를 차지하며 화산재 기원의 토양은 그보다 작아 70% 전후이다.

⑤ 액상률 및 기상률은 강우와 건조에 의해 용이하게 변화한다.

⑥ 토양의 고상 중 모래는 토양의 구조를 결정함과 동시에 뼈대의 역할을 한다.

풀이 고상률(고형물질)은 대부분 토양에서 토양 광물질(45%), 유기물(5%), 즉 50% 정도 차지한다.

277 착화온도에 관한 설명으로 틀린 것은?

㉮ 화학적 발열량이 클수록 착화온도는 높다.

㉯ 분자구조가 간단할수록 착화온도는 높다.

㉰ 화학결합의 활성도가 클수록 착화온도는 낮다.

㉱ 화학반응성이 클수록 착화온도는 낮다.

풀이 착화온도는 화학적 발열량이 클수록 착화온도는 낮아진다.

278 폐기물을 완전연소시키기 위한 소각로의 연소조건으로 가장 거리가 먼 것은?

㉮ 충분한 체류시간

㉯ 충분한 난류

㉰ 충분한 압력

㉱ 적당한 온도

279 다음 내용으로 알맞은 법칙은?

반응열의 양은 반응이 일어나는 과정에 무관하고, 반응 전후에 있어서의 물질 및 그 상태에 의하여 결정된다.

㉮ Graham의 법칙   ㉯ Dalton의 법칙

㉰ Hess의 법칙   ㉱ Le Chateller의 법칙

280 고체연료 및 액체연료의 비교 특성에 대한 설명으로 틀린 것은?

㉮ 석유계 연료는 연소의 조절이 간단하고 용이하다.

㉯ 석유계 연료는 동일 중량의 석탄계 연료보다 용적이 35~50% 정도이다.

㉰ 석유계 연료의 발열량(kcal/kg)은 석탄계 연료보다 높다.

㉱ 석유계 연료는 연소 시 과잉공기량이 많아 회분 발생량이 적다.

풀이 석유계 연료는 연소 시 과잉공기량이 적고 쉽게 완전연소되며 연소 후 슬러리가 없다.

281 코크스 또는 분해 연소가 끝난 석탄처럼 열분해가 일어나기 어려운 탄소를 주성분으로 그 자체가 연소하는 과정이며 연소 되면 적열할 따름이지 화염이 없는 연소형태는?

㉮ 자기연소   ㉯ 증발연소

㉰ 표면연소   ㉱ 확산연소

282 소각로의 열효율을 향상시키기 위한 대책으로 틀린 것은?

㉮ 연소 생성 열량을 피열물에 최대한 유효하게 전한다.

㉯ 승온시간을 연장시켜 현열손실을 감소시킨다.

㉰ 복사전열에 의한 방열손실을 최대한 감소시킨다.

㉱ 배기가스 재순환에 의해 전열효율을 향상시킨다.

풀이 간헐운전 조건에서는 승온시간을 단축시키고 배가스의 재순환으로 전열효율을 향상시킨다.

283 석탄의 탄화도가 증가하면 감소하는 것은?

㉮ 고정탄소   ㉯ 착화온도

㉰ 비열   ㉱ 발열량

풀이 석탄 탄화도 증가 시 높아지는 것
① 연료비
② 고정탄소 함량
③ 발열량
④ 착화온도

284 석탄의 탄화도가 증가하면 증가하는 것은?

㉮ 고정탄소 ㉯ 비열
㉲ 휘발분 ㉭ 매연발생률

285 다음이 설명하고 있는 연소의 종류는?

> 목탄, 석탄, 타르 등은 연소 초기 시 열분해에 의하여 가연성 가스가 생성되고 이것이 긴화염을 발생시키면서 연소한다.

㉮ 분해연소 ㉯ 확산연소
㉲ 표면연소 ㉭ 증발연소

286 고체연료의 연소 형태에 대한 설명 중 가장 거리가 먼 내용은?

㉮ 증발연소는 비교적 용융점이 높은 고체연료가 용융되어 액체연료와 같은 방식으로 증발되어 연소하는 형상을 말한다.
㉯ 분해연소는 증발온도보다 분해온도가 낮은 경우에 가열에 의하여 열분해가 일어나고 휘발하기 쉬운 성분이 표면에서 떨어져 나와 연소하는 것을 말한다.
㉲ 표면연소는 휘발분을 거의 포함하지 않는 목탄이다. 코크스 등의 연소로서 산소나 산화성 가스가 고체 표면이나 내부의 빈 공간에 확산되어 표면반응을 하는 것을 말한다.
㉭ 열분해로 발생된 휘발성분이 정화되지 않고 다량의 발연(發煙)을 수반하여 표면반응을 일으키면서 연소하는 것을 발연연소라 한다.

풀이 증발연소는 비교적 용융점이 낮은 고체가 연소되기 전에 용융되어 액체와 같이 표면에서 증발되어 연소하는 현상이다.

287 고체연료의 연소방법 중 미분탄 연소에 대한 설명으로 가장 거리가 먼 내용은?

㉮ 대형화하였을 때 화격자보다 설비비가 높고 부하변동에 대한 응답성도 낮다.
㉯ 높은 연소효율이 기대되고, 클링커의 생성으로 인한 장해가 없다.
㉲ 연료의 비표면적이 크기 때문에 적은 공기비로 연소시킬 수 있다.
㉭ 대형 및 대용량 설비에 적합하다.

풀이 미분탄연소는 비산재가 많아 클링커 생성 등 장해가 있다.

288 연소속도에 미치는 요인으로 가장 거리가 먼 것은?

㉮ 산소의 농도 ㉯ 촉매
㉲ 반응계의 온도 ㉭ 연료의 발열량

풀이 연소속도에 미치는 요인
① 산소의 농도
② 촉매
③ 반응계의 온도
④ 분무기의 확산 및 혼합
⑤ 반응계의 농도
⑥ 활성화 에너지

289 연료 중의 산소와 결합수의 상태로 있기 때문에 전수소에서 연소에 이용되지 않는 수소분을 공제한 수소를 무엇이라 하는가?

㉮ 결합수소 ㉯ 고립수소
㉲ 유효수소 ㉭ 자유수소

290 연소과정에서 등가비가 1보다 큰 경우는 다음 중 어느 것인가?

㉮ 과잉공기가 공급된 경우
㉯ 연료가 이론적인 경우보다 적을 경우
㉰ 완전연소에 알맞은 연료와 산화제가 혼합될 경우
㉱ 연료가 과잉으로 공급된 경우

> **풀이** ϕ에 따른 특성
> ① $\phi = 1$ (m = 1)
> 완전연소에 알맞은 연료와 산화제가 혼합된 경우
> ② $\phi > 1$ (m < 1)
> 연료가 과잉으로 공급된 경우
> ③ $\phi < 1$ (m > 1)
> 과잉공기가 공급된 경우

291 연소실 내 가스와 폐기물의 흐름에 관한 설명으로 틀린 것은?

㉮ 병류식은 폐기물의 발열량이 낮은 경우에 적합한 형식이다.
㉯ 교류식은 향류식과 병류식의 중간적인 형식이다.
㉰ 교류식은 중간 정도의 발열량을 가지는 폐기물에 적합하다.
㉱ 향류식은 폐기물의 이송방향과 연소가스의 흐름이 반대로 향하는 형식이다.

> **풀이** 병류식은 수분이 적고, 저위발열량이 높을 때 적당한 형식이다.

292 소각로 내 연소가스와 폐기물 흐름에 따른 조작방법에 대한 설명으로 옳지 않은 것은?

㉮ 역류식은 수분이 많고 저위발열량이 낮은 쓰레기에 적합하며 후연소 내의 온도저하나 불완전연소의 염려가 없다.
㉯ 병류식은 이송방향과 연소가스의 흐름방향이 같은 형식으로 건조대에서의 건조효율이 저하될 수 있다.

㉰ 교류식은 역류식과 병류식의 중간적인 형식이다.
㉱ 복류식은 2개의 출구를 가지고 있는 댐퍼의 개폐로 역류식, 병류식, 교류식으로 조절할 수 있어 폐기물의 질이나 저위발열량의 변동이 심할 경우에 사용한다.

> **풀이** 역류식은 난연성 또는 착화하기 어려운 폐기물소각에 가장 적합한 방식이고 후연소 내의 온도저하나 불완전연소가 발생할 수 있다.

293 도시생활폐기물을 대상으로 소각시스템에서 발생하는 소각잔재물의 종류에는 바닥재와 비산재가 있다. 다음 중 바닥재에 해당되는 것은?

㉮ Boiler Ash(Heat Reconery Ash)
㉯ Cyclone Ash
㉰ 대기오염방지시설 잔재물
㉱ Grate Siftings

> **풀이** 소각잔재물
> ① 바닥재
> • Grate Ash(화격자 최종하부로 배출)
> • Grate Siftings(화격자 간 미세틈새로 낙하하는 바닥재)
> ② 비산재
> • 보일러재(Boiler Ash)
> • 집진재
> • 산성가스 처리 잔재물

294 도시쓰레기 소각시설에서 발생하는 소각잔재물은 바닥재와 비산재로 구분된다. 다음 중에서 바닥재에 해당하는 것은?

㉮ 소각로로부터 이송된 입자상 물질 및 Flue Gas 흐름으로부터 제거된 Sorbent 주입전의 응축된 재
㉯ 소각로 화격자의 Outburn Section에서 배출되는 재
㉰ 유통상 소각로 내의 폐열보일러 앞부분에 위치한 Hot Cyclone에 의하여 모여지는 입자상의 재

㉒ Wet Scrubber System으로부터 배출되는 고체 상의 재

풀이 Outburn Section은 화격자 최종하부를 의미한다.

295 소각조건의 3T란 무엇인가?

㉮ 온도, 연소량, 혼합
㉯ 온도, 연소량, 혼합
㉰ 온도, 압력, 혼합
㉱ 온도, 연소시간, 혼합

풀이 3T
① Time
② Temperature
③ Turbulence

296 소각을 위한 연소기중 화격자 연소기에 관한 설명으로 틀린 것은?

㉮ 기계적 작동으로 교반력이 강하다.
㉯ 연속적인 소각과 배출이 가능하다.
㉰ 체류시간이 길다.
㉱ 국부가열이 발생할 염려가 있다.

풀이 화격자 연소기(소각소)는 교반력이 약한 단점이 있다.

297 화격자 연소기(Grate of Stoker)에 대한 설명으로 맞는 것은?

㉮ 휘발성분이 많고 열분해하기 쉬운 물질을 소각할 경우 상향식 연소방식을 쓴다.
㉯ 이동식 화격자는 주입폐기물을 잘 운반시키거나 뒤집지는 못하는 문제점이 있다.
㉰ 수분이 많거나 플라스틱과 같이 열에 쉽게 용해되는 물질에 의한 화격자 막힘의 염려가 없다.
㉱ 체류시간이 짧고 교반력이 강하여 국부가열이 발생할 염려가 있다.

풀이 ㉮ 항 : 휘발성분이 많고 열분해하기 쉬운 물질을 소각할 경우 하향식 연소방식을 쓴다.
㉰ 항 : 수분이 많거나 플라스틱과 같이 열에 쉽게 용해되는 물질에 의한 화격자 막힘의 염려가 있다.
㉱ 항 : 체류시간이 길고 교반력이 약하여 국부가열이 발생할 염려가 있다.

298 스토커 소각로 내에서의 연소공정으로 가장 옳은 것은?

㉮ 건조 → 휘발성 생성 → 표면승온 → 착화 → 고정탄소의 표면연소 → 불꽃이동연소
㉯ 건조 → 휘발성 생성 → 표면승온 → 착화 → 불꽃이동연소 → 고정탄소의 표면연소
㉰ 건조 → 표면승온 → 휘발성 생성 → 착화 → 고정탄소의 표면연소 → 불꽃이동연소
㉱ 건조 → 표면승온 → 휘발성 생성 → 착화 → 불꽃이동연소 → 고정탄소의 표면연소

299 폐기물소각로의 가동화격자(Grate)에 대한 설명으로 옳지 않은 것은?

㉮ 화격자는 투입폐기물이 적절하게 연소되도록 운반하는 역학을 한다.
㉯ 화격자 사이로 공기가 공급되도록 한다.
㉰ 폐기물의 부하량으로 화격자의 소요면적을 산출하는 경우에는 $140 \sim 240 kg/m^2 \cdot hr$의 부하량을 기준으로 한다.
㉱ 장점으로는 연속적인 소각과 배출이 가능하다.

풀이 폐기물의 부하량으로 화격자의 소요면적을 산출하는 경우에는 $240 \sim 340 kg/m^2 \cdot hr$의 부하량을 기준으로 한다.

300 다단로식 소각로에 대한 설명이 틀린 것은?

㉮ 유해폐기물의 완전분해를 위해서는 2차 연소실이 필요하다.

㉯ 액상 및 기상 폐기물의 이용은 보조연료의 양을 감소시켜 운전비용을 절감하는 경제적 이점이 있다.

㉰ 건조, 연소 등 가동영역이 다양하여 분진발생률이 낮다.

㉱ 체류시간이 길어 특히 휘발성이 적은 폐기물 연소에 유리하다.

풀이 다단로식 소각로는 건조영역, 연소·탈취영역, 냉각영역 3개의 가동영역이 다양하고 분진발생률이 높은 단점이 있다.

301 다단로식 소각로의 특징에 대한 설명과 가장 거리가 먼 것은?

㉮ 다향의 수분이 증발되므로 수분함량이 높은 폐기물도 연소가 가능하다.

㉯ 열적 충격이 적어 보조연료 사용을 조절하기가 용이하다.

㉰ 휘발성이 적은 폐기물 연소에 유리하다.

㉱ 체류시간이 길기 때문에 온도반응이 더디다.

풀이 다단로식 소각로는 늦은 온도반응 때문에 보조연료 사용을 조절하기 어렵다.

302 폐기물 처리를 위한 소각로 형식 중 '다단로'의 장점으로 틀린 것은?

㉮ 체류시간이 길어 특히 휘발성이 낮은 폐기물의 연소에 유리하다.

㉯ 수분함량이 높은 폐기물의 연소도 가능하다.

㉰ 물리·화학적 성분이 다른 각종 폐기물을 처리할 수 있다.

㉱ 온도반응이 빠르고 분진발생률이 낮다.

풀이 다단로식 소각로는 늦은 온도반응 때문에 보조연료 사용을 조절하기 어렵다.

303 다음은 로터리 킬른식(Rotary Kiln) 소각로의 특징에 대한 설명이다. 이 중 적합하지 않는 것은?

㉮ 대체로 예열, 혼합, 파쇄 등 전처리 후 주입한다.

㉯ 넓은 범위의 액상 및 고상 폐기물을 소각 할 수 있다.

㉰ 용융상태의 물질에 의하여 방해받지 않는다.

㉱ 습식 가스세정시스템과 함께 사용할 수 있다.

풀이 회전로(Rotaty Kiln)는 전처리(예열, 혼합, 파쇄 등) 없이 주입이 가능한 장점이 있다.

304 로타리 킬른식(Rotary Kiln) 소각로의 단점이라 볼 수 없는 것은?

㉮ 처리량이 적은 경우 설치비가 높다.

㉯ 용융상태의 물질에 대하여 방해를 받는다.

㉰ 로에서의 공기유출이 크므로 종종 대량의 과잉공기가 필요하다.

㉱ 대기오염 제어시스템에 분진부하율이 높다.

풀이 회전로는 경사진 구조로 용융상태의 물질에 의하여 방해받지 않는다.

305 Rotary Kiln 소각로의 장점이 아닌 것은?

㉮ 드럼이나 대형 용기를 그대로 집어넣을 수 있다.

㉯ 습식 가스세정시스템과 함께 사용할 수 있다.

㉰ 처리량이 적은 경우, 설치비가 저렴하다.

㉱ 용융상태의 물질에 의하여 방해받지 않는다.

풀이 Rotary Kiln은 처리량이 적을 경우 설치비가 높다.

306 회전로(Rotary Kiln)에 대한 설명으로 옳지 않은 것은?

㉮ 원통형 소각로의 길이와 직경의 비는 약 2~10이다.

㉯ 원통형 소각로의 회전속도는 3~15rpm 정도이다.

㉰ 처리율은 보통 45kg/hr~2ton/hr으로 설계된다.

㉳ 연소온도는 800~1,600℃ 정도이다.

풀이 원통형 회전로의 회전속도는 0.3~1.5rpm 정도이다.

307 유동층 소각로방식에 대한 설명 중 틀린 것은?

㉠ 상(床)으로부터 찌꺼기의 분리가 어렵다.

㉡ 기계적 구동부분이 적어 고장률이 낮다.

㉰ 폐기물의 투입이나 유동화를 위해 파쇄가 필요하다.

㉳ 가스온도가 높고 과잉공기량이 많다.

풀이 유동층 소각로는 가스의 온도가 낮고 과잉공기량이 낮다. 따라서 NOx도 적게 배출된다.

308 유동층 소각로의 특징이라고 할 수 없는 것은?

㉠ 상(床)으로부터 찌꺼기의 분리가 어렵다.

㉡ 기계적 구동부분이 많아 고장률이 높다.

㉰ 유동매체의 축열량이 높은 관계로 단기간 정지 후 가동 시에 보조연료 사용 없이 정상 가동이 가능하다.

㉳ 연소효율이 높아 미연소분의 배출이 적고 2차 연소실이 불필요하다.

풀이 유동층소각로는 기계적 구동부분이 적어 고장률이 낮아 유지관리가 용이하다.

309 유동층 소각로의 장단점이라 볼 수 없는 것은?

㉠ 반응시간이 느리고 소각시간이 길어진다.

㉡ 로 내 온도의 자동제어로 열회수가 용이하다.

㉰ 기계적 구동부분이 적어 고장률이 낮다.

㉳ 연소효율이 높아 미연소분의 배출이 적고 2차 연소실이 불필요하다.

풀이 유동층소각로는 반응시간이 빨라 소각시간이 짧다. 따라서 로 부하율이 높다.

310 유동층 소각로의 장점이 아닌 것은?

㉠ 연소효율이 높아 미연소분의 배출이 적고 2차 연소실 활용이 가능하다.

㉡ 유동매체의 열용량이 커서 액상, 기상, 고형폐기물의 전소 및 혼소가 가능하다.

㉰ 유동매체의 축열량이 높은 관계로 단기간 정지 후 가동 시 보조연료 사용 없이 정상 가동이 가능하다.

㉳ 가스의 온도와 과잉공기량이 낮아서 질소산화물도 적게 배출된다.

풀이 유동층 소각로는 연소효율이 높아 미연소분이 적고 2차 연소실이 불필요하다.

311 슬러지를 유동층 소각로로서 소각시키는 경우와 다단로에서 소각시키는 경우의 차이에 대한 설명으로 옳지 않은 것은?

㉠ 유동층 소각로에서는 주입 슬러지가 고온에 의하여 급속히 건조되어 큰 덩어리를 이루면 문제가 일어나게 된다.

㉡ 유동층 소각로에서는 유출모래에 의하여 시스템의 보조기기들이 마모되어 문제점을 일으키기도 한다.

㉰ 유동층 소각로는 고온영역에서 작동되는 기기가 없기 때문에 다단로보다 유지관리가 용이하게 된다.

㉳ 유동층 소각로의 연소온도가 다단로의 연소온도보다 높다.

풀이 ① 유동층 소각로 연소온도 : 700~800℃
② 다단로 소각로 연소온도 : 750~1,000℃

312 슬러지나 고형폐유 저질탄 등 소각이 어려운 난연성 폐기물 소각에 적합한 소각로 형태로 가장 알맞은 것은?

㉮ 스토커형 소각로

㉯ 유동층 소각로

㉰ 원통상형 소각로

㉱ 로터리 킬른형 소각로

313 유동층 소각로의 장단점에 대한 설명으로 옳지 않은 것은?

㉮ 기계적 구동부분이 많아 고장이 잦다.

㉯ 석회 또는 반응물질을 유동매체에 혼입시켜 로 내에서 산성가스의 제거가 가능하다.

㉰ 반응시간이 빨라 소각시간이 짧고 로 부하율이 높다.

㉱ 과잉공기량이 적으므로 다른 소각로 보다 보조 연료 사용량과 배출가스가 적다.

풀이 유동층 소각로는 기계적 구동부분이 적어 고장률이 낮아 유지관리가 용이하다.

314 유동층 소각로의 유동매체로 주로 사용되는 것은?

㉮ 모래

㉯ 소각잔사

㉰ 점토

㉱ 슬래그

315 다음에 나열하는 소각로 중 반드시 파쇄공정이 필요하며 연소를 위해서 매체가 필요한 것은?

㉮ 화격자식

㉯ 유동층식

㉰ 로터리킬른식

㉱ 바닥식(상식)

316 유동상 방식 소각로에서 사용되는 유동층 물질의 구비조건이 아닌 것은?

㉮ 불활성일 것

㉯ 융점이 높을 것

㉰ 비중이 클 것

㉱ 내마모성이 있을 것

풀이 유동층 매체의 구비조건
① 불활성일 것
② 열에 대한 충격이 강하고 융점이 높을 것
③ 내마모성이 있을 것
④ 비중이 작을 것
⑤ 공급이 안정적일 것
⑥ 가격이 저렴하고 손쉽게 구입할 수 있을 것
⑦ 입도분포가 균일할 것

317 액체 주입형 연소기에 관한 설명으로 틀린 것은?

㉮ 소각재의 배출설비가 없으므로 회분함량이 낮은 액상폐기물에 사용한다.

㉯ 노즐 등 구동장치가 많아 고장이 잦고 운영비가 비교적 많이 소요된다.

㉰ 고형분의 농도가 높으면 버너가 막히기 쉽다.

㉱ 하점정화 방식의 경우에는 염이나 입자상물질을 포함한 폐기물의 소각도 가능하다.

풀이 액체 분무 주입형 소각로는 구동장치가 간단하고 고장이 적어 운영비가 저렴하다.

318 액체 주입형 연소기(Liquid Injection Incinerator)에 대한 설명으로 틀린 것은?

㉮ 고형분의 농도 높으면 버너가 막히기 쉽다.

㉯ 광범위한 종류의 액상폐기물을 연소할 수 있다.

㉰ 소각재의 처리설비가 필요하다.

㉱ 구동장치가 없어 고장이 적다.

풀이 액체 주입형 소각로는 대기오염 방지, 소각재 처리시설이 필요 없다.

319 액상분사 소각로(Liquid Injection Incine rator)의 단점으로 틀린 것은?

㉮ 구동장치가 복잡하고 고장이 잦다.

㉯ 완전히 연소시켜야 하며 내화물의 파손을 막아 주어야 한다.

㉰ 고형분의 농도가 높으면 버너가 막히기 쉽다.

㉱ 대량 처리가 불가능하다.

풀이 액체주입형 소각로는 구동장치가 간단하고 고장이 적다.

320 소각로 화격자에서 고온부식은 국부적으로 연소가 심한 장소에서 화격자의 온도가 상승함에 따라 발생한다. 방지대책으로 틀린 것은?

㉮ 화격자의 냉각률을 올린다.

㉯ 공기주입량을 줄여 화격자의 과열을 막는다.

㉰ 부식되는 부분에 고온공기를 주입하지 않는다.

㉱ 화격자의 재질을 고크롬, 저니켈강으로 한다.

풀이 화격자의 냉각을 위하여 공기주입량을 늘인다.

321 쓰레기 소각로의 저온부식에서 부식속도가 가장 빠른 온도 범위는?

㉮ 100~150℃　　　　㉯ 150~200℃

㉰ 200~250℃　　　　㉱ 250~300℃

풀이 ① 저온부식 가장 심한 온도 : 100~150℃
② 고온부식 가장 심한온도 : 600~700℃

322 소각로 내부축로 공사를 하기 전 사항으로 내화물 재질 선택 시 고려하여야 할 사항과 거리가 먼 것은?(단, 로의 형식, 구조에 관한 항목기준)

㉮ 소각로의 벽, 천장 등의 냉각장치 유, 무

㉯ 소각로의 연소형식

㉰ 연소가스의 출구, 보조버너의 위치 및 구조

㉱ 소각로 내의 적정 연소가스 구성비

323 폐기물 소각공정 주요 공정상태를 감시하기 위하여 CCTV(감시용 폐쇄회로 카메라)를 설치하였다. CCTV 위치별 설치목적으로 틀린 것은?

[조건]
* 스토커식 소각로
* 1일 200톤 소각규모
* 1일 24시간 가동기준

㉮ 소각로-노 내 연소상태 및 화염감시

㉯ 연돌-연돌매연 배출감시

㉰ 보일러드럼-보일러 내부 화염상태 감시

㉱ 쓰레기 투입호퍼-호퍼의 투입구 레벨상태감시

324 폐기물 소각로의 부식에 대한 설명 중 가장 거리가 먼 것은?

㉮ 소각로가 고온으로 운전되는 경우 소각로의 부식이 문제된다.

㉯ 소각로의 부식은 저온에서는 발생되지 않는다.

㉰ 폐기물 내의 PVC는 소각로의 부식을 가속시킨다.

㉱ 250℃ 정도의 PVC는 소각로의 부식을 가속시킨다.

풀이 저온부식은 100~150℃에서 가장 심하고 150~320℃ 사이에서는 일반적으로 부식이 잘 일어나지 않는다.

325 소각처리에 있어서 생성된 다이옥신의 배출을 최소화할 수 있는 기술로서 실질적으로 활성탄 주입시설과 가장 많이 사용되는 집진설비는?

㉮ 원심력 집진기　　　㉯ 전기 집진기

㉰ 세정식 집진기　　　㉱ 백필터 집진기

풀이 현재 가장 합리적인 조합처리 방식
활성탄 주입시설+반응탑+Bag Filter

정답 319 ㉮　320 ㉯　321 ㉮　322 ㉱　323 ㉰　324 ㉯　325 ㉱

326 연소가스 중의 질소산화물(NOx) 제거방법으로 채택한 SCR의 설명으로 틀린 것은?

㉮ 적정 운전온도범위는 $650 \sim 700\,^\circ\text{C}$이다.

㉯ 먼지, SOx 등에 의해 효율이 저하된다.

㉰ 촉매 반응탑 설치가 필요하다.

㉱ 촉매는 $TiO_2 - V_2O_5$계가 많이 사용된다.

[풀이] SCR의 적정반응 온도 영역은 $275 \sim 450\,^\circ\text{C}$이며 최적반응은 $350\,^\circ\text{C}$에서 일어난다.

327 소각로에 발생하는 질소산화물의 억제방법으로 알맞지 않은 것은?

㉮ 버너 및 연소실의 구조를 개선한다.

㉯ 배기가스를 재순환한다.

㉰ 예열온도를 높여 연소온도를 낮춘다.

㉱ 2단 연소시킨다.

[풀이] 질소산화물의 저감방법(억제방법)
① 저산소 연소
② 저온도 연소
③ 연소부분의 냉각
④ 배기가스의 재순환
⑤ 2단 연소
⑥ 버너 및 연소실의 구조개선
⑦ 수증기 및 물분사 방법

328 전기집진기에 대한 설명으로 틀린 것은?

㉮ 회수가치성이 있는 입자 포집이 가능하고 압력손실이 적어 소요동력이 적다.

㉯ 고온가스, 대량의 가스처리가 가능하다.

㉰ 전압변동과 같은 조건변동에 쉽게 적용한다.

㉱ 배출가스의 온도 강하가 적다.

[풀이] 전기집진기는 분진의 부하변동(전압변동)에 적용하기 곤란하여 고전압으로 안전사고의 위험성이 높다.

329 전기집진장치(EP)의 특징으로 틀린 것은?

㉮ 압력손실이 적고 미세한 입자까지도 제거할 수 있다.

㉯ 회수할 가치성이 있는 입자의 채취가 가능하다.

㉰ 분진의 부하변동에 대한 적응이 용이하다.

㉱ 운전비, 유지비 비용이 적게 소요된다.

[풀이] 전기집진기는 분진의 부하변동에 대한 적응이 곤란하다.

330 분진 및 유해가스를 동시처리 가능한 스크러버의 장점이라 볼 수 없는 것은?

㉮ 미세분진 채취효율이 높고 2차적 분진처리가 불필요하다.

㉯ 설치비용이 저렴하고 좁은 공간에 설치가 가능하다.

㉰ 부식성 가스의 회수가 가능하고 가스에 의해 폭발위험이 없다.

㉱ 유지관리비가 저렴하고 부식성 가스의 용해로 인한 부식을 방지할 수 있다.

[풀이] Wet Scrubber(세정식 집진시설)은 유지관리비가 높고 부식성가스로 인한 부식잠재성이 있다.

331 도시 생활폐기물을 대상으로 소각하는 과정에서 발생되는 다이옥신류 저감에 관한 내용 중 틀린 것은?

㉮ 다이옥신류의 생성이 최소가 되는 배출가스내 산소와 일산화탄소의 농도가 되도록 연소상태를 제어

㉯ 소각로를 벗어나는 비산재의 양이 적도록 제어

㉰ 연소기 출구와 굴뚝 사이의 거리증가로 다이옥신과 퓨란류의 농도를 최소화

㉱ 다이옥신물질의 분해에 충분한 연소온도와 체류시간 조성

풀이 다이옥신과 퓨란류의 농도는 연소기 출구와 굴뚝사
이에서 증가하므로 최소화 하며 산소과잉조건에서
연소진행 시에도 크게 증가한다.

332 소각 시 다이옥신(Dioxin)의 발생 억제 방법
에 관한 설명으로 알맞지 않은 것은?

㉮ 로 내 온도를 300~350℃ 범위로 일정하게 운전
하여 다이옥신성분 발생을 최소화한다.

㉯ 배기가스 Conditioning 시 칼슘 및 활성탄분말
투입 시설을 설치하여 다이옥신과 반응 후 집진
함으로써 줄일 수 있다.

㉰ 유기 염소계 화합물(PVC 제품류) 반입을 제한
한다.

㉱ 페인트가 칠해져 있거나 페인트로 처리된 목재,
기구류 반입을 억제·제한한다.

풀이 일반적으로 로 내 적절한 온도범위는 850~920℃
정도이다. 즉, 소각 후 연소실 온도는 850℃ 이상 유
지하여 2차 발생을 억제한다.

333 연소 시 배출되는 질소산화물인 NO의 처리
방법에 관한 다음 내용 중 ( ) 안에 알맞은 것은?

접촉분해법
NO가 함유된 배기가스를 ( )에 접촉시켜 N_2와
O_2로 분해하는 방법

㉮ 산화코발트

㉯ 염화제일주석

㉰ 산화바나듐

㉱ 열화제이칼륨

풀이 접촉분해법
$$2NO \longrightarrow N_2 + O_2$$
$$\uparrow$$
$$CO_3O_4(\text{산화코발트})$$

334 폐플라스틱 소각에 대한 설명으로 틀린 것은?

㉮ 열가소성 폐플라스틱은 열분해 휘발분이 매우
많고 고정탄소는 적다.

㉯ 열가소성 폐플라스틱은 분해 연소를 원칙으로
한다.

㉰ 열경화성 폐플라스틱은 일반적으로 연소성이 우수
하고 점화가 용이하여 수열에 의한 균열이 적다.

㉱ 열경화성 폐플라스틱의 적당한 로 형식은 전처
리 파쇄한 후 유동층 방식에 의한 것이다.

풀이 열경화성 플라스틱은 일반적으로 연소성이 불량하
고 점화성도 곤란하여 수열에 의한 팽윤 균열을 일으
킨다.

335 폐기물을 소각하는 과정에서 인체에 유해한
다이옥신류(PCDDs)와 퓨란류(PCDFs)의 발생으
로 이 발생하는 경우가 있다. 소각연소 과정에서 발
생하는 다이옥신류의 저감방법이 아닌 것은?

㉮ 소각로에 공급하는 폐기물을 균일화시킨다.

㉯ PCB 및 염화벤젠류와 같은 다이옥신 전구물질
을 파괴시키기 위하여 소각 연소 연소를 850℃
이상, 체류시간은 2초 이상 유지시킨다.

㉰ 소각 연소과정에서 최종 배출되는 비산재(Fly
Ash)의 유출인자를 최소화시킨다.

㉱ 소각 후 배출되는 배기가스의 연소가스 처리시설
(여과 집진기 등) 이전 온도는 300~500℃로 유
지될 수 있도록 제어한다.

풀이 다이옥신류 및 퓨란류의 생성량은 약 300℃ 부근에
서 최대가 되므로 연소가스 처리시설 이전 온도는 약
230℃ 이하로 유지하여 처리하여야 한다.

336 연소공정에서 발생하는 질소산화물(NOx)에
대한 설명으로 옳지 않은 것은?

㉮ 질소산화물(NOx)의 종류는 Thermal NOx, Fuel
NOx, Prompt NOx로 대별할 수 있다.

㉯ Fuel NOx는 연료 자체가 함유하고 있는 질소성 분의 연소로 발생한다.

㉰ Prompt NOx는 연료와 공기 중 질소의 결합으로 발생한다.

㉱ Thermal NOx는 연료의 연소로 인한 저온분위 기에서 연소공기의 분해과정에서 발생

풀이 Thermal NOx는 연료의 연소로 인한 고온분위기에 서 연소공기의 분해과정에서 발생한다.

337 배기가스 중 황산화물을 제거하기 위한 방법 으로 옳지 않은 것은?

㉮ 전자선 조사법 ㉯ 석회흡수법
㉰ 활성망간법 ㉱ 무촉매환원법

338 도시폐기물의 연소 시 NOx 의 생성에 영향을 미치는 요소가 아닌 것은?

㉮ 연소압력

㉯ 연소온도

㉰ 연소실체류시간

㉱ 폐기물의 성분 및 혼합정도

풀이 연소 시 NOx 생성에 영향을 미치는 요소
① 온도
② 반응속도
③ 반응물질의 농도
④ 반응물질의 혼합정도
⑤ 연소실 체류시간

339 배연탈황법에 대한 설명으로 옳지 않은 것은?

㉮ 석회석슬러리를 이용한 흡수법은 탈황률의 유지 및 스케일 형성을 방지하기 위해 흡수액의 pH를 6으로 조정한다.

㉯ 활성탄흡착탑에서 SO_2는 활성탄 표면에서 산화 된 후 수증기와 반응하여 황산으로 고정된다.

㉰ 수산화나트륨용액 흡수법에서는 탄산나트륨의 생성을 억제하기 위해 흡수액의 pH를 7로 조정 한다.

㉱ 활성산화망간은 상온에서 SO_2 및 O_2와 반응하 여 황산망간을 생성한다.

풀이 활성망간법
활성산화망간($MnOx \cdot nH_2O$)의 분말을 흡수탑 내 에서 기류상태로 이송하여 SO_2와 O_2를 반응시켜 황 산망간(M_nSO_4)을 생성시키며 부산물로서 황산암모 늄[$(NH_4)_2SO_2$]이 발생한다.

340 Cyclone 의 집진효율을 향상시키기 위한 방 법으로 처리가스의 5~10%를 흡인하여 선회기류 의 교란을 방지하고 먼지가 재비산되어 빠져나가 지 않게 하는 방법은?

㉮ Blow Down

㉯ Back Down

㉰ Blow Up

㉱ Back Up

341 열교환기 중 과열기에 관한 성명으로 틀린 것 은?

㉮ 일반적으로 보일러의 부하가 높아질수록 방사 과 열기에 의한 과열온도는 상승한다.

㉯ 과열기의 재료는 탄소강의 비롯 니켈, 몰리브덴, 바나듐을 함유한 특수 내열 강관을 사용한다.

㉰ 과열기는 보일러에서 발생하는 포화증기에 다수 의 수분이 함유되어 있으므로 이것을 과열하여 수분을 제거하고 과열도가 높은 증기를 얻기 위 해 설치한다.

㉱ 과열기는 부착 위치에 따라 전열 형태가 다르다.

풀이 방사형 과열기는 보일러의 부하가 높아질수록 과열 온도가 저하하는 경향이 있다.

342 열교환기 중 과열기에 대한 설명으로 틀린 것은?

㉮ 보일러에서 발생하는 포화증기에 다수의 수분이 함유되어 있으므로 이것을 과열하여 수분을 제거하고 과열도가 높은 증기를 얻기 위해 설치한다.

㉯ 일반적으로 보일러 부하가 높아질수록 대류 과열기에 의한 과열 온도는 저하하는 경향이 있다.

㉰ 과열기는 그 부착 위치에 따라 전열형태가 다르다.

㉱ 방사형 과열기는 주로 화염의 방사열을 이용한다.

풀이 대류형 과열기는 보일러의 부하가 높아질수록 과열 온도가 상승하는 경향이 있다.

343 열교환기 중 절탄기에 관한 설명으로 틀린 것은?

㉮ 급수 예열에 의해 보일러 수와의 온도차가 증가함에 따라 보일러 드럼에 열응력이 발생한다.

㉯ 급수온도가 낮을 경우, 굴뚝 가스 온도가 저하하면 절탄기 저온부식에 접하는 가스온도가 노점에 달하여 절탄기를 부식시킨다.

㉰ 굴뚝의 가스온도 저하로 인한 굴뚝 통풍력의 감소에 주의하여야 한다.

㉱ 보일러 전열면을 통하여 연소가스의 여열로 보일러 급수를 예열하여 보일러의 효율을 높이는 장치이다.

풀이 절탄기 급수예열에 의해 보일러수와의 온도차가 감소되므로 보일러 드럼에 발생하는 열응력이 감소된다.

344 열교환기 종류에 대한 설명 중 틀린 것은?

㉮ 과열기 : 보일러에서 발생하는 건조공기에 수분과 열을 공급하여 과열도를 높게 하기 위해 설치한다.

㉯ 재열기 : 대게 과열기의 중간 또는 뒤쪽에 배치된다.

㉰ 절탄기 : 연도에 설치되며 보일러 전열면을 통하여 연소가스의 여열로 보일러 급수를 예열하여 보일러의 효율을 높이는 장치이다.

㉱ 공기예열기 : 굴뚝가스 여열을 이용하여 연소용 공기를 예열, 보일러 효율을 높이는 장치이다.

풀이 과열기는 보일러에서 발생하는 포화증기에 다량의 수분이 함유되어 있어 이것에 열을 과하게 가열하여 수분을 제거하고 과열도가 높은 증기를 얻기 위해서 설치하며, 고온부식의 우려가 있다.

345 열교환기에 관한 설명으로 옳지 않은 것은?

㉮ 과열기 : 보일러에서 발생하는 포화증기에 다량의 수분이 함유되어 있어 이것에 열을 과하게 가열하여 수분을 제거하고 과열도가 높은 증기를 얻기 위해 설치한다.

㉯ 재열기 : 과열기와 같은 구조로 되어 있으며 설치위치는 대개 과열기의 앞쪽에 배치한다.

㉰ 절탄기 : 급수예열에 의해 보일러수와의 온도차가 감소하므로 보일러 드럼에 발생하는 열응력이 경감된다.

㉱ 이코노마이저(Economizer) : 굴뚝에 설치되며 보일러 전열면을 통하여 연소가스의 여열로 보일러 급수를 예열하여 보일러의 효율을 높이는 장치이다.

풀이 재열기는 과열기와 같은 구조로 되어 있으며 설치위치는 대개 과열기 중간 또는 뒤쪽에 배치한다.

346 폐기물 소각로의 폐열회수 및 이용설비에 대한 설명으로 틀린 것은?

㉮ 폐기물을 소각할 경우 이들의 발열량에 해당하는 양의 열량이 발생하므로 배기가스의 온도가 올라가게 되어 이를 냉각시켜 배출하여야 한다.

㉯ 일반적으로 배기가스의 온도를 250~300 ℃로 정하고 있다.

㉰ 상한온도는 배출가스에 의한 저온부식이 발생하지 않는 온도이다.

㉱ 냉각설비 방식으로는 폐열보일러식, 물분사식, 공기혼입식, 간접공냉식이 있다.

풀이 하한온도는 배출가스에 의한 저온부식이 발생하지 않는 온도이며 상한온도는 분진의 부착에 의한 고온부식을 억제할 수 있는 온도이다.

347 증기터빈을 증기 이용방식에 따라 분류했을 경우의 형식이 아닌 것은?

㉮ 혼합터빈(Mixed Preessure Turbine)
㉯ 복수터빈(Condensing Trubine)
㉰ 반동터빈(Reaction Trubine)
㉱ 배압터빈(Back Pressure Turbin)

풀이 증기작동방식

① 충동터빈(Impulse Turbine)
② 반동터빈(Reaction Turbine)
③ 혼합식 터빈(Combination Turbine)

증기이용방식

① 배압터빈(Back Pressure Turbine)
② 추기배압터빈(Back Pressure Extraction Turbine)
③ 복수터빈(Condensing Turbine)
④ 추기복수터빈(Condensing Extraction Turbine)
⑤ 혼합터빈(Mixed Pressure Turbine)

348 증기터빈에 대한 설명으로 옳지 않은 것은?

㉮ 증기작동 방식 관점으로 분류하면 충동터빈, 반동터빈, 혼합식 터빈으로 나누어진다.

㉯ 흐름수 관점으로 분류하면 단류터빈, 부류터빈으로 나뉘어진다.

㉰ 증기유동방향 관점으로 분류하면 축류터빈, 반경류터빈으로 나뉘어진다.

㉱ 증기구동관점으로 분류하면 배압터빈, 압축구동터빈으로 나뉘어진다.

풀이 배압터빈은 증기이용방식이고 압축구동 터빈은 피구동기방식이다.

349 폐열 이용시설 중 하나인 증기터빈의 분류과정과 터빈 형식을 잘못 연결한 것은?

㉮ 흐름수 : 단류터빈, 복류터빈
㉯ 증기작동방식 : 축류터빈, 반경류터빈
㉰ 증기이용방식 : 배압터빈, 복수터빈, 혼합터빈, 추기배압터빈, 추기복수터빈
㉱ 피구동기 : 발전용(직결형 터빈, 감속형 터빈), 기계구동형(급수펌프구동터빈, 압축기구터빈)

풀이 증기작동방식에는 충동터빈, 반동터빈, 혼합식 터빈이 있다.

350 다음 설명의 용어가 맞는 것은?

보일러를 연속운전 시 최대부하 상태에서 단위시간에 발생할 수 있는 증발량을 의미한다.

㉮ 정격증발량
㉯ 환산증발량
㉰ 감소증발량
㉱ 증가증발량

풀이 환산증발량
발생증기를 일정기준으로 환산하여 용량을 비교할 수 있는 방법으로 상당증발량이라고도 한다.

PART 08

기출문제
풀이

001 2018년 1회 산업기사

1과목 폐기물개론

01 열분해에 의한 에너지회수법과 소각에 의한 에너지회수법을 비교하였을 때 열분해에 의한 에너지회수법의 장점이 아닌 것은?

① 저장 및 수송이 가능한 연료를 회수할 수 있다.
② NOx의 발생량이 적다.
③ 감량비가 크며, 잔사가 안정화된다.
④ 발생되는 배출가스양이 적어 가스처리장치가 소형이어도 된다.

풀이 열분해는 예열, 건조과정을 거치므로 보조연료의 소비량이 증가되어 유지관리비가 많이 소요된다.

[Note] 열분해는 감량비가 작으며, 잔사가 안정화되는 비율이 작다.

02 쓰레기 성상분석을 위한 시료의 조정방법이 아닌 것은?

① 원추4분법
② 단열계법
③ 교호삽법
③ 구획법

풀이 시료의 분할채취방법(시료의 조정방법)
① 구획법
② 교호삽법
③ 원추사분법

03 쓰레기 수집 시스템에 관한 설명으로 옳지 않은 것은?

① 모노레일 수송은 쓰레기를 적환장에서 최종처분장까지 수송하는 데 적용할 수 있다.
② 컨베이어 수송은 지상에 설치한 컨베이어에 의해 수송하는 방법으로 신속 정확한 수송이 가능하나 악취와 경관에 문제가 있다.

③ 컨테이너 철도수송은 광대한 지역에서 적용할 수 있는 방법이며 컨테이너의 세정에 많은 물이 요구되어 폐수처리의 문제가 발생한다.
④ 관거를 이용한 수거는 자동화, 무공해화가 가능하나 조대쓰레기는 파쇄, 압축 등의 전처리가 필요하다.

풀이 컨베이어(conveyor) 수송
지하에 설치된 컨베이어에 의해 쓰레기를 수송하는 방법으로 악취문제를 해결하고 경관을 보전할 수 있는 장점은 있으나 전력비, 시설비, 내구성, 미생물 부착 등의 단점이 있다.

04 국내에서 재활용률이 가장 낮은 것은?

① 유리병
② 고철
③ 폐지
④ 형광등

풀이 국내 재활용률
폐지 > 유리병 > 고철 > 형광등

05 폐기물관리법 제도하에서 관리하는 폐기물은?

① 인분뇨
② 병원폐기물(적출물)
③ 방사성 폐기물
④ 가축분뇨

풀이 의료폐기물(병원폐기물)은 폐기물관리법에서 관리한다.

06 수분이 96%이고 무게 100kg인 폐수슬러지를 탈수시켜 수분이 70%인 폐수슬러지로 만들었다. 탈수된 후 폐수슬러지의 무게(kg)는?(단, 슬러지 비중=1.0)

① 11.3
② 13.3
③ 16.3
④ 18.3

풀이 $100\text{kg} \times (1-0.96)$

= 탈수 후 폐수슬러지 무게 $\times (1-0.7)$

탈수 후 폐수슬러지 무게 = $\dfrac{100 \times 0.04}{0.3} = 13.33\text{kg}$

07 쓰레기 발생량 예측방법과 가장 거리가 먼 것은?

① 경향법
② 계수분석모델
③ 다중회귀모델
④ 동적모사모델

풀이 폐기물 발생량 예측방법

방법(모델)	내용
경향법 (Trend method) 경향예측모델	• 최저 5년 이상의 과거 처리 실적을 수식 model에 대하여 과거의 경향을 가지고 장래를 예측하는 방법 • 단지 시간과 그에 따른 쓰레기 발생량(또는 성상) 간의 상관관계만을 고려하며 이를 수식으로 표현하면 $x = f(t)$ • $x = f(t)$는 선형, 지수형, 대수형 등에서 가장 근사한 형태를 택함
다중회귀모델 (Multiple regression model)	• 하나의 수식으로 각 인자들의 효과를 총괄적으로 나타내어 복잡한 시스템의 분석에 유용하게 사용할 수 있는 쓰레기 발생량 예측방법 • 각 인자마다 효과를 파악하기보다는 전체 인자의 효과를 총괄적으로 파악하는 것이 간편하고 유용한 예측방법으로 시간을 단순히 하나의 독립된 종속인자로 대입 • 수식 $x = f(X_1 X_2 X_3 \cdots X_n)$, 여기서 $X_1 X_2 X_3 \cdots X_n$은 쓰레기 발생량에 영향을 주는 인자 ※ 인자 : 인구, 지역소득(GNP 또는 GRP), 자원회수량, 상품 소비량 또는 매출액(자원회수량, 사회적·경제적 특성이 고려됨)
동적모사모델 (Dynamic simulation model)	• 쓰레기 발생량에 영향을 주는 모든 인자를 시간에 대한 함수로 나타낸 후 시간에 대한 함수로 표현된 각 영향인자들 간의 상관관계를 수식화하는 방법 • 시간만을 고려하는 경향법과 시간을 단순히 하나의 독립적인 종속인자로 고려하는 다중회귀모델의 문제점을 보안한 예측방법 • Dynamo 모델 등이 있음

08 쓰레기 재활용의 장점에 관한 설명 중 틀린 것은?

① 자원 절약이 가능하다.
② 최종 처분할 쓰레기양이 감소된다.
③ 쓰레기 종류에 관계없이 경제성이 있다.
④ 2차 환경오염을 줄일 수 있다.

풀이 쓰레기 재활용 시 쓰레기 종류에 따라 경제성이 다르다.

09 우리나라에서 효율적인 쓰레기의 수거노선을 결정하기 위한 방법으로 적당한 것은?

① 가능한 U자형 회전을 하여 수거한다.
② 급경사지역은 하단에서 상단으로 이동하면서 수거한다.
③ 가능한 한 시계방향으로 수거노선을 정한다.
④ 쓰레기 수거는 소량 발생지역부터 실시한다.

풀이 ① 가능한 U자형 회전은 피하여 수거한다.
② 급경사지역은 상단에서 하단으로 이동하면서 수거한다.
④ 아주 많은 양의 쓰레기가 발생되는 발생원은 하루 중 가장 먼저 수거한다.

10 불완전 연소를 가정하여 O의 반은 H_2O로, 남은 반은 CO의 형태로 있는 것으로 가정하여 발열량을 구하는 식은?

① Dulong
② Steuer
③ Scheuer−Kester
④ Kunle

풀이 스튜어(Steuer)의 식
O(산소)의 1/2이 H_2O, 나머지 1/2이 CO로 존재하는 것으로 가정한 발열량을 구하는 식이다.

11 폐기물의 초기함수율이 65%이고, 건조시킨 후의 함수율이 45%로 감소되었다면 증발된 물의 양(kg)은?(단, 초기폐기물의 무게=100kg, 폐기물의 비중=1)

① 약 31.2　　　　② 약 32.6

③ 약 34.5　　　　④ 약 36.4

풀이 100kg(1 − 0.65) = 건조 후 폐기물량(1 − 0.45)

　　　건조 후 폐기물량 = 63.64kg

　　　증발 수분량(kg)

　　　= 건조 전 폐기물량 − 건조 후 폐기물량

　　　= 100kg − 63.64kg = 36.36kg

12 함수율 85%인 슬러지 100m³과 함수율 40%인 1,000 m³의 슬러지를 혼합했을 때 함수율(%)은?(단, 모든 슬러지의 비중=1)

① 약 41.3　　　　② 약 44.1

③ 약 46.0　　　　④ 약 49.3

풀이 혼합함수율(%)

$$= \frac{(100 \times 0.85) + (1,000 \times 0.4)}{100 + 1,000} \times 100$$

$$= 44.09\%$$

13 폐기물 발생량에 영향을 미치는 인자로 가장 거리가 먼 것은?

① 가구당 인원수　　　② 생활수준

③ 쓰레기통의 크기　　④ 처리방법

풀이 쓰레기 발생량에 영향을 주는 요인

영향요인	내용
도시규모	도시의 규모가 커질수록 쓰레기 발생량 증가
생활수준	생활수준이 높아지면 발생량이 증가하고 다양화됨(증가율 10% 내외)
계절	겨울철에 발생량 증가
수집빈도	수집빈도가 높을수록 발생량 증가
쓰레기통 크기	쓰레기통이 클수록 유효용적이 증가하여 발생량 증가
재활용품 회수 및 재이용률	재활용품의 회수 및 재이용률이 높을수록 쓰레기 발생량 감소
법규	쓰레기 관련 법규는 쓰레기 발생량에 중요한 영향을 미침
장소	상업지역, 주택지역, 공업지역 등, 장소에 따라 발생량과 성상이 달라짐
사회구조	도시의 평균연령층, 교육수준에 따라 발생량은 달라짐

14 파쇄에 관한 설명으로 틀린 것은?

① 파쇄를 통해 폐기물의 크기가 보다 균일해진다.

② 파쇄 후 폐기물의 부피는 감소할 수도, 증가할 수도 있다.

③ 파쇄된 입자의 무게기준으로 63.2%가 통과할 수 있는 체의 눈의 크기를 평균특성입자라고 한다.

④ Rosin − Rammler Model은 파쇄된 입자크기 분포에 대한 수식적 모델이다.

풀이 입자의 무게기준으로 63.2%가 통과할 수 있는 체눈의 크기를 특성입자라고 한다.

15 다음의 쓰레기 성상분석 과정 중에서 일반적으로 가장 먼저 이루어지는 절차는?

① 분류

② 절단 및 분쇄

③ 건조

④ 화학적 조성 분석

풀이 폐기물 시료 분석절차

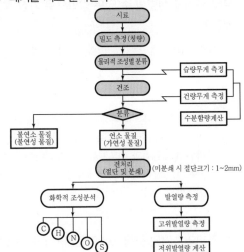

16 국내에서 실시하고 있는 쓰레기 종량제에 대한 개념을 설명한 것으로 틀린 것은?

① 쓰레기 배출량에 따라 수거처리비용을 부담하는 원인자 부담원칙을 적용하는 제도이다.

② 가정생활 쓰레기 및 상가, 시장, 업소, 사업장에서 발생하는 대형 쓰레기도 적용대상이다.

③ 재활용품, 연탄재쓰레기 등은 종량제 대상에서 제외된다.

④ 관급 규격봉투에 쓰레기를 담아 배출하여야 한다.

풀이 가전제품, 가구 등 대형 폐기물은 종량제 제외대상 폐기물이다.

17 폐기물의 분쇄에 대한 이론이 아닌 것은?

① Nernst 이론
② Rittinger 이론
③ Kick 이론
④ Bond 이론

풀이 폐기물 분쇄(파쇄) 법칙
① Kick의 법칙
② Rittinger의 법칙
③ Bond의 법칙

18 수분이 적당히 있는 상태에서 플라스틱으로부터 종이를 선별할 수 있는 방법으로 가장 적절한 것은?

① 자력 선별
② 정전기 선별
③ 와전류 선별
④ 광학 선별

풀이 정전기적 선별기
폐기물에 전하를 부여하고 전하량의 차에 따른 전기력으로 선별하는 장치, 즉 물질의 전기전도성을 이용하여 도체물질과 부도체물질로 분리하는 방법이며 수분이 적당히 있는 상태에서 플라스틱에서 종이를 선별할 수 있는 장치이다.

19 분리수거의 장점으로 적합하지 않은 사항은?

① 지하수 및 토양오염은 불가피하다.
② 폐기물의 자원화가 이루어진다.
③ 최종 처분장의 면적이 줄어든다.
④ 쓰레기 처리의 효율성이 증대된다.

풀이 분리수거는 지하수 및 토양오염을 방지할 수 있다.

20 쓰레기 성상분석에 대한 올바른 설명은?

① 쓰레기 채취는 신속하게 작업하되 축소작업 개시부터 60분 이내에 완료해야 된다.

② 수집운반차로부터 시료를 채취하되 무작위 채취 방식으로 하고 수거차마다 배출지역이 다를 경우 층별 채취법은 바람직하지 않다.

③ 1대의 차량으로부터 대표되는 시료를 10kg 이상 채취하고 원시료의 총량을 200kg 이하가 되도록 한다.

④ 쓰레기 성상조사는 적어도 1년에 4회 측정하되 수분의 평균치를 알기 위해서 비오는 날 수집은 피하는 것이 바람직하다.

풀이 ① 쓰레기 채취는 신속하게 작업하되 축소작업 개시부터 30분 이내에 완료하는 것이 바람직하다.
② 수집운반차로부터 시료를 채취하되 무작위 채취 방식으로 하고 수거차마다 배출지역이 다를 경우 층별 채취법이 더욱 바람직하다.
③ 1대의 차량으로부터 대표되는 시료를 10kg 이상 채취하고 원시료의 총량을 200kg 이상 되도록 시료를 채취하는 것이 바람직하다.

2과목 폐기물처리기술

21 함수율 98%인 슬러지를 농축하여 함수율 92%로 하였다면 슬러지의 부피 변화율은?(단, 비중=1.0)

① 1/2로 감소
② 1/3로 감소
③ 1/4로 감소
④ 1/5로 감소

풀이 초기 슬러지양$(1-0.98)$=처리 후 슬러지양$(1-0.92)$
$$\frac{처리\ 후\ 슬러지양}{초기\ 슬러지양} = \frac{(1-0.98)}{(1-0.92)} = 0.25$$
부피 변화율은 1/4(0.25)로 감소된다.

22 다음 조건과 같은 매립지 내 침출수가 차수층을 통과하는 데 소요되는 시간(년)은?(단, 점토층 두께=1.0m, 유효공극률=0.2, 투수계수=10^{-7} cm/sec, 상부침출수 수두=0.4m)

① 약 7.83 ② 약 6.53
③ 약 5.33 ④ 약 4.53

풀이 소요시간(year)

$$= \frac{d^2 \cdot \eta}{k(d+h)}$$

$$= \frac{1.0^2 \text{m}^2 \times 0.2}{10^{-7}\text{cm/sec} \times 1\text{m}/100\text{cm} \times (1.0+0.4)\text{m}}$$

$$= 142,857,142.9\text{sec}(4.53\text{year})$$

23 폐기물 소각 시 발생되는 황산화물 처리법 중 건식법인 것은?

① 암모니아법 ② 아황산칼륨법
③ 석회흡수법 ④ 접촉산화법

풀이 석회흡수법은 건식흡수법이며, 암모니아법, 아황산칼륨법, 접촉산화법 등은 습식흡수법이다.

24 토양 중에서 액체의 밀도가 2배 증가하면 투수계수(K)는?

① 처음의 1/2로 된다. ② 변함없다.
③ 2배 증가한다. ④ 4배 증가한다.

풀이 투수계수(K) $\simeq \dfrac{\gamma(\text{액체비중량})}{\rho(\text{액체밀도})}$

투수계수는 액체밀도에 반비례한다.

25 퇴비화 공정설계 및 조작 인자에 관한 설명으로 틀린 것은?

① 함수율은 50~70% 정도이다.
② 포기혼합, 온도조절 등이 필요하다.
③ 수분함량에 관계없이 Bulking Agent를 주입해야 한다.
④ 유기물이 가장 빠른 속도로 분해하는 온도범위는 60~80℃이다.

풀이 Bulking Agent(통기개량제)
① 팽화제 또는 수분함량조절제라 하며 퇴비를 효과적으로 생산하기 위하여 주입한다.
② 통기개량제는 톱밥 등을 사용하며 수분조절, 탈질소비, 조절기능을 겸한다.
③ 톱밥, 왕겨, 볏짚 등이 이용된다.(톱밥 기준 C/N비는 150~1,000 정도)
④ 수분 흡수능력이 좋아야 한다.
⑤ 쉽게 조달이 가능한 폐기물이어야 한다.
⑥ 입자 간의 구조적 안정성이 있어야 한다.
⑦ 퇴비의 질(C/N비) 개선에 영향을 준다.(C/N비 조절효과)
⑧ 처리대상물질 내의 공기가 원활히 유통할 수 있도록 한다.
⑨ pH 조절효과가 있다.

26 일반적으로 탈수에 이용되지 않는 방법은?

① 부상분리 ② 진공여과
③ 원심분리 ④ 가압여과

풀이 탈수방법
① 천일건조(건조상) ② 진동탈수(여과)
③ 가압탈수(여과) ④ 원심분리탈수
⑤ 벨트프레스

27 물리학적으로 분류된 토양수분인 흡습수에 관한 내용으로 틀린 것은?

① 중력수 외부에 표면장력과 중력이 평형을 유지하며 존재하는 물을 말한다.
② 흡습수는 pF 4.5 이상으로 강하게 흡착되어 있다.
③ 식물이 직접 이용할 수 없다.
④ 부식토에서의 흡습수의 양은 무게비로 70%에 달한다.

풀이 흡습수(PF : 4.5 이상)
① 상대습도가 높은 공기 중에 풍건토양을 방치하면 토양입자의 표면에 물이 강하게 흡착되는데 이 물을 흡습수라 한다.
② 100~110℃에서 8~10시간 가열하면 쉽게 제거

할 수 있다.

③ 강하게 흡착되어 있으므로 식물이 직접 이용할 수 없다.

④ 부식토에서의 흡습수의 양은 무게비로 70%에 달한다.

[Note] ②는 모세관수에 대한 내용이다.

28 도시 분뇨 농도는 TS가 6%이고, TS의 65%가 VS이다. 이 분뇨를 혐기성 소화처리한다면 분뇨 10m³당 발생하는 CH₄가스의 양(m³)은?(단, 비중 =1.0, 분뇨의 VS 1kg당 0.4m³의 CH₄가스 발생)

① 122   ② 131

③ 142   ④ 156

풀이 CH_4 가스발생량(m^3)

$=VS양 \times VS$ 1kg당 CH_4 발생량

$=0.4m^3 \cdot CH_4/kg \cdot VS \times \dfrac{65VS}{100TS}$

$\times 60,000mg/L \cdot TS \times 10m^3 \times 10^{-6}kg/mg$

$\times 10^3 L/m^3$

$=156m^3$

29 분뇨의 혐기성 소화처리방식의 장점이 아닌 것은?

① 소화가스를 열원으로 이용

② 병원균이나 기생충란 사멸

③ 호기성 처리방법에 비해 유지관리비가 적음

④ 호기성 처리방법에 비해 소화속도가 빠름

풀이 혐기성 소화는 호기성 소화처리방법에 비해 상등수의 농도가 높고 반응이 더디어 소화기간이 비교적 오래 걸린다.

30 투입분뇨의 토사, 협잡물 등을 분리시키기 위하여 설치하는 것은?

① 토사트랩(sand trap)   ② 파쇄기

③ Sand 펌프   ④ Basket형 운반장치

풀이 수거분뇨 중 포함되어 있는 협잡물(토사류, 섬유류, 목재류, PVC류 등 각종 크기의 조대물)을 분뇨처리시설 투입 전에 제거하는 토사트랩(sand trap)을 설치한다.

31 다음 중 지정폐기물의 최종처리시설로 가장 적합한 것은?

① 소각시설   ② 해양투기

③ 위생형 매립시설   ④ 차단형 매립시설

풀이 지정폐기물 최종처리시설(매립시설)

① 차단형 매립시설

② 관리형 매립시설(침출수 처리시설, 가스소각·발전·연료화 시설 등 부대시설을 포함한다)

32 쓰레기의 퇴비화를 고려할 때 가장 적당한 탄소와 질소의 비(C/N)는?

① 70~80   ② 35~50

③ 15~25   ④ 10~15

풀이 퇴비화에 적합한 폐기물의 초기 C/N비는 26~35 정도이며 퇴비화 시 적정 C/N비는 25~50 정도이고 조절은 C/N비가 서로 다른 폐기물을 적절히 혼합하여 최적 조건으로 맞춘다.

33 폐기물 고형화 처리의 목적으로 가장 거리가 먼 내용은?

① 폐기물의 독성이 감소한다.

② 폐기물의 취급을 용이하게 한다.

③ 폐기물 내 오염물질의 용해도가 감소한다.

④ 폐기물의 부피를 감소시켜 매립용적을 감소시킨다.

풀이 고형화 처리의 목적

① 유해폐기물의 불활성화(독성 저하 및 폐기물 내의 오염물질 이동성 감소)

② 용출 억제(물리적으로 안정한 물질로 변화)

③ 토양개량 및 매립 시 충분한 강도 확보

④ 취급 용이 및 재활용(건설자재) 가능

⑤ 폐기물 내 오염물질의 용해도가 감소

34 폐기물 소각의 가장 주된 목적은?

① 부피감소   ② 위생처리

③ 고도처리   ④ 폐열회수

풀이 일반적으로 폐기물 소각의 목적은 부피감소, 위생적 처리, 폐열 이용이고 이 중 가장 주된 목적은 부피감 소이다.

35 분뇨처리장에서 악취의 원인이 되는 가스가 아닌 것은?

① NH_3 ② H_2S

③ CO_2 ④ 메르캅탄

풀이 이산화탄소(CO_2)는 분뇨처리장의 악취원인물질이 아니며 완전연소생성물질이다.

36 폐기물 소각방법 중 다단로상식 소각로의 장점이 아닌 것은?

① 분진발생률이 낮다.

② 다양한 질의 폐기물에 대하여 혼소가 가능하다.

③ 체류시간이 길어서 연소효율이 높다.

④ 다량의 수분이 증발되므로 다습 폐기물의 처리에 유효하다.

풀이 다단로 소각방식(Multiple Hearth)
　① 장점
　　㉠ 타 소각로에 비해 체류시간이 길어 연소효율이 높고 특히 휘발성이 낮은 폐기물 연소에 유리하다.
　　㉡ 다량의 수분이 증발되므로 수분함량이 높은 폐기물도 연소가 가능하다.
　　㉢ 물리·화학적 성분이 다른 각종 폐기물을 처리할 수 있다. 즉, 다양한 질의 폐기물에 대하여 혼소가 가능하다.
　　㉣ 많은 연소영역이 있으므로 연소효율을 높일 수 있다.(국소 연소를 피할 수 있음)
　　㉤ 보조연료로 다양한 연료(천연가스, 프로판, 오일, 석탄가루, 폐유 등)를 사용할 수 있다.
　　㉥ 클링커 생성을 방지할 수 있다.
　　㉦ 온도제어가 용이하고 동력이 적게 들며 운전비가 저렴하다.

　② 단점
　　㉠ 체류시간이 길어 온도반응이 느리다.(휘발성이 적은 폐기물 연소에 유리)
　　㉡ 늦은 온도반응 때문에 보조연료 사용을 조절하기 어렵다.
　　㉢ 분진발생률이 높다.
　　㉣ 열적 충격이 쉽게 발생하고 내화물이나 상에 손상을 초래한다.(내화재의 손상을 방지하기 위해 1,000℃ 이상으로 운전하지 않는 것이 좋음)
　　㉤ 가동부(교반팔, 회전중심축)가 있으므로 유지비가 높다.
　　㉥ 유해폐기물의 완전분해를 위해서는 2차 연소실이 필요하다.

37 슬러지를 비료로 이용하고자 한다. 이에 대한 설명으로 옳지 않은 것은?

① 분뇨 및 도시하수처리장에서 생성되는 슬러지는 일반적으로 유기물이 많고 식물에 유해한 성분이 적으므로 토양개량제로 이용에 지장이 없다.

② 산업폐수처리에서 발생한 슬러지는 발생원칙에 따라 사전에 충분한 조사를 필요로 한다.

③ 슬러지의 비료가치를 판단하는 데 있어서 증식이 되는 영양소(N, P_2O_5, K_2O)만을 중시하는 것은 오히려 불균형한 토양 조성이 될 수 있다.

④ 슬러지는 영양소가 충분하고 유해물질이 없어 식물에 대한 재배 실험이 필요하지 않다.

풀이 슬러지는 영양소가 충분하나 유해물질이 있는 경우가 있으므로 식물에 대한 재배실험이 필요하다.

38 매립장의 연평균 강우량이 1,200mm이고, 매립장 면적이 30,000m²이다. 합리식으로 계산하였을 때 일평균침출수 발생량(m³/일)은?(단, 침출계수(유출계수)＝0.4 적용)

① 약 40   ② 약 72

③ 약 100   ④ 약 144

풀이 일평균침출수량(m³/day)

$$= \frac{CIA}{1,000}$$

$$= \frac{0.4 \times 1,200 \times 30,000}{1,000}$$

$$= 14,400\text{m}^3/\text{year} \times \text{year}/365\text{day}$$

$$= 39.45\text{m}^3/\text{day}$$

39 토양의 양이온 교환능력은 침출수가 누출될 경우 오염물질의 이동에 영향을 미친다. 침출수의 pH가 높아지면 토양의 양이온 교환능력의 변화는?

① 낮아진다.　　② 변화없다.
③ 높아진다.　　④ 알 수 없다.

풀이 침출수의 pH가 높아지면 알칼리성(OH^-이온)이 커지므로 토양의 양이온 교환능력은 높아진다.

40 기계식 퇴비공법의 장점이 아닌 것은?

① 안정된 퇴비가 생성된다.
② 기후의 영향을 받지 않는다.
③ 악취 통제가 쉽다.
④ 좁은 공간을 활용할 수 있다.

풀이 기계식 퇴비공법은 반응조 최적조건을 유지하기 어려워 생산된 퇴비의 질이 떨어질 수 있다.

41 고형물의 함량이 50%, 수분함량이 50%, 강열감량이 85%인 폐기물이 있다. 이때 폐기물의 고형물 중 유기물 함량(%)은?

① 50　　　　　② 60
③ 70　　　　　④ 80

풀이 유기물 함량 $= \dfrac{\text{휘발성 고형물}}{\text{고형물}} \times 100$

　　휘발성 고형물 = 강열감량 - 수분
　　　　　　　　 $= 85 - 50 = 35\%$

　　$= \dfrac{35}{50} \times 100 = 70\%$

42 방울수에 대한 설명으로 ( )에 옳은 것은?

> (㉠)에서 정제수 (㉡)을 적하할 때 그 부피가 약 1mL 되는 것을 뜻한다.

① ㉠ 15℃, ㉡ 10방울　② ㉠ 15℃, ㉡ 20방울
③ ㉠ 20℃, ㉡ 10방울　④ ㉠ 20℃, ㉡ 20방울

풀이 방울수
　　20℃에서 정제수 20방울을 적하할 때, 그 부피가 약 1mL 되는 것을 뜻한다.

43 감염성 미생물(멸균테이프 검사법) 분석 시 분석절차에 관한 설명으로 ( )에 옳은 것은?

> 멸균취약지점을 포함하여 멸균기 안의 정상 운전조건을 대표할 수 있는 적절한 위치에 멸균테이프를 (㉠) 이상 부착한다. 감염성 폐기물을 멸균기의 (㉡) 또는 그 이하를 투입한다.

① ㉠ 3개, ㉡ 최소 부하량
② ㉠ 5개, ㉡ 허용 부하량
③ ㉠ 7개, ㉡ 최소 부하량
④ ㉠ 10개, ㉡ 허용 부하량

풀이 감염성 미생물 – 멸균테이프 검사법

① 멸균취약지점을 포함하여 멸균기 안의 정상운전 조건을 대표할 수 있는 적절한 위치에 멸균테이프를 10개 이상 부착한다.

② 감염성 폐기물을 멸균기의 허용 부하량 또는 그 이하를 투입한다.

44 십억분율(Parts Per Billion)을 올바르게 표시한 것은?

① ng/kg ② mg/kg
③ μg/L ④ ppm

풀이 십억분율(ppb ; Parts Per Billion) : μg/L, μg/kg

45 자외선/가시선 분광법으로 구리를 분석할 때의 간섭물질에 관한 설명으로 ( )에 알맞은 것은?

비스무트(Bi)가 구리의 양보다 2배 이상 존재할 경우에는 ( )을 나타내어 방해한다.

① 적자색 ② 황색
③ 청색 ④ 황갈색

풀이 비스무트(Bi)가 구리의 양보다 2배 이상 존재할 경우

① 황색을 나타내어 방해한다. 이때는 시료의 흡광도를 A_1으로 하고 따로 같은 양의 시료를 취하여 시료의 시험기준 중 암모니아수(1+1)를 넣어 중화하기 전에 시안화칼륨용액(5W/V%) 3mL를 넣어 구리를 시안착화합으로 만든 다음 중화하여 실험하고 이 액의 흡광도를 A_2로 한다.

② 구리에 의한 흡광도는 $A_1 - A_2$이다.

46 용출용액 중의 PCBs 분석(기체크로마토그래피법)에 관한 내용으로 틀린 것은?

① 용출용액 중의 PCBs를 헥산으로 추출한다.
② 액상폐기물의 정량한계는 0.0005mg/L이다.
③ 전자포획 검출기를 사용한다.
④ 검출기의 온도는 270~320℃ 범위이다.

풀이 ① 용출용액의 PCB 정량한계 : 0.0005mg/L
② 액상폐기물의 PCB 정량한계 : 0.05mg/L

47 20ppm은 몇 %인가?

① 0.2% ② 0.02%
③ 0.002% ④ 0.0002%

풀이 $(\%) = 20\text{ppm} \times \dfrac{1\%}{10,000\text{ppm}} = 0.002\%$

48 취급 또는 저장하는 동안에 밖으로부터의 공기 또는 다른 가스가 침입하지 아니하도록 내용물을 보호하는 용기는?

① 기밀용기 ② 밀폐용기
③ 밀봉용기 ④ 차광용기

풀이 용기

시험용액 또는 시험에 관계된 물질을 보존, 운반 또는 조작하기 위하여 넣어두는 것

구분	정의
밀폐용기	취급 또는 저장하는 동안에 이물질이 들어가거나 또는 내용물이 손실되지 아니하도록 보호하는 용기
기밀용기	취급 또는 저장하는 동안에 밖으로부터의 공기 또는 다른 가스가 침입하지 아니하도록 내용물을 보호하는 용기
밀봉용기	취급 또는 저장하는 동안에 기체 또는 미생물이 침입하지 아니하도록 내용물을 보호하는 용기
차광용기	광선이 투과하지 않는 용기 또는 투과하지 않게 포장한 용기이며 취급 또는 저장하는 동안에 내용물이 광화학적 변화를 일으키지 아니하도록 방지할 수 있는 용기

49 2N 황산용액을 만들고자 할 때 가장 적절한 방법은?(단, 황산은 95% 이상)

① 물 1L 중에 황산 49mL를 가한다.
② 물에 황산 60mL를 가하고, 최종 액량을 1L로 한다.
③ 황산 60mL를 물 1L 중에 섞으면서 천천히 넣어 식힌다.
④ 물에 황산 30mL를 가하고, 최종 액량을 1L로 한다.

풀이 황산용액(0.5M = 1N)

황산 30mL를 정제수 1,000mL 중에 섞으면서 천천히 넣어 식힌다. 여기서는 황산용액이 2N이므로 황산 60mL를 정제수 1,000mL 중에 섞으면서 천천히 넣어 식힌다.

50 강도 I_0의 단색광이 정색액을 통과할 때 그 빛의 80%가 흡수되었다면 흡광도는?

① 0.823　　　　② 0.768
③ 0.699　　　　④ 0.597

풀이 $흡광도 = \log\dfrac{1}{투과율} = \log\dfrac{1}{(1-0.8)} = 0.699$

51 원자흡수분광광도계의 광원으로 주로 사용되는 램프는?

① 속빈음극램프　　② 열음극램프
③ 방전램프　　　　④ 텅스텐램프

풀이 원자흡광 스펙트럼선의 선폭보다 좁은 선폭을 갖고 휘도가 높은 스펙트럼을 방사하는 중공음극램프(속 빈 음극램프)가 많이 사용된다.

52 폐기물 용출시험방법 중 시료용액 조제 시 용매의 pH 범위로 가장 옳은 것은?

① pH 4.3~5.2　　② pH 5.2~5.8
③ pH 5.8~6.3　　④ pH 6.3~7.2

풀이 용출시험 시료용액 조제
① 시료의 조제 방법에 따라 조제한 시료 100g 이상을 정확히 단다.
⇩
② 용매 : 정제수에 염산을 넣어 pH를 5.8~6.3으로 한다.
⇩
③ 시료 : 용매＝1 : 10(w/v)의 비로 2,000mL 삼각 플라스크에 넣어 혼합한다.

53 원자흡수분광광도법에 의한 카드뮴 정량 시 가장 오차를 크게 유발하는 물질은?

① NaCl　　　　② Pb(OH)$_2$
③ FeSO$_4$　　　　④ KMnO$_4$

풀이 금속류 – 원자흡수분광광도법(간섭물질)
① 화학물질이 공기 – 아세틸렌 불꽃에서 분자상태로 존재하여 낮은 흡광도를 보일 경우의 원인
　㉠ 불꽃의 온도가 너무 낮아 원자화가 일어나지 않는 경우
　㉡ 안정한 산화물질로 바뀌어 불꽃에서 원자화가 일어나지 않는 경우
② 염이 많은 시료를 분석하면 버너헤드 부분에 고체가 생성되어 불꽃이 자주 꺼질 때 버너헤드를 청소해야 할 경우의 대책
　㉠ 시료를 묽혀 분석
　㉡ 메틸아이소부틸케톤 등을 사용하여 추출, 분석
③ 시료 중에 칼륨, 나트륨, 리튬, 세슘과 같이 쉽게 이온화되는 원소가 1,000mg/L 이상의 농도로 존재 시 금속측정을 간섭할 경우의 대책
　검정곡선용 표준물질에 시료의 매질과 유사하게 첨가하여 보정
④ 시료 중에 알칼리금속의 할로겐 화합물을 다량 함유하는 경우에 분자흡수나 광란에 의한 오차발생의 대책
　추출법으로 카드뮴을 분리하여 실험

54 중금속 원소 중 시료에 이염화주석을 넣고 금속원소로 환원시킨 다음 이 용액에 통기하여 발생되는 원자증기를 원자흡수분광광도법으로 정량하는 것은?

① 카드뮴　　　　② 수은
③ 납　　　　　　④ 아연

풀이 수은 – 환원기화 – 원자흡수분광광도법
시료 중 수은에 이염화주석을 넣고 금속수은으로 환원시킨 다음 이 용액에 통기하여 발생하는 수은 증기를 253.7nm의 파장으로 정량하는 방법이다.

55 시안을 이온전극으로 측정하고자 할 때 조절하여야 할 시료의 pH 범위는?

① pH 3~4   ② pH 6~7
③ pH 10~12   ④ pH 12~13

(풀이) 시안 – 이온전극법
액상폐기물과 고상폐기물을 pH 12~13의 알칼리성으로 조절한 후 시안 이온전극과 비교전극을 사용하여 전위를 측정하고 그 전위차로부터 시안을 정량하는 방법이다.

56 유기질소 화합물 및 유기인 화합물을 선택적으로 검출할 수 있는 기체크로마토그래피의 검출기는?

① 알칼리열 이온화 검출기
② 열전도도 검출기
③ 수소염이온화 검출기
④ 염광광도형 검출기

(풀이) 유기인 – 기체크로마토그래피
검출기는 불꽃광도검출기 대신에 알칼리열 이온화 검출기 또는 전자 포획형 검출기를 사용할 수 있다.

57 폐기물의 유분 분석과정에서 추출된 노말헥산층에 무수황산나트륨을 넣은 이유는?

① 분해율 향상   ② 추출률 향상
③ 수분 제거   ④ 유기물 산화

(풀이) 유분 분석과정에서 추출된 노말헥산층에 무수황산나트륨 3~5g을 사용하여 수분을 제거한다.

58 유기물 함량이 비교적 높지 않고 금속의 수산화물, 산화물, 인산염 및 황화물을 함유하고 있는 시료에 적용되는 산분해법은?

① 질산 – 황산 분해법
② 질산 – 염산 분해법
③ 질산 – 과염소산 분해법
④ 질산 – 불화수소산 분해법

(풀이) 질산 – 염산 분해법
① 적용 : 유기물 함량이 비교적 높지 않고 금속의 수산화물, 산화물, 인산염 및 황화물을 함유하고 있는 시료에 적용한다.
② 용액 산농도 : 약 0.5N

59 유도결합플라스마 – 원자발광분광법을 분석에 사용하지 않는 측정 항목은?

① 납   ② 비소
③ 수은   ④ 6가크롬

(풀이) 수은의 분석방법
① 원자흡수분광광도법
② 자외선/가시선 분광법

60 시료 채취에 관한 설명으로 옳지 않은 것은?

① 5톤 미만의 차량에 적재되어 있는 폐기물은 평면상에서 9등분한 후 각 등분마다 채취한다.
② 시료의 양은 1회에 100g 이상 채취한다.
③ 액상 혼합물의 경우 원칙적으로 최종 지점의 낙하구에서 흐르는 도중에 채취한다.
④ 고상 혼합물의 경우 한 번에 일정량씩 채취한다.

(풀이) ① 5ton 미만의 차량에 적재되어 있는 경우 적재폐기물을 평면상에서 6등분한 후 각 등분마다 시료 채취
② 5ton 이상의 차량에 적재되어 있는 경우 적재폐기물을 평면상에서 9등분한 후 각 등분마다 시료 채취

4과목 폐기물관계법규

61 매립시설의 침출수를 측정하는 기관으로 틀린 것은?

① 한국환경공단
② 국립환경과학원
③ 수도권매립지관리공사
④ 수질오염물질 측정대행업의 등록을 한 자

> 풀이 폐기물 매립시설 침출수 측정기관
> ① 보건환경연구원
> ② 한국환경공단
> ③ 수질오염물질 측정대행업의 등록을 한 자
> ④ 수도권매립지관리공사
> ⑤ 폐기물 분석 전문기관

62 폐기물처리업의 변경허가를 받아야 하는 중요사항과 가장 거리가 먼 것은?(단, 폐기물 수집·운반업의 경우)

① 상호의 변경
② 운반차량(임시차량은 제외한다)의 증차
③ 영업구역의 변경
④ 주차장 소재지의 변경(지정폐기물을 대상으로 하는 수집·운반업만 해당한다)

> 풀이 폐기물 수집·운반업의 변경허가를 받아야 할 중요사항
> ① 수집·운반 대상 폐기물의 변경
> ② 영업구역의 변경
> ③ 주차장 소재지의 변경(지정폐기물을 대상으로 하는 수집·운반업만 해당한다)
> ④ 운반차량(임시차량은 제외한다)의 증차

63 폐기물처리시설의 중간처리시설 중 소각시설에 해당되지 않는 것은?

① 열분해시설(가스화 시설을 포함한다)
② 탈수·건조시설
③ 일반소각시설
④ 고온소각시설

> 풀이 중간처리(처분)시설 중 소각시설
> ① 일반소각시설
> ② 고온소각시설
> ③ 열분해시설(가스화 시설을 포함한다)
> ④ 고온용융시설
> ⑤ 열처리조합시설(①~④의 시설 중 둘 이상의 시설이 조합된 시설)

64 폐기물 처분시설 또는 재활용시설 중 의료폐기물을 대상으로 하는 시설의 기술관리인 자격기준에 해당하지 않는 자격은?

① 수질환경산업기사
② 폐기물처리산업기사
③ 임상병리사
④ 위생사

> 풀이 폐기물 처분시설 또는 재활용시설의 기술관리인의 자격기준

구분	자격기준
매립시설	폐기물처리기사, 수질환경기사, 토목기사, 일반기계기사, 건설기계기사, 화공기사, 토양환경기사 중 1명 이상
소각시설(의료폐기물을 대상으로 하는 소각시설은 제외한다), 시멘트 소성로 및 용해로	폐기물처리기사, 대기환경기사, 토목기사, 일반기계기사, 건설기계기사, 화공기사, 전기기사, 전기공사기사 중 1명 이상
의료폐기물을 대상으로 하는 시설	폐기물처리산업기사, 임상병리사, 위생사 중 1명 이상
음식물류 폐기물을 대상으로 하는 시설	폐기물처리산업기사, 수질환경산업기사, 화공산업기사, 토목산업기사, 대기환경산업기사, 일반기계기사, 전기기사 중 1명 이상
그 밖의 시설	같은 시설의 운영을 담당하는 자 1명 이상

65 폐기물관리법의 제정 목적이 아닌 것은?

① 폐기물 발생을 최대한 억제
② 발생한 폐기물을 친환경적으로 처리
③ 환경보전과 국민생활의 질적 향상에 이바지
④ 발생 폐기물의 신속한 수거·이송처리

풀이 폐기물관리법의 목적

폐기물의 발생을 최대한 억제하고 발생한 폐기물을 친환경적으로 처리함으로써 환경보전과 국민생활의 질적 향상에 이바지하는 것을 목적으로 한다.

66 방치폐기물의 처리기간에 관한 내용으로 ( ) 안에 옳은 것은?(단, 연장기간 제외)

> 환경부장관이나 시·도지사는 폐기물처리 공제조합에 방치폐기물의 처리를 명하려면 주변환경의 오염 우려 정도와 방치폐기물의 처리량 등을 고려하여 ( )의 범위에서 그 처리기간을 정하여야 한다.

① 1개월   ② 2개월
③ 3개월   ④ 6개월

풀이 방치폐기물의 처리량과 처리기간
  ① 폐기물처리 공제조합에 처리를 명할 수 있는 방치폐기물의 처리량은 다음 각 호와 같다.
    ㉠ 폐기물처리업자가 방치한 폐기물의 경우 : 그 폐기물처리업자의 폐기물 허용보관량의 1.5배 이내
    ㉡ 폐기물처리 신고자가 방치한 폐기물의 경우 : 그 폐기물처리 신고자의 폐기물 보관량의 1.5배 이내
  ② 환경부장관이나 시·도지사는 폐기물처리 공제조합에 방치폐기물의 처리를 명하려면 주변환경의 오염 우려 정도와 방치폐기물의 처리량 등을 고려하여 2개월의 범위에서 그 처리기간을 정하여야 한다. 다만, 부득이한 사유로 처리기간 내에 방치폐기물을 처리하기 곤란하다고 환경부장관이나 시·도지사가 인정하면 1개월의 범위에서 한 차례만 그 기간을 연장할 수 있다.

67 폐기물 발생 억제지침 준수의무 대상 배출자의 규모기준으로 옳은 것은?

> 최근 (㉠)간의 연평균 배출량을 기준으로 지정폐기물을 (㉡) 이상 배출하는 자

① ㉠ 2년, ㉡ 100톤   ② ㉠ 2년, ㉡ 200톤
③ ㉠ 3년, ㉡ 100톤   ④ ㉠ 3년, ㉡ 200톤

풀이 폐기물 발생 억제지침 준수의무 대상 배출자의 규모기준
  ① 최근 3년간 연평균 배출량을 기준으로 지정폐기물을 100톤 이상 배출하는 자
  ② 최근 3년간 연평균 배출량을 기준으로 지정폐기물 외의 폐기물을 1천 톤 이상 배출하는 자

68 환경정책기본법에 따른 용어의 정의로 옳지 않은 것은?

① "환경용량"이란 일정한 지역에서 환경오염 또는 환경 훼손에 대하여 환경이 스스로 수용, 정화 및 복원하여 환경의 질을 유지할 수 있는 한계를 말한다.
② "생활환경"이란 지상의 모든 생물과 이들을 둘러싸고 있는 비생물적인 것을 포함한 자연의 상태를 말한다.
③ "환경훼손"이란 야생동식물의 남획 및 그 서식지의 파괴, 생태계 질서의 교란, 자연경관의 훼손, 표토의 유실 등으로 자연환경의 본래적 기능에 중대한 손상을 주는 상태를 말한다.
④ "환경보전"이란 환경오염 및 환경훼손으로부터 환경을 보호하고 오염되거나 훼손된 환경을 개선함과 동시에 쾌적한 환경 상태를 유지·조성하기 위한 행위를 말한다.

풀이 생활환경
대기, 물, 토양, 폐기물, 소음·진동, 악취, 일조 등 사람의 일상생활과 관계되는 환경을 말한다.

69 폐기물 발생 억제지침 준수의무 대상 배출자의 업종이 아닌 것은?

① 자동차 및 트레일러 제조업
② 1차 금속 제조업
③ 의료, 정밀, 광학기기 및 시계 제조업
④ 봉제의복제품 제조업

풀이 폐기물 발생 억제지침 준수의무 대상 배출자의 업종
  ① 식료품 제조업

정답   66 ②   67 ③   68 ②   69 ④

② 음료 제조업

③ 섬유제품 제조업(의복 제외)

④ 의복, 의복액세서리 및 모피제품 제조업

⑤ 코크스, 연탄 및 석유정제품 제조업

⑥ 화학물질 및 화학제품 제조업(의약품 제외)

⑦ 의료용 물질 및 의약품 제조업

⑧ 고무제품 및 플라스틱제품 제조업

⑨ 비금속 광물제품 제조업

⑩ 1차 금속 제조업

⑪ 금속가공제품 제조업(기계 및 가구 제외)

⑫ 기타 기계 및 장비 제조업

⑬ 전기장비 제조업

⑭ 전자부품, 컴퓨터, 영상, 음향 및 통신장비 제조업

⑮ 의료, 정밀, 광학기기 및 시계 제조업

⑯ 자동차 및 트레일러 제조업

⑰ 기타 운송장비 제조업

⑱ 전기, 가스, 증기 및 공기조절 공급업

70 기술관리인을 임명하지 아니하고 기술관리 대행계약을 체결하지 아니한 자에 대한 과태료 처분기준은?

① 2백만 원 이하의 과태료

② 3백만 원 이하의 과태료

③ 5백만 원 이하의 과태료

④ 1천만 원 이하의 과태료

풀이 폐기물관리법 제68조 참조

71 에너지 회수기준을 측정하는 기관으로 가장 거리가 먼 것은?(단, 국가표준기본법에 따라 환경부 장관이 지정하는 시험·검사기관은 고려하지 않음)

① 한국화학시험연구원

② 한국에너지기술연구원

③ 한국환경공단

④ 한국산업기술시험원

풀이 에너지 회수기준 측정기관

　① 한국환경공단

　② 한국기계연구원 및 한국에너지기술연구원

③ 한국산업기술시험원

④ 국가표준기본법에 따라 인정받은 시험·검사기관 중 환경부장관이 지정하는 기관

72 관리형 매립시설에서 발생되는 침출수 내 오염물질의 배출허용기준이 청정지역기준으로 불검출인 오염물질은?(단, 단위 mg/L)

① 수은　　　　　　② 시안

③ 카드뮴　　　　　④ 납

풀이 관리형 매립시설 침출수 내 오염물질의 배출허용기준 중 청정지역 기준으로 불검출인 오염물질

　① 수은

　② PCB

73 폐기물관리법상 재활용으로 인정되는 에너지 회수기준으로 적합하지 않은 것은?

① 다른 물질과 혼합하지 아니하고 해당 폐기물의 고위발열량이 킬로그램당 1천 킬로칼로리 이상일 것

② 에너지의 회수효율(회수에너지 총량을 투입에너지 총량으로 나눈 비율을 말한다)이 75퍼센트 이상일 것

③ 환경부장관이 정하여 고시한 경우에는 폐기물의 30% 이상을 원료나 재료로 재활용하고 그 나머지 중에서 에너지의 회수에 이용할 것

④ 회수열을 모두 열원으로 스스로 이용하거나 다른 사람에게 공급할 것

풀이 에너지 회수기준

　① 다른 물질과 혼합하지 아니하고 해당 폐기물의 저위발열량이 킬로그램당 3천 킬로칼로리 이상일 것

　② 에너지의 회수효율(회수에너지 총량을 투입에너지 총량으로 나눈 비율을 말한다)이 75퍼센트 이상일 것

　③ 회수열을 모두 열원으로 스스로 이용하거나 다른 사람에게 공급할 것

　④ 환경부장관이 정하여 고시하는 경우에는 폐기물의 30퍼센트 이상을 원료나 재료로 재활용하고 그 나머지 중에서 에너지 회수에 이용할 것

74 주변지역 영향 조사대상 폐기물처리시설에 해당하는 것은?

① 1일 처리능력 30톤인 사업장폐기물 소각시설
② 1일 처리능력 15톤인 사업장폐기물 소각시설이 사업장 부지 내에 3개 있는 경우
③ 매립면적 1만 5천 제곱미터인 사업장지정폐기물 매립시설
④ 매립면적 11만 제곱미터인 사업장 일반폐기물 매립시설

풀이 주변지역 영향 조사대상 폐기물처리시설 기준
① 1일 처리능력이 50톤 이상인 사업장폐기물 소각시설(같은 사업장에 여러 개의 소각시설이 있는 경우에는 각 소각시설의 1일 처리능력의 합계가 50톤 이상인 경우를 말한다)
② 매립면적 1만 제곱미터 이상의 사업장 지정폐기물 매립시설
③ 매립면적 15만 제곱미터 이상의 사업장 일반폐기물 매립시설
④ 시멘트 소성로(폐기물을 연료로 사용하는 경우로 한정한다)
⑤ 1일 재활용능력이 50톤 이상인 사업장폐기물 소각열회수시설(같은 사업장에 여러 개의 소각열회수시설이 있는 경우에는 각 소각열회수시설의 1일 재활용능력의 합계가 50톤 이상인 경우를 말한다)

75 폐기물처리업에 종사하는 기술요원이 환경부령이 정하는 교육기관에서 실시하는 교육을 받지 아니하였을 경우 처벌기준은?

① 100만 원 이하의 과태료
② 200만 원 이하의 과태료
③ 300만 원 이하의 과태료
④ 500만 원 이하의 과태료

풀이 폐기물관리법 제68조 참조

76 폐기물처리시설(매립시설인 경우)을 폐쇄하고자 하는 자는 당해 시설의 폐쇄예정일 몇 개월 이전에 폐쇄신고서를 제출하여야 하는가?

① 1개월　② 2개월
③ 3개월　④ 6개월

풀이 폐기물처리시설의 사용을 끝내거나 폐쇄하려는 자는 그 시설의 사용종료일 또는 폐쇄예정일 1개월(매립시설의 경우는 3개월) 이전에 사용종료·폐쇄신고서를 시·도지사나 지방환경관서의 장에게 제출하여야 한다.

77 폐기물 인계·인수 내용 등의 전산처리에 관한 내용으로 (　)에 알맞은 것은?

환경부장관은 전산기록이 입력된 날부터 (　) 간 전산기록을 보존하여야 한다.

① 1년　② 3년
③ 5년　④ 10년

풀이 환경부장관은 폐기물 인계·인수 내용 등의 전산기록이 입력된 날부터 3년간 전산기록을 보존하여야 한다.

78 폐기물처리시설의 설치자는 해당 시설의 사용개시일 며칠 전까지 사용개시신고서를 시·도지사나 지방환경관서의 장에게 제출하여야 하는가?

① 5일 전까지　② 10일 전까지
③ 15일 전까지　④ 20일 전까지

풀이 폐기물처리시설의 설치자는 해당 시설의 사용개시일 10일 전까지 사용개시신고서를 시·도지사나 지방환경관서의 장에게 제출하여야 한다.

79 폐기물처리시설별 정기검사 시기가 틀린 것은?(단, 최초 정기검사임)

① 소각시설 : 사용개시일부터 2년
② 매립시설 : 사용개시일부터 1년
③ 멸균분쇄시설 : 사용개시일부터 3개월
④ 음식물류 폐기물 처리시설 : 사용개시일부터 1년

풀이 폐기물 처리시설의 검사기간

① 소각시설

　최초 정기검사는 사용개시일부터 3년이 되는 날(「대기환경보전법」에 따른 측정기기를 설치하고 같은 법 시행령에 따른 굴뚝원격감시체계관제센터와 연결하여 정상적으로 운영되는 경우에는 사용개시일부터 5년이 되는 날), 2회 이후의 정기검사는 최종 정기검사일(검사결과서를 발급받은 날을 말한다)부터 3년이 되는 날

② 매립시설

　최초 정기검사는 사용개시일부터 1년이 되는 날, 2회 이후의 정기검사는 최종 정기검사일부터 3년이 되는 날

③ 멸균분쇄시설

　최초 정기검사는 사용개시일부터 3개월, 2회 이후의 정기검사는 최종 정기검사일부터 3개월

④ 음식물류 폐기물 처리시설

　최초 정기검사는 사용개시일부터 1년이 되는 날, 2회 이후의 정기검사는 최종 정기검사일부터 1년이 되는 날

⑤ 시멘트 소성로

　최초 정기검사는 사용개시일부터 3년이 되는 날(「대기환경보전법」에 따른 측정기기를 설치하고 같은 법 시행령에 따른 굴뚝원격감시체계관제센터와 연결하여 정상적으로 운영되는 경우에는 사용개시일부터 5년이 되는 날), 2회 이후의 정기검사는 최종 정기검사일부터 3년이 되는 날

80 폐기물관리법 벌칙 중 3년 이하의 징역 또는 3천만 원 이하의 벌금에 처할 수 있는 경우에 해당하지 않는 것은?

① 사후관리(매립시설)를 적합하게 하도록 한 시정명령을 이행하지 아니한 자
② 영업정지기간 중에 영업을 한 자
③ 검사를 받지 아니하거나 적합판정을 받지 아니하고 폐기물처리시설을 사용한 자
④ 업종 구분과 영업 내용의 범위를 벗어나는 영업을 한 자

풀이 폐기물관리법 제65조 참조

002 2018년 2회 산업기사

1과목 폐기물개론

01 지정폐기물에 대한 설명으로 틀린 것은?

① pH가 2 이하인 폐산은 지정폐기물이다.

② pOH가 1.5 이하인 폐알칼리는 지정폐기물이다.

③ 농촌에서 농부가 사용하고 남은 폐농약은 지정폐기물이다.

④ 샌드블라스트 폐사에서 0.3mg/L 이상의 카드뮴이 용출되어 나오면 지정폐기물에 해당된다.

> **풀이** 폐농약은 농약의 제조·판매업소에서 발생되는 것으로 한정하여 지정폐기물로 한다.

02 우리나라 인구 1인당 1일 생활쓰레기 평균 발생량(kg)으로 가장 알맞은 것은?

① 약 0.2 　　　　② 약 1.0

③ 약 2.2 　　　　④ 약 3.2

> **풀이** 우리나라의 생활폐기물 일일발생량
> 약 1.0kg/인·일이다.

03 쓰레기 발생량 조사방법 중 물질수지법에 관한 설명으로 옳지 않은 것은?

① 시스템에 유입되는 대표적 물질을 설정하여 발생량을 추산하여야 한다.

② 주로 산업폐기물의 발생량 추산에 이용된다.

③ 물질수지를 세울 수 있는 상세한 데이터가 있는 경우에 가능하다.

④ 우선적으로 조사하고자 하는 계의 경계를 정확하게 설정하여야 한다.

> **풀이** 쓰레기 발생량 조사(측정방법)

조사방법		내용
적재차량 계수분석법 (Load-count analysis)		• 일정기간 동안 특정 지역의 쓰레기 수거·운반차량의 대수를 조사하여, 이 결과로 밀도를 이용하여 질량으로 환산하는 방법(차량의 대수에 폐기물의 겉보기 비중을 선정하여 중량으로 환산하는 방법) • 조사장소는 중간적하장이나 중계처리장이 적합 • 단점으로는 쓰레기의 밀도 또는 압축 정도에 따라 오차가 크다는 것
직접계근법 (Direct weighting method)		• 일정기간 동안 특정 지역의 쓰레기 수거·운반차량을 중간적하장이나 중계처리장에서 직접 계근하는 방법(트럭 스케일 방법) • 입구에서 쓰레기가 적재되어 있는 차량과 출구에서 쓰레기를 적하한 공차량을 계근하여 쓰레기양 산출 • 장점으로는 비교적 정확한 쓰레기 발생량을 파악할 수 있는 방법 • 단점으로는 적재차량 계수분석에 비하여 작업량이 많고 번거로움이 있음
물질수지법 (Material balance method)		• 시스템으로 유입되는 모든 물질들과 유출되는 모든 폐기물의 양에 대하여 물질수지를 세움으로써 폐기물 발생량을 추정하는 방법 • 주로 산업폐기물 발생량을 추산할 때 이용하는 방법 • 단점으로는 비용이 많이 소요되고 작업량이 많아 널리 이용되지 않음, 즉 특수한 경우에만 사용됨 • 우선적으로 조사하고자 하는 계의 경계를 정확하게 설정해야 함 • 물질수지를 세울 수 있는 상세한 데이터가 있는 경우에 가능
통계 조사	표본조사 (단순 샘플링 검사)	• 조사기간이 짧음 • 비용이 적게 소요됨 • 조사상 오차가 큼
	전수조사	• 표본오차가 작아 신뢰도가 높음(정확함) • 행정시책에 대한 이용도가 높음 • 조사기간이 긺 • 표본치의 보정역할이 가능함

04 도시 일반폐기물의 조성성분 중 가장 적게 차지하는 성분이라고 생각되는 것은?

① 수분　　　　　② 황
③ 탄소　　　　　④ 산소

풀이 도시 일반폐기물 조성

수분 > 탄소 > 산소 > 수소 > 염소 > 질소 > 황

05 폐기물의 밀도가 200kg/m³인 것을 500kg/m³으로 압축시킬 때 폐기물의 부피변화는?

① 60% 감소　　　　② 64% 감소
③ 67% 감소　　　　④ 70% 감소

풀이 $VR = \left(1 - \dfrac{V_f}{V_i}\right) \times 100$

$V_i = \dfrac{1\text{kg}}{200\text{kg/m}^3} = 0.005\text{m}^3$

$V_f = \dfrac{1\text{kg}}{500\text{kg/m}^3} = 0.002\text{m}^3$

$= \left(1 - \dfrac{0.002}{0.005}\right) \times 100 = 60\%$ 감소

[Note] 다른 풀이

$VR = \left(1 - \dfrac{\text{압축 전 밀도}}{\text{압축 후 밀도}}\right) \times 100$

$= \left(1 - \dfrac{200}{500}\right) \times 100 = 60\%$

06 쓰레기 재활용 측면에서 가장 효과적인 수거 방법은?

① 집단수거　　　　② 타종수거
③ 분리수거　　　　④ 혼합수거

풀이 재활용 측면에서 가장 효과적인 수거방법은 분리수거이다.

07 pH가 3인 폐산 용액은 pH가 5인 폐산 용액에 비하여 수소이온이 몇 배 더 함유되어 있는가?

① 2배　　　　　② 15배
③ 20배　　　　　④ 100배

풀이 $pH = \log \dfrac{1}{[H^+]}$

$pH = 3 \rightarrow [H^+] = 10^{-3}$, $pH = 5 \rightarrow [H^+] = 10^{-5}$

수소이온 비 $= \dfrac{10^{-3}}{10^{-5}} = 100$배

08 쓰레기 수거 시 물과 섞어 잘게 분쇄한 뒤 용적을 감소시켜 수거하며, 반드시 폐수처리시설이 있어야만 사용할 수 있는 장치는?

① Pulverizer
② Stationary Compactors
③ Baler
④ Rotary Compactors

풀이 펄버라이저(Pulverizer)
① 분쇄기의 일종으로 습식 방법을 이용하기 때문에 폐수가 다량 발생한다.
② 쓰레기를 물과 섞어 잘게 부순 뒤 다시 물과 분리시키는 습식 처리장치로 미분기라고도 한다.

09 쓰레기 발생량에 영향을 주는 모든 인자를 시간에 대한 함수로 나타낸 후, 시간에 대한 함수로 표현된 각 영향인자들 간의 상관관계를 수식화하는 쓰레기 발생량 예측 모델은?

① 시간인지회귀모델　　② 다중회귀모델
③ 정적모사모델　　　　④ 동적모사모델

풀이 폐기물 발생량 예측방법

방법(모델)	내용
경향법 (Trend method) 경향예측모델	• 최저 5년 이상의 과거 처리 실적을 수식 model에 대하여 과거의 경향을 가지고 장래를 예측하는 방법 • 단지 시간과 그에 따른 쓰레기 발생량 (또는 성상) 간의 상관관계만을 고려하며 이를 수식으로 표현하면 $x = f(t)$ • $x = f(t)$는 선형, 지수형, 대수형 등에서 가장 근사한 형태를 택함

방법(모델)	내용
다중회귀모델 (Multiple regression model)	• 하나의 수식으로 각 인자들의 효과를 총괄적으로 나타내어 복잡한 시스템의 분석에 유용하게 사용할 수 있는 쓰레기 발생량 예측방법 • 각 인자마다 효과를 파악하기보다는 전체 인자의 효과를 총괄적으로 파악하는 것이 간편하고 유용한 예측방법으로 시간을 단순히 하나의 독립된 종속인자로 대입 • 수식 $x = f(X_1 X_2 X_3 \cdots X_n)$, 여기서 $X_1 X_2 X_3 \cdots X_n$ 은 쓰레기 발생량에 영향을 주는 인자 ※ 인자 : 인구, 지역소득(GNP 또는 GRP), 자원회수량, 상품 소비량 또는 매출액(자원회수량, 사회적 · 경제적 특성이 고려됨)
동적모사모델 (Dynamic simulation model)	• 쓰레기 발생량에 영향을 주는 모든 인자를 시간에 대한 함수로 나타낸 후 시간에 대한 함수로 표현된 각 영향인자들 간의 상관관계를 수식화하는 방법 • 시간만을 고려하는 경향법과 시간을 단순히 하나의 독립적인 종속인자로 고려하는 다중회귀모델의 문제점을 보안한 예측방법 • Dynamo 모델 등이 있음

10 쓰레기의 물리적 성상분석에 관한 설명으로 틀린 것은?

① 수분함량을 측정하기 위해서는 105~110℃에서 4시간 건조시킨다.

② 회분함량 측정을 위해 가열하는 온도는 600±25℃이어야 한다.

③ 종류별 성상분석은 일반적으로 손선별로 한다.

④ 쓰레기 밀도는 겉보기 밀도가 아닌 진밀도를 측정하여야 한다.

풀이 쓰레기 밀도는 진밀도가 아닌 겉보기 밀도를 측정하여야 하며, 물리적 성분분석 절차상 최우선 분석항목은 겉보기 비중이다.

11 수거노선 설정 시 유의사항으로 적절하지 않은 것은?

① 고지대에서 저지대로 차량을 운행한다.

② 다량 발생되는 배출원은 하루 중 가장 나중에 수거한다.

③ 반복운행, U자 회전을 피한다.

④ 가능한 한 시계방향으로 수거노선을 정한다.

풀이 효과적 · 경제적인 수거노선 결정 시 유의(고려)사항 : 수거노선 설정요령

① 지형이 언덕인 지역에서는 언덕의 위에서부터 내려가며 적재하면서 차량을 진행하도록 한다.(안전성, 연료비 절약)

② 수거인원 및 차량형식이 같은 기존 시스템의 조건들을 서로 관련시킨다.

③ 출발점은 차고와 가깝게 하고 수거된 마지막 컨테이너가 처분지의 가장 가까이에 위치하도록 배치한다.

④ 가능한 한 지형지물 및 도로경계와 같은 장벽을 사용하여 간선도로 부근에서 시작하고 끝나야 한다.(도로경계 등을 이용)

⑤ 가능한 한 시계방향으로 수거노선을 정한다.

⑥ 적은 양의 쓰레기가 발생하나 동일한 수거빈도를 받기 원하는 적재지점(수거지점)은 가능한 한 같은 날 왕복 내에서 수거한다.

⑦ 아주 많은 양의 쓰레기가 발생되는 발생원은 하루 중 가장 먼저 수거한다.

⑧ 될 수 있는 한 한 번 간 길은 다시 가지 않는다.

⑨ 반복운행 또는 U자형 회전은 피하여 수거한다.

⑩ 교통량이 많거나 출퇴근시간은 피하여 수거한다.

⑪ 수거지점과 수거빈도 결정 시 기존 정책이나 규정을 참고한다.

12 다음 중 특정 물질의 연소계산에 있어 그 값이 가장 적은 값은?

① 실제공기량 ② 이론연소가스양

③ 이론산소량 ④ 이론공기량

풀이 실제공기량>이론공기량>이론산소량
이론산소량은 연료를 완전연소시키는 데 필요한 최소한의 산소량을 의미한다.

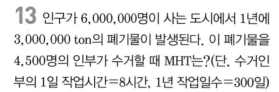

13 인구가 6,000,000명이 사는 도시에서 1년에 3,000,000 ton의 폐기물이 발생된다. 이 폐기물을 4,500명의 인부가 수거할 때 MHT는?(단, 수거인부의 1일 작업시간=8시간, 1년 작업일수=300일)

① 2.3
② 3.6
③ 4.7
④ 8.8

풀이 $MHT = \dfrac{수거인부 \times 수거인부 \ 총 \ 수거시간}{총 \ 수거량}$

$= \dfrac{4,500인 \times (8hr/day \times 300day/year)}{3,000,000ton/year}$

$= 3.6MHT(man \cdot hr/ton)$

14 중유 1kg을 완전연소시킬 때의 저위발열량 (kcal/kg)은?(단, H_h=12,000kcal/kg, 원소분석에 의한 수소 분석비=20%, 수분함량=20%)

① 10,800
② 11,988
③ 20,988
④ 21,988

풀이 $H_l(kcal/kg) = H_h - 600(9H + W)$

$= 12,000 - 600[(9 \times 0.2) + 0.2]$

$= 10,800kcal/kg$

15 제품의 원료채취, 제조, 유통, 소비, 폐기의 전 단계에서 발생하는 환경부하를 전 과정 평가 (LCA)를 통해 정량적인 수치로 표시하는 우리나라의 환경 라벨링 제도는?

① 환경마크제도(EM)
② 환경성적표지제도(EDP)
③ 우수재활용마크제도(GR)
④ 에너지절약마크제도(ES)

풀이 환경성적표지제도(EDP)
제품의 원료채취, 제조, 유통, 소비, 폐기의 전 단계에서 발생하는 환경부하를 전 과정 평가(LCA)를 통해 정량적인 수치로 표시하는 제도이다.

16 쓰레기를 압축시켜 용적감소율(VR)이 33%인 경우 압축비(CR)는?

① 1.29
② 1.31
③ 1.49
④ 1.57

풀이 $CR = \dfrac{100}{100 - VR} = \dfrac{100}{100 - 33} = 1.49$

17 적환장을 설치하였을 경우 나타나는 현상과 가장 거리가 먼 것은?

① 폐기물 처리시설과의 거리가 멀어질수록 경제적이다.
② 쓰레기 차량의 출입이 빈번해진다.
③ 소음 및 비산먼지, 악취 등이 발생한다.
④ 재활용품이 회수되지 않는다.

풀이 적환장에서 선별, 파쇄를 통하여 재활용품이 회수된다.

18 파쇄 메커니즘과 가장 거리가 먼 것은?

① 압축작용
② 전단작용
③ 회전작용
④ 충격작용

풀이 파쇄기의 메커니즘(작용력)
① 압축작용에 의한 파쇄
② 전단작용에 의한 파쇄
③ 충격작용에 의한 파쇄
④ 상기 3가지 조합에 의한 파쇄

19 폐기물 압축기를 형태에 따라 구별한 것이라 볼 수 없는 것은?

① 왕복식 압축기
② 백(bag) 압축기
③ 수직식 압축기
④ 회전식 압축기

풀이 쓰레기 압축기의 형태에 따른 구분
① 고정식 압축기
② 백 압축기
③ 수직 또는 소용돌이식 압축기
④ 회전식 압축기

정답 13 ② 14 ① 15 ② 16 ③ 17 ④ 18 ③ 19 ①

20 쓰레기의 발생량 예측 방법 중 최저 5년 이상의 과거 처리실적을 바탕으로 예측하며 시간과 그에 따른 쓰레기 발생량 간의 상관관계만을 고려하는 방법은?

① 직접계근법
② 경향법
③ 다중회귀모델
④ 동적모사모델

풀이 **경향법**
① 최저 5년 이상의 과거 처리 실적을 수식 model에 대하여 과거의 경향을 가지고 장래를 예측하는 방법
② 단지 시간과 그에 따른 쓰레기 발생량(또는 성상) 간의 상관 관계만을 고려하며 이를 수식으로 표현하면 $x = f(t)$
③ $x = f(t)$는 선형, 지수형, 대수형 등에서 가장 근사한 형태를 택함

2과목   폐기물처리기술

21 매립장의 사용연한을 더 연장하기 위하여 압축매립 시 사용하는 압축기로 적합한 것은?

① 고정식 압축기
② 백 압축기
③ 회전식 압축기
④ 베일러(baler)

풀이 **포장기(Baler)**
① 포장기의 목적은 압축 가능한 폐기물의 양을 근본적으로 줄이는 데 있고 또한 관리에 용이한 크기나 무게로 포장하는 기계이다.
② 압축 후 삼베나 가죽 또는 철끈으로 묶는다.
③ 완전하게 건조되지 못한 폐기물은 취급하기 곤란하다.
④ 소각, 매립 또는 최종처분을 하는 데에서 취급상 완전한 포장을 유지하여야 하나 이때 사용하는 끈들은 소각 시에 잘 끊어지는 것을 선택해야 한다.

22 유기성 폐기물 자원화 기술 중 퇴비화의 장단점으로 가장 거리가 먼 것은?

① 운영 시 에너지 소모가 비교적 적다.
② 퇴비가 완성되어도 부피가 크게 감소(50% 이하)되지 않는다.
③ 생산된 퇴비는 비료가치가 높다.
④ 다양한 재료를 이용하므로 퇴비제품의 품질표준화가 어렵다.

풀이 ① **퇴비화의 장점**
㉠ 유기성 폐기물을 재활용하여, 그 결과 폐기물의 감량화가 가능하다.
㉡ 생산품인 퇴비는 토양의 이화학성질을 개선시키는 토양개량제로 사용할 수 있다.(Humus는 토양개량제로 사용)
㉢ 운영 시 에너지가 적게 소요된다.
㉣ 초기의 시설투자비가 낮다.
㉤ 다른 폐기물처리에 비해 고도의 기술수준이 요구되지 않는다.
② **퇴비화의 단점**
㉠ 생산된 퇴비는 비료가치로서 경제성이 낮다.(시장 확보가 어려움)
㉡ 다양한 재료를 이용하므로 퇴비제품의 품질표준화가 어렵다.
㉢ 부지가 많이 필요하고 부지선정에 어려움이 많다.
㉣ 퇴비가 완성되어도 부피가 크게 감소되지는 않는다.(완성된 퇴비의 감용률은 50% 이하로서 다른 처리방식에 비하여 낮음)
㉤ 악취 발생의 문제점이 있다.

23 토양 중에서 1분 동안 12m를 침출수가 이동(겉보기 속도)하였다면, 이때 토양공극 내의 침출수 속도(m/s)는?(단, 유효공극률=0.4)

① 0.08
② 0.2
③ 0.5
④ 0.8

풀이 침출수 속도(m/sec)
$$= \frac{12\text{m}/\text{min} \times \text{min}/60\text{sec}}{0.4} = 0.5\text{m/sec}$$

24 퇴비화공정의 운전척도에 대한 설명으로 옳지 않은 것은?

① 수분함량이 너무 크면 퇴비화가 지연되므로 적정 수분함량은 30~40% 정도가 적절하다.

② 온도가 서서히 내려가 40~45℃에서는 퇴비화가 거의 완성된 상태로 간주한다.

③ 퇴비가 되면 진한 회색을 띠며 약간의 갈색을 나타낸다.

④ pH는 변동이 크지 않다.

[풀이] 퇴비화의 수분함량

① 퇴비화에 적당한 원료의 수분함량은 50~60%이다.

② 60% 이상인 경우 악취 발생 및 퇴비화 효율 저하가 나타나므로 팽화제를 혼합한다.

③ 팽화제(Bulking Agent : 톱밥, 볏짚, 낙엽 등)를 혼합하여 수분량을 조절한다.

④ 40% 이하인 경우 분해율이 감소한다. 이때에는 생오니 등을 첨가하여 수분량을 조절한다.

25 매립지의 침출수 농도가 반으로 감소하는 데 4년이 걸린다면, 이 침출수 농도가 90% 분해되는 데 걸리는 시간(년)은?(단, 1차 반응기준)

① 약 11.3 ② 약 13.3

③ 약 15.3 ④ 약 17.3

[풀이] $\ln\left(\dfrac{C_t}{C_o}\right) = -kt$

$\ln 0.5 = -k \times 4 \text{year}$, $k = 0.173 \text{year}^{-1}$

$\ln\left(\dfrac{10}{100}\right) = -0.173 \text{year}^{-1} \times t$

t(소요시간) $= 13.31 \text{year}$

26 분뇨 정화조(PVC 원형 정화조)의 처리순서가 가장 올바르게 연결된 것은?

① 부패조-여과조-산화조-소독조

② 산화조-부패조-여과조-소독조

③ 부패조-산화조-소독조-여과조

④ 산화조-여과조-부패조-소독조

[풀이] 분뇨 정화조(PVC 원형 정화조)의 처리순서
부패조 → 여과조 → 산화조 → 소독조

27 분뇨의 활성슬러지법에 대한 설명으로 옳지 않은 것은?

① 2단계 활성슬러지 처리방식에는 2개의 폭기조가 필요하다.

② 1단계 활성슬러지 처리방식은 분뇨의 희석 없이, 예비 폭기 후 희석수를 가하여 활성슬러지 방법으로 처리하는 것이다.

③ 1단계 활성슬러지 처리방식에서 예비 폭기 기간은 8시간이다.

④ 희석포기처리방식의 특징은 희석포기하여 폭기조의 유출수를 침전시킨 후에 슬러지를 폭기조로 반송시키지 않는다는 것이다.

[풀이] 1단계 활성슬러지 처리방식에서 예비폭기시간은 1시간(최소한 30~45분) 정도이다.

28 하루에 45ton을 처리하는 폐기물에너지 전환시설로부터 생성되는 열발생률(kcal/kWh)은?(단, 폐기물의 에너지 함량=2,800kcal/kg, 발전된 순수 전기에너지=800kW)

① 약 4,563 ② 약 5,563

③ 약 6,563 ④ 약 7,563

[풀이] 열발생률(kcal/kWh)

$$= \frac{45\text{ton/day} \times 2,800\text{kcal/kg} \times 1,000\text{kg/ton}}{800\text{kW} \times 24\text{hr/day}}$$

$$= 6,562.5\text{kcal/kWh}$$

29 하수슬러지를 토양에 주입 시 부하율 결정인자로 가장 거리가 먼 것은?

① 토양의 종류

② 냄새 유발 여부

③ 중금속

④ 생태보전지역 여부

풀이 하수슬러지 토양 주입 시 부하율 결정인자
① 토양의 종류
② 작물의 종류
③ 지형
④ 기후
⑤ 냄새 유발 여부
⑥ 적용방법

30 매립지 내에서 일어나는 물리·화학적 및 생물학적 변화로 중요도가 가장 낮은 것은?

① 유기물질의 호기성 또는 혐기성 반응에 의한 분해
② 가스의 이동 및 방출
③ 분해물질의 농도구배 및 삼투압에 의한 이동
④ 무기물질의 용출 및 분해

풀이 매립지 내에서 일어나는 물리·화학적 및 생물학적 변화
① 유기물질의 호기성, 혐기성 분해
② 화학적 산화
③ 가스의 이동 및 방출
④ 침출수 발생 및 이동
⑤ 분해물질의 농도구배 및 삼투압에 의한 이동
⑥ 침출수에 의한 유기물질과 무기물질의 용출

31 다음과 같은 조성의 쓰레기를 소각처분하고자 할 때 이론적으로 필요한 공기의 양(m^3)은 표준상태에서 쓰레기 1kg당 얼마인가?

쓰레기 조성(질량%)	
• 탄소(C)=9.5%	• 수소(H)=2.8%
• 산소(O)=10.5%	• 불연소성분=77.2%

① 약 1.25 ② 약 2.25
③ 약 3.25 ④ 약 4.25

풀이 $A_0(\mathrm{Sm^3/kg}) = \dfrac{1}{0.21}(1.867C + 5.6H - 0.7O)$

$= \dfrac{1}{0.21}[(1.867 \times 0.095)$
$+ (5.6 \times 0.028) - (0.7 \times 0.105)]$
$= 1.24\mathrm{Sm^3/kg} \times 1\mathrm{kg} = 1.24\mathrm{Sm^3}$

32 발열량을 측정하는 방법으로 알맞지 않은 것은?

① 원소 분석에 의한 방법
② 오르자트(orsat) 분석에 의한 방법
③ 추정식에 의한 방법
④ 물리조성 분석치에 의한 방법

풀이 발열량을 측정하는 방법
① 원소 분석에 의한 방법
② 추정식에 의한 방법
③ 물리조성 분석치에 의한 방법

[Note] 오르자트 분석장치는 가스분석장치(건가스의 조성)의 일종이다.

33 폐기물의 고위발열량과 저위발열량의 차이가 360kcal/kg일 때, 이 폐기물의 함수율(%)은? (단, 수소연소에 의한 수분 발생은 무시한다.)

① 36 ② 45
③ 60 ④ 90

풀이 $H_h - H_l = 600 \times W$
$360\mathrm{kcal/kg} = 600\mathrm{kcal/kg} \times W$
함수율(%) $= \dfrac{360}{600} \times 100 = 60\%$

34 매립지를 선정하고자 할 때 고려되는 사항으로 가장 관련이 적은 것은?

① 장래토지이용계획 ② 접근난이도
③ 주위경관 ④ 지하수위

풀이 매립지 선정 시 고려사항
① 계획 매립용량 확보
② 경제성, 거리(수집, 운반, 도로, 교통량) 및 접근난이도
③ 침출수의 공공수역의 오염관계(수원지와 위치조사 등 주변환경조건)
④ 자연재해 발생장소(지진, 단층지대, 화재 등) 및 지하수위
⑤ 장래이용성(지지력, 사후매립지 이용계획)
⑥ 복토문제 및 상태보존문제
⑦ 기상요소(풍향, 기상변화, 강우량)

35 토양 및 지하수 오염 복원기술 중 포화토양층 내에 존재하는 휘발성 유기오염물질을 원위치에서 처리하는 기술은?

① Pump and Treat 기술
② Air Sparging 기술
③ Bioventing 기술
④ 토양세척법(Soil Washing)

풀이 공기살포기법(Air Sparging)
  ① 포화대수층 내에 공기를 강제 주입하여 오염물질을 휘발시켜 추출시킴으로써 처리하는 공법이다.
  ② 적용 가능한 경우
    ㉠ 오염물질의 용해도가 낮은 경우
    ㉡ 포화대수층인 경우(자유면 대수층 조건의 경우)
    ㉢ 대수층의 투수도가 10^{-3}cm/sec 이상일 때
    ㉣ 토양의 종류가 사질토, 균질토일 때
    ㉤ 오염물질의 호기성 생분해능이 높은 경우일 때

36 알칼리도를 감소시키기 위해 희석수를 사용하여 슬러지를 개량시키는 방법은?

① 동결융해(Freeze-Thaw)
② 세정(Elutriation)
③ 농축(Thickening)
④ 용매추출(olvent Extraction)

풀이 슬러지 세척(세정법)
  ① 세정(수세)은 주로 혐기성 소화된 슬러지를 대상으로 실시하며 슬러지의 알칼리도를 낮춤
  ② 소화슬러지를 물과 혼합시킨 후 슬러지를 재침전시키는 방법
  ③ 알칼리성 슬러지를 세척함으로써 슬러지 탈수에 이용되는 응집제의 양을 감소시킬 수 있음
  ④ 소화슬러지 내의 가스방울이 없어지므로 부력을 제거하여 농축이 잘되게 함

37 슬러지의 탈수 가능성을 표현하는 용어로 가장 적합한 것은?

① 균등계수(Uniformity coefficient)
② 투수계수(Coefficient of permeability)
③ 유효입경(Effective diameter)
④ 비저항계수(Specific resistance coefficient)

풀이 슬러지의 탈수특성을 파악하는 데 이용되는 용어는 여과비저항(비저항계수)이다.

  [Note] 여과비저항이 클수록 탈수성은 좋지 않다.

38 함수율이 98%인 슬러지를 함수율 80%의 슬러지로 탈수시켰을 때 탈수 후/전의 슬러지 체적비(탈수 후/전)는?(단, 비중=1.0 기준)

① 1/9   ② 1/10
③ 1/15   ④ 1/20

풀이 체적비
$$= \frac{처리\ 후\ 탈수슬러지량}{초기\ 탈수슬러지량}$$
$$= \frac{(1-초기\ 탈수함수율)}{(1-처리\ 후\ 탈수함수율)}$$
$$= \frac{(1-0.98)}{(1-0.8)} = 0.1(1/10)$$

39 화격자식(stoker) 소각로에 대한 설명으로 옳지 않은 것은?

① 연속적인 소각과 배출이 가능하다.
② 체류시간이 짧고 교반력이 강하여 국부가열 발생이 적다.
③ 고온 중에서 기계적으로 구동하기 때문에 금속부의 마모손실이 심하다.
④ 플라스틱 등과 같이 열에 쉽게 용해되는 물질은 화격자가 막힐 염려가 있다.

풀이 화격자 연소기(Grate or Stoker)
  ① 장점
    ㉠ 연속적인 소각과 배출이 가능하다.
    ㉡ 용량부하가 크며 전자동운전이 가능하다.
    ㉢ 폐기물 전처리(파쇄)가 불필요하다.
    ㉣ 배기가스에 의한 폐기물 건조가 가능하다.
    ㉤ 악취 발생이 적고 유동층식에 비해 내구연한이 길다.

② 단점
　㉠ 수분이 많거나 용융소각물(플라스틱 등)의 소각에는 화격자 막힘의 염려가 있어 부적합하다.
　㉡ 국부가열 발생 가능성이 있고 체류시간이 길며 교반력이 약하다.
　㉢ 고온으로 인한 화격자 및 금속부 과열 가능성이 있다.
　㉣ 투입호퍼 및 공기출구의 폐쇄 가능성이 있다.
　㉤ 연소용 공기예열이 필요하다.

40 분뇨의 혐기성 분해 시 가장 많이 발생하는 가스는?

① NH_3
② CO_2
③ H_2S
④ CH_4

풀이 혐기성 분해 시 CH_4가 55~65% 정도로 가장 많이 발생한다.

3과목　폐기물공정시험기준(방법)

41 공정시험법의 내용에 속하지 않는 것은?

① 함량시험법
② 총칙
③ 일반시험법
④ 기기분석법

풀이 함량시험법은 공정시험기준의 내용에 속하지 않는다.

42 이온전극법에서 사용하는 이온전극의 종류가 아닌 것은?

① 유리막 전극
② 고체막 전극
③ 격막형 전극
④ 액막형 전극

풀이 이온전극은 분석대상 이온에 대한 고도의 선택성이 있고 이온농도에 비례하여 전위를 발생할 수 있는 전극으로 유리막 전극, 고체막 전극, 격막형 전극 등이 있다.

43 자외선/가시선 분광법에 의한 구리 분석방법에 관한 설명으로 옳은 것은?

구리이온은 (㉠)에서 다이에틸다이티오카르바민산나트륨과 반응하여 (㉡)의 킬레이트 화합물을 생성한다.

① ㉠ 산성, ㉡ 황갈색
② ㉠ 산성, ㉡ 적자색
③ ㉠ 알칼리성, ㉡ 황갈색
④ ㉠ 알칼리성, ㉡ 적자색

풀이 구리 – 자외선/가시선 분광법
시료 중에 구리이온이 알칼리성에서 다이에틸다이티오카르바민산나트륨과 반응하여 생성하는 황갈색의 킬레이트 화합물을 아세트산부틸로 추출하여 흡광도를 440nm에서 측정하는 방법이다.

44 기체크로마토그래프용 검출기 중 전자포획형 검출기(ECD)로 검출할 수 있는 물질이 아닌 것은?

① 유기할로겐화합물
② 니트로화합물
③ 유황화합물
④ 유기금속화합물

풀이 전자포획 검출기(ECD ; Electron Capture Detector)
전자포획 검출기는 방사선 동위원소(^{53}Ni, ^3H)로부터 방출되는 β선이 운반가스를 전리하여 미소전류를 흘려보낼 때 시료 중의 할로겐이나 산소와 같이 전자포획력이 강한 화합물에 의하여 전자가 포획되어 전류가 감소하는 것을 이용하는 방법으로 유기할로겐 화합물, 니트로화합물 및 유기금속화합물을 선택적으로 검출할 수 있다.

45 채취 대상 폐기물 양과 최소 시료수에 대한 내용으로 틀린 것은?

① 대상 폐기물양이 300톤이면, 최소 시료수는 30이다.
② 대상 폐기물양이 1,000톤이면, 최소 시료수는 40이다.
③ 대상 폐기물양이 2,500톤이면, 최소 시료수는 50이다.

④ 대상 폐기물양이 5,000톤이면, 최소 시료수는 60 이다.

풀이 대상 폐기물의 양과 시료의 최소 수

대상 폐기물의 양(단위 : ton)	시료의 최소 수
~ 1 미만	6
1 이상~5 미만	10
5 이상~30 미만	14
30 이상~100 미만	20
100 이상~500 미만	30
500 이상~1,000 미만	36
1,000 이상~5,000 미만	50
5,000 이상 ~	60

46 원자흡광광도법에서 내화성 산화물을 만들기 쉬운 원소분석 시 사용하는 가연성 가스와 조연성 가스로 적합한 것은?

① 수소-공기
② 아세틸렌-공기
③ 프로판-공기
④ 아세틸렌-아산화질소

풀이 금속류 – 원자흡수분광광도법

불꽃(조연성 가스와 가연성 가스의 조합)
① 수소-공기와 아세틸렌-공기 : 거의 대부분의 원소분석에 유효하게 사용
② 수소-공기 : 원자외영역에서의 불꽃 자체에 의한 흡수가 적기 때문에 이 파장영역에서 분석선을 갖는 원소의 분석
③ 아세틸렌-아산화질소(일산화이질소) : 불꽃의 온도가 높기 때문에 불꽃 중에서 해리하기 어려운 내화성 산화물을 만들기 쉬운 원소의 분석
④ 프로판-공기 : 불꽃온도가 낮고 일부 원소에 대하여 높은 감도를 나타냄

47 구리를 정량하기 위해 사용하는 시약과 그 목적이 잘못 연결된 것은?

① 구연산이암모늄용액-발색 보조제
② 초산부틸-구리의 추출
③ 암모니아수-pH 조절
④ 디에틸디티오카르바민산나트륨-구리의 발색

풀이 구연산이암모늄용액은 pH 조절 보조제(알칼리성으로 만듦)이다.

48 유리전극법에 의한 pH 측정 시 정밀도에 관한 설명으로 ( )에 알맞은 것은?

> pH미터는 임의의 한 종류의 pH 표준용액에 대하여 검출부를 정제수로 잘 씻은 다음 5회 되풀이하여 pH를 측정하였을 때 그 재현성이 ( ) 이내이어야 한다.

① ±0.01
② ±0.05
③ ±0.1
④ ±0.5

풀이 정밀도
임의의 한 종류의 pH 표준용액에 대하여 검출부를 정제수로 잘 씻은 다음 5회 되풀이하여 pH를 측정했을 때 그 재현성이 ±0.05 이내이어야 한다.

49 순수한 물 500mL에 HCl(비중 1.2) 99mL를 혼합하였을 때 용액의 염산농도(중량 %)는?

① 약 16.1%
② 약 19.2%
③ 약 23.8%
④ 약 26.9%

풀이 염산농도(%)

$$= \frac{99\text{mL} \times 1.2\text{g/mL}}{(500\text{mL} \times 1\text{g/mL}) + (99\text{mL} \times 1.2\text{g/mL})}$$
$$\times 100 = 19.20\%$$

50 pH 값 크기순으로 pH 표준액을 바르게 나열한 것은?(단, 20℃ 기준)

① 수산염표준액<프탈산염표준액<붕산염표준액<수산화칼슘표준액
② 프탈산염표준액<인산염표준액<탄산염표준액<수산염표준액
③ 탄산염표준액<붕산염표준액<수산화칼슘표준액<수산염표준액
④ 인산염표준액<수산염표준액<붕산염표준액<탄산염표준액

정답 46 ④ 47 ① 48 ② 49 ② 50 ①

풀이 표준액의 pH 값

수산염 > 프탈산염 > 인산염 > 붕산염 > 탄산염 > 수산화칼슘

51 폐기물시료 축소단계에서 원추꼭지를 수직으로 눌러 평평하게 한 후 부채꼴로 4등분하여 일정 부분을 취하고 적당한 크기까지 줄이는 방법은?

① 원추구획법   ② 교호삽법
③ 원추사분법   ④ 사면축소법

풀이 원추사분법(축소비율이 일정하기 때문에 가장 많이 사용)
① 분쇄한 대시료를 단단하고 깨끗한 평면 위에 원추형으로 쌓아 올린다.
② 앞의 원추를 장소를 바꾸어 다시 쌓는다.
③ 원추의 꼭지를 수직으로 눌러서 평평하게 만들고 이것을 부채꼴로 사등분한다.
④ 마주보는 두 부분을 취하고 반은 버린다.
⑤ 반으로 줄어든 시료를 앞의 조작을 반복하여 적당한 크기까지 줄인다.

52 온도의 영향이 없는 고체상태 시료의 시험조작은 어느 상태에서 실시하는가?

① 상온   ② 실온
③ 표준온도   ④ 측정온도

풀이 시험조작은 따로 규정이 없는 한 상온에서 조작한다.

53 시안을 자외선/가시선 분광법으로 측정할 때 클로라민-T와 피리딘·피라졸론 혼합액을 넣어 나타내는 색으로 옳은 것은?

① 적색   ② 황갈색
③ 적자색   ④ 청색

풀이 시안-자외선/가시선 분광법
시료를 pH 2 이하의 산성으로 조절한 후에 에틸렌다이아민테트라아세트산나트륨을 넣고 가열 증류하여 시안화합물을 시안화수소로 유출시켜 수산화나트륨용액을 포집한 다음 중화하고 클로라민-T와 피리딘·피라졸론 혼합액을 넣어 나타나는 청색을 620nm에서 측정하는 방법이다.

54 우리나라의 용출시험 기준항목 내용으로 틀린 것은?

① 6가크롬 및 그 화합물 : 0.5mg/L
② 카드뮴 및 그 화합물 : 0.3mg/L
③ 수은 및 그 화합물 : 0.005mg/L
④ 비소 및 그 화합물 : 1.5mg/L

풀이 용출시험기준

No	유해물질	기준(mg/L)
1	시안화합물	1
2	크롬	-
3	6가크롬	1.5
4	구리	3
5	카드뮴	0.3
6	납	3
7	비소	1.5
8	수은	0.005
9	유기인화합물	1
10	폴리클로리네이티드 비페닐(PCBs)	액체 상태의 것 : 2 액체 상태 이외의 것 : 0.003
11	테트라클로로에틸렌	0.1
12	트리클로로에틸렌	0.3
13	할로겐화유기물질	5%
14	기름 성분	5%

55 유기인 및 PCBs의 실험에 사용되는 증발농축장치의 종류는?

① 추출형 냉각기형   ② 환류형 냉각기형
③ 구데르나다니쉬형   ④ 리비히 냉각기형

풀이 유기인 및 PCBs의 실험에 사용되는 증발농축장치
구데르나다니쉬형 농축장치

56 액체시약의 농도에 있어서 황산(1+10)이라고 되어 있을 경우 옳은 것은?

① 물 1mL와 황산 10mL를 혼합하여 조제한 것
② 물 1mL와 황산 9mL를 혼합하여 조제한 것
③ 황산 1mL와 물 9mL를 혼합하여 조제한 것
④ 황산 1mL와 물 10mL를 혼합하여 조제한 것

풀이 황산(1 + 10)

황산 1mL와 물 10mL를 혼합하여 조제한다.

57 투사광의 강도 I_t가 입사광 강도 I_o의 10%라면 흡광도(A)는?

① 0.5 　　　　　② 1.0

③ 2.0 　　　　　④ 5.0

풀이 흡광도(A) $= \log\dfrac{1}{투과도} = \log\left(\dfrac{1}{0.1}\right) = 1.0$

58 용출시험의 결과 산출 시 시료 중의 수분함량 보정에 관한 설명으로 (　)에 알맞은 것은?

함수율 85% 이상인 시료에 한하여 (　　)을 곱하여 계산된 값으로 한다.

① 15×{100 − 시료의 함수율(%)}

② 15 − {100 − 시료의 함수율(%)}

③ 15/{100 − 시료의 함수율(%)}

④ 15 + {100 − 시료의 함수율(%)}

풀이 용출시험 결과 보정

① 용출시험의 결과는 시료 중의 수분함량 보정을 위해 함수율 85% 이상인 시료에 한하여 보정한다. (시료의 수분함량이 85% 이상이면 용출시험 결과를 보정하는 이유는 매립을 위한 최대함수율 기준이 정해져 있기 때문)

② 보정값 $= \dfrac{15}{100 - 시료의\ 함수율(\%)}$

59 GC법에서 인화합물 및 황화합물에 대하여 선택적으로 검출하는 고감도 검출기는?

① 열전도도 검출기(TCD)

② 불꽃이온화 검출기(FID)

③ 불꽃광도형 검출기(FPD)

④ 불꽃열이온화 검출기(FTD)

풀이 불꽃광도형 검출기(FPD ; Flame Photometric Detector)

불꽃광도 검출기는 수소염에 의하여 시료성분을 연소시키고 이때 발생하는 염광의 광도를 분광학적으로 측정하는 방법으로서 인 또는 유황화합물을 선택적으로 검출할 수 있다. 운반가스와 조연가스의 혼합부, 수소공급구, 연소노즐, 광학필터, 광전자 증배관 및 전원 등으로 구성되어 있다.

60 폐기물공정시험방법에서 정의하고 있는 용어의 설명으로 맞는 것은?

① 고상폐기물이라 함은 고형물의 함량이 5% 미만인 것을 말한다.

② 상온은 15~20℃이고, 실온은 4~25℃이다.

③ 감압 또는 진공이라 함은 따로 규정이 없는 한 15mmH₂O 이하를 말한다.

④ 항량으로 될 때까지 강열한다 함은 같은 조건에서 1시간 더 강열할 때 전후 무게의 차가 g당 0.3mg 이하일 때를 말한다.

풀이 ① 고상폐기물이라 함은 고형물의 함량이 15% 이상인 것을 말한다.

② 상온은 15~25℃이고, 실온은 1~35℃이다.

③ 감압 또는 진공이라 함은 따로 규정이 없는 한 15mmHg 이하를 말한다.

4과목 **폐기물관계법규**

61 폐기물처리시설의 최종처리시설 중 차단형 매립시설의 경우 사후관리이행보증금 산출 시 합산되는 소요 비용에 포함되는 것은?

① 지하수의 오염검사에 소요되는 비용

② 매립시설에서 배출되는 가스의 처리에 소요되는 비용

③ 침출수 처리시설의 가동과 유지 · 관리에 소요되는 비용

④ 매립시설 제방 등의 유실방지에 소요되는 비용

풀이 사후관리이행보증금의 산출기준
사후관리이행보증금은 사후관리기간에 드는 다음 항목의 비용을 합산하여 산출한다. 다만, 차단형 매립시설의 경우에는 다음 ①의 비용은 제외한다.
① 침출수 처리시설의 가동과 유지·관리에 소요되는 비용
② 매립시설 제방, 매립가스 처리시설, 지하수 검사정 등의 유지·관리에 소요되는 비용
③ 매립시설 주변의 환경오염조사에 소요되는 비용
④ 정기검사에 소요되는 비용

62 폐기물 처분 또는 재활용시설 관리기준 중 공통기준에 관한 내용으로 ( )에 옳은 것은?

> 자동 계측장비에 사용한 기록지는 ( ) 보전하여야 한다. 다만 대기환경보전법에 따라 측정기기를 붙이고 같은 법 시행령에 따른 굴뚝자동측정 관제센터와 연결하여 정상적으로 운영하면서 온도 데이터를 저장매체에 기록, 보관하는 경우는 그러하지 아니하다.

① 1년 이상　　② 2년 이상
③ 3년 이상　　④ 5년 이상

풀이 폐기물 처분 또는 재활용시설 관리기준
자동 계측장비에 사용한 기록지는 3년 이상 보전하여야 한다.

63 의료폐기물 중 일반의료폐기물이 아닌 것은?

① 일회용 주사기
② 수액세트
③ 혈액·체액·분비물·배설물이 함유되어 있는 탈지면
④ 파손된 유리재질의 시험기구

풀이 의료폐기물의 종류
① 격리의료폐기물
「전염병 예방법」에 따른 전염병으로부터 타인을 보호하기 위하여 격리된 사람에 대한 의료행위에서 발생한 일체의 폐기물

② 위해의료폐기물
㉠ 조직물류폐기물 : 인체 또는 동물의 조직·장기·기관·신체의 일부, 동물의 사체, 혈액·고름 및 혈액생성물질(혈청, 혈장, 혈액 제제)
㉡ 병리계 폐기물 : 시험·검사 등에 사용된 배양액, 배양용기, 보관균주, 폐시험관, 슬라이드, 커버글라스, 폐배지, 폐장갑
㉢ 손상성 폐기물 : 주사바늘, 봉합바늘, 수술용 칼날, 한방침, 치과용 침, 파손된 유리재질의 시험기구
㉣ 생물·화학폐기물 : 폐백신, 폐항암제, 폐화학치료제
㉤ 혈액오염폐기물 : 폐혈액백, 혈액투석 시 사용된 폐기물, 그 밖에 혈액이 유출될 정도로 포함되어 있는 특별한 관리가 필요한 폐기물
③ 일반의료폐기물
혈액, 체액, 분비물, 배설물이 함유되어 있는 탈지면, 붕대, 거즈, 일회용 기저귀, 생리대, 일회용 주사기, 수액세트

64 관리형 매립시설에서 발생되는 침출수의 배출량이 1일 2,000세제곱미터 이상인 경우 오염물질 측정주기 기준은?

> • 화학적 산소요구량 : (㉠) 이상
> • 화학적 산소요구량 외의 오염물질 : (㉡) 이상

① ㉠ 매일 2회, ㉡ 주 1회
② ㉠ 매일 1회, ㉡ 주 1회
③ ㉠ 주 2회, ㉡ 월 1회
④ ㉠ 주 1회, ㉡ 월 1회

풀이 관리형 매립시설 오염물질 측정주기
① 침출수 배출량이 1일 2천 세제곱미터 이상인 경우
㉠ 화학적 산소요구량 : 매일 1회 이상
㉡ 화학적 산소요구량 외의 오염물질 : 주 1회 이상
② 침출수 배출량이 1일 2천 세제곱미터 미만인 경우 : 월 1회 이상

65 폐기물처리업의 변경허가 사항으로 틀린 것은?(단, 폐기물 중간처분업, 폐기물 최종처분업 및 폐기물 종합처분업인 경우)

① 처분대상 폐기물의 변경
② 주차장 소재지의 변경
③ 운반차량(임시차량은 제외한다)의 증차
④ 폐기물 처분시설의 신설

풀이 폐기물처리업의 변경허가를 받아야 할 중요사항
폐기물 중간처분업, 폐기물 최종처분업 및 폐기물 종합처분업
① 처분대상 폐기물의 변경
② 폐기물 처분시설 소재지의 변경
③ 운반차량(임시차량은 제외한다)의 증차
④ 폐기물 처분시설의 신설
⑤ 처분용량의 100분의 30 이상의 변경(허가 또는 변경허가를 받은 후 변경되는 누계를 말한다)
⑥ 주요 설비의 변경. 다만, 다음의 경우만 해당한다.
　㉠ 폐기물 처분시설의 구조 변경으로 인하여 별표 9 제1호 나목 2) 가)의 (1)·(2), 나)의 (1)·(2), 다)의 (2)·(3), 라)의 (1)·(2)의 기준이 변경되는 경우
　㉡ 차수시설·침출수 처리시설이 변경되는 경우
　㉢ 별표 9 제2호 나목 2) 바)에 따른 가스처리시설 또는 가스 활용시설이 설치되거나 변경되는 경우
　㉣ 배출시설의 변경허가 또는 변경신고의 대상이 되는 경우
⑦ 매립시설 제방의 증·개축
⑧ 허용보관량의 변경

66 폐기물처리시설의 폐쇄명령을 이행하지 아니한 자에 대한 벌칙기준은?

① 1년 이하의 징역 또는 1천만 원 이하의 벌금
② 2년 이하의 징역 또는 2천만 원 이하의 벌금
③ 3년 이하의 징역 또는 3천만 원 이하의 벌금
④ 5년 이하의 징역 또는 5천만 원 이하의 벌금

풀이 폐기물관리법 제64조 참조

67 폐기물처리시설의 유지·관리에 관한 기술관리를 대행할 수 있는 자는?

① 지정폐기물 최종처리업자
② 환경보전협회
③ 한국환경산업기술원
④ 한국환경공단

풀이 폐기물처리시설의 유지·관리에 관한 기술관리대행자
① 한국환경공단
② 엔지니어링 사업자
③ 기술사사무소
④ 그 밖에 환경부장관이 기술관리를 대행할 능력이 있다고 인정하여 고시하는 자

68 폐기물의 에너지 회수기준으로 ( )에 맞는 것은?

다른 물질과 혼합하지 아니하고 해당 폐기물의 저위발열량이 킬로그램당 ( ) 킬로칼로리 이상일 것

① 3천
② 4천5백
③ 5천5백
④ 7천

풀이 에너지 회수기준
① 다른 물질과 혼합하지 아니하고 해당 폐기물의 저위발열량이 킬로그램당 3천 킬로칼로리 이상일 것
② 에너지의 회수효율(회수에너지 총량을 투입에너지 총량으로 나눈 비율을 말한다.)이 75퍼센트 이상일 것
③ 회수열을 모두 열원으로 스스로 이용하거나 다른 사람에게 공급할 것
④ 환경부장관이 정하여 고시하는 경우에는 폐기물의 30퍼센트 이상을 원료나 재료로 재활용하고 그 나머지 중에서 에너지의 회수에 이용할 것

정답 65 ② 66 ④ 67 ④ 68 ①

69 폐기물재활용신고에 관한 내용으로 옳지 않은 것은?

① 재활용 신고를 한 자가 환경부령으로 정하는 사항을 변경하려면 시·도지사에게 신고하여야 한다.

② 재활용 신고를 한 자는 신고한 재활용 용도 및 방법에 따라 재활용하는 등 환경부령으로 정하는 준수사항을 지켜야 한다.

③ 시·도지사는 법에서 정한 폐기물의 수집·운반·보관·처리의 기준과 방법을 지키지 아니한 경우 재활용시설의 폐쇄를 명령하거나 6개월 이내의 기간을 정하여 재활용사업의 전부 또는 일부의 정지나 재활용신고대상 폐기물의 재활용 금지를 명령할 수 있다.

④ 관련규정을 위반하여 재활용시설의 폐쇄처분을 받은 자는 그 처분을 받은 날부터 6개월간 다시 재활용신고를 할 수 없다.

[풀이] 관련규정을 위반하여 재활용시설의 폐쇄처분을 받은 자는 그 처분을 받은 날부터 1년간 다시 재활용신고를 할 수 없다.

70 폐기물처리업의 허가를 받을 수 없는 자에 대한 기준으로 틀린 것은?

① 폐기물처리업의 허가가 취소된 자로서 그 허가가 취소된 날부터 2년이 지나지 아니한 자

② 파산선고를 받고 복권되지 아니한 자

③ 폐기물관리법을 위반하여 징역 이상의 형의 집행 유예를 선고받고 그 집행유예 기간이 지나지 아니한 자

④ 폐기물관리법 외의 법을 위반하여 징역 이상의 형을 선고받고 그 형의 집행이 끝난 지 2년이 지나지 아니한 자

[풀이] 폐기물처리업의 허가를 받을 수 없는 자
① 미성년자, 피성년후견인 또는 피한정후견인
② 파산선고를 받고 복권되지 아니한 자
③ 이 법을 위반하여 금고 이상의 실형을 선고받고

그 형의 집행이 끝나거나 집행을 받지 아니하기로 확정된 후 10년이 지나지 아니한 자

③의2. 이 법을 위반하여 금고 이상의 형의 집행유예를 선고받고 그 집행유예 기간이 끝난 날부터 5년이 지나지 아니한 자

④ 이 법을 위반하여 대통령령으로 정하는 벌금형 이상을 선고받고 그 형이 확정된 날부터 5년이 지나지 아니한 자

⑤ 폐기물처리업의 허가가 취소되거나 전용용기 제조업의 등록이 취소된 자로서 그 허가 또는 등록이 취소된 날부터 10년이 지나지 아니한 자

⑤의2. 허가취소자등과의 관계에서 자신의 영향력을 이용하여 허가취소자등에게 업무집행을 지시하거나 허가취소자등의 명의로 직접 업무를 집행하는 등의 사유로 허가취소자등에게 영향을 미쳐 이익을 얻는 자 등으로서 환경부령으로 정하는 자

⑥ 임원 또는 사용인 중에 제1호부터 제5호까지 및 제5호의2의 어느 하나에 해당하는 자가 있는 법인 또는 개인사업자

[Note] 법규 변경사항이오니 해설 내용으로 학습하시기 바랍니다.

71 폐기물처리시설은 환경부령으로 정하는 기준에 맞게 설치하되 환경부령으로 정하는 규모 미만의 폐기물 소각시설을 설치, 운영하여서는 아니 된다. "환경부령으로 정하는 규모 미만의 폐기물 소각시설" 기준으로 옳은 것은?

① 시간당 폐기물 소각능력이 15킬로그램 미만인 폐기물 소각시설

② 시간당 폐기물 소각능력이 25킬로그램 미만인 폐기물 소각시설

③ 시간당 폐기물 소각능력이 50킬로그램 미만인 폐기물 소각시설

④ 시간당 폐기물 소각능력이 100킬로그램 미만인 폐기물 소각시설

[풀이] 환경부령으로 정하는 규모 미만의 폐기물 소각시설의 기준은 시간당 폐기물 소각능력이 25킬로그램 미만인 폐기물 소각시설을 말한다.

72 폐기물관리법에서 사용하는 용어의 정의 중 틀린 것은?

① 생활폐기물이란 사업장 폐기물 외의 폐기물을 말한다.

② 처리란 폐기물의 중화, 파쇄, 고형화 등에 의한 중간처리와 소각, 매립(해역배출 제외) 등에 의한 최종처리를 말한다.

③ 폐기물처리시설이란 폐기물의 중간처리시설과 최종처리시설로서 대통령령이 정하는 시설을 말한다.

④ 사업장폐기물이란 대기환경보전법, 물환경보전법 또는 소음, 진동규제법의 규정에 의하여 배출시설을 설치, 운영하는 사업장 기타 대통령령이 정하는 사업장에서 발생되는 폐기물을 말한다.

> **풀이** 처리
> 폐기물의 수집, 운반, 보관, 재활용, 처분을 말한다.

73 폐기물처리시설을 설치, 운영하는 자는 환경부령으로 정하는 관리기준에 따라 그 시설을 유지, 관리하여야 함에도 불구하고 관리기준에 적합하지 아니하게 폐기물처리시설을 유지, 관리하여 주변 환경을 오염시킨 경우에 대한 벌칙기준으로 적절한 것은?

① 3년 이하의 징역 또는 3천만 원 이하의 벌금
② 2년 이하의 징역 또는 2천만 원 이하의 벌금
③ 1년 이하의 징역 또는 1천만 원 이하의 벌금
④ 500만 원 이하의 벌금

> **풀이** 폐기물관리법 제66조 참조

74 주변지역에 대한 영향 조사를 하여야 하는 '대통령령으로 정하는 폐기물처리시설' 기준으로 옳지 않은 것은?(단, 폐기물처리업자가 설치, 운영)

① 시멘트 소성로(폐기물을 연료로 사용하는 경우로 한정한다)
② 매립면적 3만 제곱미터 이상의 사업장 일반폐기물 매립시설

③ 매립면적 1만 제곱미터 이상의 사업장 지정폐기물 매립시설

④ 1일 처분능력이 50톤 이상인 사업장폐기물 소각시설(같은 사업장에 여러 개의 소각시설이 있는 경우에는 각 소각시설의 1일 처분능력의 합계가 50톤 이상인 경우를 말한다)

> **풀이** 주변지역 영향 조사대상 폐기물처리시설 기준
> ① 1일 처리능력이 50톤 이상인 사업장폐기물 소각시설(같은 사업장에 여러 개의 소각시설이 있는 경우에는 각 소각시설의 1일 처리능력의 합계가 50톤 이상인 경우를 말한다)
> ② 매립면적 1만 제곱미터 이상의 사업장 지정폐기물 매립시설
> ③ 매립면적 15만 제곱미터 이상의 사업장 일반폐기물 매립시설
> ④ 시멘트 소성로(폐기물을 연료로 사용하는 경우로 한정한다)
> ⑤ 1일 재활용능력이 50톤 이상인 사업장폐기물 소각열회수시설(같은 사업장에 여러 개의 소각열회수시설이 있는 경우에는 각 소각열회수시설의 1일 재활용능력의 합계가 50톤 이상인 경우를 말한다)

75 폐기물관리의 기본원칙으로 틀린 것은?

① 폐기물은 소각, 매립 등의 처분을 하기보다는 우선적으로 재활용함으로써 자원생산성의 향상에 이바지하도록 하여야 한다.

② 국내에서 발생한 폐기물은 가능하면 국내에서 처리되어야 하고, 폐기물은 수입할 수 없다.

③ 누구든지 폐기물을 배출하는 경우에는 주변환경이나 주민의 건강에 위해를 끼치지 아니하도록 사전에 적절한 조치를 하여야 한다.

④ 사업자는 제품의 생산방식 등을 개선하여 폐기물의 발생을 최대한 억제하고, 발생한 폐기물을 스스로 재활용함으로써 폐기물의 배출을 최소화하여야 한다.

풀이 폐기물관리의 기본원칙

① 사업자는 제품의 생산방식 등을 개선하여 폐기물의 발생을 최대한 억제하고, 발생한 폐기물을 스스로 재활용함으로써 폐기물의 배출을 최소화하여야 한다.

② 누구든지 폐기물을 배출하는 경우에는 주변 환경이나 주민의 건강에 위해를 끼치지 아니하도록 사전에 적절한 조치를 하여야 한다.

③ 폐기물은 그 처리과정에서 양과 유해성을 줄이도록 하는 등 환경보전과 국민건강보호에 적합하게 처리되어야 한다.

④ 폐기물로 인하여 환경오염을 일으킨 자는 오염된 환경을 복원할 책임을 지며, 오염으로 인한 피해의 구제에 드는 비용을 부담하여야 한다.

⑤ 국내에서 발생한 폐기물은 가능하면 국내에서 처리되어야 하고, 폐기물의 수입은 되도록 억제되어야 한다.

⑥ 폐기물은 소각, 매립 등의 처분을 하기보다는 우선적으로 재활용함으로써 자원생산성의 향상에 이바지하도록 하여야 한다.

76 시·도지사가 폐기물처리 신고자에게 처리금지명령을 하여야 하는 경우, 그 처리금지를 갈음하여 부과할 수 있는 최대 과징금은?

① 1천만 원　　　② 2천만 원
③ 3천만 원　　　④ 5천만 원

풀이 시·도지사는 폐기물처리 신고자가 처리금지를 명령하여야 하는 경우 그 처리금지가 다음 각 호의 어느 하나에 해당한다고 인정되면 대통령령으로 정하는 바에 따라 그 처리금지를 갈음하여 2천만 원 이하의 과징금을 부과할 수 있다.

77 특별자치도지사, 시장·군수·구청장이나 공원·도로 등 시설의 관리자가 폐기물의 수집을 위하여 마련한 장소나 설비 외의 장소에 사업장폐기물을 버리거나 매립한 자에게 부과되는 벌칙기준으로 옳은 것은?

① 5년 이하의 징역 또는 5천만 원 이하의 벌금
② 7년 이하의 징역 또는 7천만 원 이하의 벌금
③ 5년 이하의 징역 또는 7천만 원 이하의 벌금
④ 7년 이하의 징역 또는 9천만 원 이하의 벌금

풀이 폐기물관리법 제63조 참조

78 기술관리인을 두어야 할 폐기물처리시설이 아닌 것은?

① 시간당 처분능력이 300킬로그램 이상을 처리하는 소각시설
② 멸균분쇄시설로서 시간당 처분능력이 100킬로그램 이상인 시설
③ 지정폐기물을 매립하는 시설로서 면적이 3,300제곱미터 이상인 시설
④ 사료화, 퇴비화 또는 연료화시설로서 1일 재활용능력이 5톤 이상인 시설

풀이 기술관리인을 두어야 하는 폐기물처리시설

① 매립시설의 경우
　㉠ 지정폐기물을 매립하는 시설로서 면적이 3천 300제곱미터 이상인 시설. 다만, 차단형 매립시설에서는 면적이 330제곱미터 이상이거나 매립용적이 1천 세제곱미터 이상인 시설로 한다.
　㉡ 지정폐기물 외의 폐기물을 매립하는 시설로서 면적이 1만 제곱미터 이상이거나 매립용적이 3만 세제곱미터 이상인 시설

② 소각시설로서 시간당 처리능력이 600킬로그램(감염성 폐기물을 대상으로 하는 소각시설의 경우에는 200킬로그램) 이상인 시설

③ 압축·파쇄·분쇄 또는 절단시설로서 1일 처리능력 또는 재활용시설이 100톤 이상인 시설

④ 사료화·퇴비화 또는 연료화 시설로서 1일 재활용능력이 5톤 이상인 시설

⑤ 멸균·분쇄시설로서 시간당 처리능력이 100킬로그램 이상인 시설

⑥ 시멘트 소성로

⑦ 용해로(폐기물에 비철금속을 추출하는 경우로 한정한다)로서 시간당 재활용능력이 600킬로그램 이상인 시설

⑧ 소각열회수시설로서 시간당 재활용능력이 600킬로그램 이상인 시설

79 음식물류 폐기물처리시설인 사료화 시설의 설치검사 항목으로 옳지 않은 것은?

① 혼합시설의 적절 여부
② 가열 · 건조시설의 적절 여부
③ 발효시설의 적절 여부
④ 사료화 제품의 적절성

풀이 음식물류 폐기물 처리시설(사료화시설)의 설치검사 항목
　① 혼합시설의 적절 여부
　② 가열 · 건조시설의 적절 여부
　③ 사료 저장시설의 적절 여부
　④ 사료화 제품의 적절성

80 폐기물처리시설 중 중간처분시설인 기계적 처분시설과 그 동력기준으로 옳지 않은 것은?

① 용융시설(동력 7.5kW 이상인 시설로 한정한다)
② 압축시설(동력 7.5kW 이상인 시설로 한정한다)
③ 절단시설(동력 7.5kW 이상인 시설로 한정한다)
④ 응집 · 침전시설(동력 15kW 이상인 시설로 한정한다)

풀이 중간처분시설(기계적 처분시설)의 종류
　① 압축시설(동력 7.5kW 이상인 시설로 한정한다)
　② 파쇄 · 분쇄시설(동력 15kW 이상인 시설로 한정한다)
　③ 절단시설(동력 7.5kW 이상인 시설로 한정한다)
　④ 용융시설(동력 7.5kW 이상인 시설로 한정한다)
　⑤ 증발 · 농축시설
　⑥ 정제시설(분리 · 증류 · 추출 · 여과 등의 시설을 이용하여 폐기물을 처분하는 단위시설을 포함한다)
　⑦ 유수 분리시설
　⑧ 탈수 · 건조시설
　⑨ 멸균분쇄시설

1과목 폐기물개론

01 도시쓰레기의 조성이 탄소 48%, 수소 6.4%, 산소 37.6%, 질소 2.6%, 황 0.4% 그리고 회분 5%일 때 고위발열량(kcal/kg)은?(단, Dulong 식을 적용할 것)

① 약 7,500 ② 약 6,500
③ 약 5,500 ④ 약 4,500

풀이
$$H_h = 8,100C + 34,000\left(H - \frac{O}{8}\right) + 2,200S$$
$$= (8,100 \times 0.48)$$
$$+ \left[34,000\left(0.064 - \frac{0.376}{8}\right)\right]$$
$$+ (2,500 \times 0.004)$$
$$= 4,476 \text{kcal/kg}$$

02 다음 중 산성이 가장 강한 수용액상 폐액은?

① pOH=11인 수용액상 폐액
② pOH=1인 수용액상 폐액
③ pH=2인 수용액상 폐액
④ pH=4인 수용액상 폐액

풀이 pH가 작을수록 강산이므로 pH=2인 수용액상 폐액이 가장 산성이 강하다.(pH+pOH=14)

03 쓰레기 발생량 예측모델 중 쓰레기 발생량에 영향을 주는 모든 인자를 시간에 대한 함수로 하여 각 영향 인자들 간의 상관관계를 수식화하는 방법은?

① 시간경향모델 ② 다중회귀모델
③ 동적모사모델 ④ 시간수지모델

풀이 동적모사모델
① 쓰레기 발생량에 영향을 주는 모든 인자를 시간에 대한 함수로 나타낸 후 시간에 대한 함수로 표현된 각 영향인자들 간의 상관관계를 수식화하는 방법이다.

② 시간만 고려하는 경향법과 시간을 단순히 하나의 독립적인 종속인자로 고려하는 다중회귀모델의 문제점을 보안한 예측방법이다.

04 쓰레기 3성분을 조사하기 위한 실험 결과가 다음과 같을 때 가연분의 함량(%)은?(단, 원시료 무게=5.40kg, 건조 후 무게=3.67kg, 강열 후 무게=1.07kg)

① 약 20 ② 약 32
③ 약 48 ④ 약 68

풀이 원시료 무게=5.4kg
수분 무게=5.4−3.67=1.73kg
가연분 무게=3.67−1.07=2.6kg
가연분 함량$= \dfrac{\text{가연분}}{\text{폐기물}} \times 100$
$$= \frac{2.6}{5.4} \times 100 = 48.15\%$$

05 사용한 자원 및 에너지, 환경으로 배출되는 환경오염물질을 규명하고 정량화함으로써 한 제품이나 공정에 관련된 환경 부담을 평가하고 그 에너지와 자원, 환경부하 영향을 평가하여, 환경을 개선시킬 수 있는 기회를 규명하는 과정으로 정의되는 것은?

① ESSA ② LCA
③ EPA ④ TRA

풀이 전과정평가(LCA ; Life Cycle Assessment)에 관한 내용이다.

06 탄소 12kg을 연소시킬 때 필요한 산소량(kg)과 발생하는 이산화탄소량(kg)은?

① 8, 20 ② 16, 28
③ 32, 44 ④ 48, 60

정답 01 ④ 02 ③ 03 ③ 04 ③ 05 ② 06 ③

풀이 $C + O_2 \longrightarrow CO_2$
12kg : 32kg : 44kg

07 다음 조건에서 폐기물의 발생 가능시점과 재활용 가능시점을 순서대로 나열한 것은?

- 주관적인 가치가 0인 지점 : A
- 객관적인 가치가 0인 지점 : B
- 주관적 가치 ≥ 객관적 가치인 교점 : C
- 객관적 가치 ≥ 주관적 가치인 교점 : D

① A지점 이후, D지점 이후
② A지점 이후, C지점 이후
③ B지점 이후, D지점 이후
④ B지점 이후, C지점 이후

풀이 ① 폐기물의 발생 가능 시점 : 주관적 가치가 0인 지점
② 재활용 가능 시점 : 주관적 가치≥객관적 가치인 교점

08 분쇄된 폐기물을 가벼운 것(유기물)과 무거운 것(무기물)으로 분리하기 위하여 탄도학을 이용하는 선별법은?

① 중액선별   ② 스크린 선별
③ 부상선별   ④ 관성선별법

풀이 관성선별법
분쇄된 폐기물을 중력이나 탄도학을 이용하여 가벼운 것(유기물)과 무거운 것(무기물)으로 분리한다.

09 5m³의 용적을 갖는 쓰레기를 압축하였더니 3m³으로 감소되었다. 이때 압축비(CR)는?

① 0.43   ② 0.60
③ 1.67   ④ 2.50

풀이 압축비$(CR) = \dfrac{V_i}{V_f} = \dfrac{5}{3} = 1.67$

10 폐기물 발생량에 영향을 미치는 인자들에 대한 설명으로 맞는 것은?

① 대도시보다는 문화수준이 열악한 중소도시의 주민이 쓰레기를 더 많이 발생시킨다.
② 쓰레기 발생량은 주방쓰레기양에 영향을 많이 받으므로, 엥겔지수가 높은 서민층의 쓰레기가 부유층보다 많다.
③ 쓰레기를 자주 수거해가면 쓰레기발생량이 증가한다.
④ 쓰레기통이 클수록 유효용적이 증가하여 발생량이 감소한다.

풀이 쓰레기 발생량에 영향을 주는 요인

영향요인	내용
도시규모	도시의 규모가 커질수록 쓰레기 발생량 증가
생활수준	생활수준이 높아지면 발생량이 증가하고 다양화됨(증가율 10% 내외)
계절	겨울철에 발생량 증가
수집빈도	수집빈도가 높을수록 발생량 증가
쓰레기통 크기	쓰레기통이 클수록 유효용적이 증가하여 발생량 증가
재활용품 회수 및 재이용률	재활용품의 회수 및 재이용률이 높을수록 쓰레기 발생량 감소
법규	쓰레기 관련 법규는 쓰레기 발생량에 중요한 영향을 미침
장소	상업지역, 주택지역, 공업지역 등, 장소에 따라 발생량과 성상이 달라짐
사회구조	도시의 평균연령층, 교육수준에 따라 발생량은 달라짐

11 폐기물 조성별 재활용 기술로 적절치 못한 것은?

① 부패성 쓰레기－퇴비화
② 가연성 폐기물－열회수
③ 난연성 쓰레기－열분해
④ 연탄재－물질회수

풀이 연탄재는 주성분이 회분이므로 물질회수가 불가능하다.

12 다음 고−액 분리장치가 아닌 것은?

① 관성분리기   ② 원심분리기

③ filter press   ④ belt press

풀이 관성분리기는 기체−고체 분리장치이며 원심분리기, filter press, belt press는 고체−액체 분리장치에 해당한다.

13 적환장에 대한 설명 중 틀린 것은?

① 적환장은 폐기물 처분지가 멀리 위치할수록 필요성이 더 높다.

② 고밀도 거주지역이 존재할수록 적환장의필요성이 더 높다.

③ 공기를 이용한 관로수송시스템 방식을 이용할수록 적환장의 필요성이 더 높다.

④ 작은 용량의 수집차량을 사용할수록 적환장의 필요성이 더 높다.

풀이 적환장 설치가 필요한 경우

① 작은 용량의 수집차량을 사용할 때(15m³ 이하)
② 저밀도 거주지역이 존재할 때
③ 불법투기와 다량의 어질러진 쓰레기들이 발생할 때
④ 슬러지 수송이나 공기수송방식을 사용할 때
⑤ 처분지가 수집장소로부터 멀리 떨어져 있을 때
⑥ 상업지역에서 폐기물 수집에 소형 용기를 많이 사용하는 경우
⑦ 쓰레기 수송 비용절감이 필요한 경우
⑧ 압축식 수거 시스템인 경우

14 파쇄기에 관한 설명으로 옳지 않은 것은?

① 압축파쇄기로 금속, 고무, 연질플라스틱류의 파쇄는 어렵다.

② 충격파쇄기는 대개 왕복식을 사용하며 유리나 목질류 등을 파쇄하는 데 이용된다.

③ 전단파쇄기는 충격파쇄기에 비해 파쇄속도가 느리고 이물질의 혼입에 대하여 약하다.

④ 압축파쇄기는 파쇄기의 마모가 적고 비용이 적게 소요되는 장점이 있다.

풀이 충격파쇄기는 주로 회전식을 사용하며, 유리나 목질류 등을 파쇄하는 데 이용된다.

15 산업폐기물의 종류와 처리방법을 서로 연결한 것 중 가장 부적절한 것은?

① 유해성 슬러지−고형화법

② 폐알칼리−중화법

③ 폐유류−이온교환법

④ 폐용제류−증류회수법

풀이 폐유류 처리는 유수분리, 정제처리, 소각방법으로 한다.

16 인구 1,200만인 도시에서 연간 배출된 총 쓰레기양이 970만 톤이었다면 1인당 하루 배출량(kg/인 · 일)은?(단, 1년은 365일임)

① 약 2.0   ② 약 2.2

③ 약 2.4   ④ 약 2.6

풀이 쓰레기 배출량(kg/인 · 일)

$$= \frac{발생쓰레기량}{대상 인구수}$$

$$= \frac{9,700,000ton/year \times 1,000kg/ton \times year/365day}{12,000,000인}$$

$$= 2.21kg/인 · 일$$

17 발열량을 측정하는 방법 중에서 원소분석과 관련이 없는 것은?

① Dulong의 식   ② Bomb의 식

③ Kunle의 식   ④ Gumz의 식

풀이 Bomb의 식은 단열열량계로 고체, 액체 물질의 발열량을 측정한다.

18 폐기물의 자원화 및 재생이용을 위한 선별방법으로 체의 눈 크기, 폐기물의 부하특성, 기울기, 회전속도 등의 공정인자에 의해 영향받는 방법은?

① 부상선별   ② 풍력선별

③ 스크린 선별   ④ 관성선별

풀이 스크린 선별(Screening)

폐기물의 자원화 및 재생이용을 위한 선별방법으로 체의 눈 크기, 폐기물의 부하특성, 기울기, 회전속도 등의 공정인자에 의해 영향을 받는다.

① 스크린의 종류
　　㉠ 회전 스크린(Rotating screen)
　　　ⓐ 도시폐기물 선별에 주로 이용
　　　ⓑ 대표적 스크린은 트롬멜 스크린(Trommel screen)
　　㉡ 진동 스크린(Vibrating screen)
　　　골재 선별에 주로 이용
② 스크린 위치에 따른 분류
　　㉠ Post screening
　　　ⓐ 파쇄 → 스크린 선별
　　　ⓑ 선별효율에 중점
　　㉡ Pre screening
　　　ⓐ 스크린 선별 → 파쇄
　　　ⓑ 파쇄설비 보호에 중점

19 인구 1,000,000명이고 1인 1일 쓰레기 배출량은 1.4 kg/인·일이라 한다. 쓰레기의 밀도가 650kg/m³라고 하면 적재량 12m³인 트럭(1대 기준)으로 1일 동안 배출된 쓰레기 전량을 운반하기 위한 횟수(회/일)는?

① 150　　　　　② 160
③ 170　　　　　④ 180

풀이 하루 운반횟수(회/일)

$$= \frac{\text{총배출량}}{\text{1회 수거량}}$$

$$= \frac{1.4\text{kg/인}\cdot\text{일} \times 1,000,000\text{인}}{12\text{m}^3/\text{대} \times \text{대/회} \times 650\text{kg/m}^3}$$

$$= 179.49(180\text{회/일})$$

20 쓰레기의 겉보기 비중을 구하는 방법에 대한 설명 중 옳지 않은 것은?

① 30cm 높이에서 3회 낙하시킨다.
② 용적을 알고 있는 용기에 시료를 넣는다.
③ 낙하시켜 감소된 양을 측정한다.
④ 단위는 kg/m³ 또는 ton/m³으로 한다.

풀이 겉보기 비중 측정방법

미리 부피를 알고 있는 용기에 시료를 넣고 30cm 높이의 위치에서 3회 낙하시키고 눈금이 감소하면 감소된 분량만큼 시료를 추가하며, 이 작업을 눈금이 감소하지 않을 때까지 반복한다.

2과목　폐기물처리기술

21 혐기성 소화와 호기성 소화를 비교한 내용으로 가장 거리가 먼 것은?

① 호기성 소화 시 상층액의 BOD 농도가 낮다.
② 호기성 소화 시 슬러지 발생량이 많다.
③ 혐기성 소화 슬러지 탈수성이 불량하다.
④ 혐기성 소화 운전이 어렵고 반응시간도 길다.

풀이 ① 혐기성 소화의 장점
　　㉠ 호기성 처리에 비해 슬러지 발생량(소화 슬러지)이 적다.
　　㉡ 동력시설의 소모가 적어 운전비용(동력비)이 저렴하다.(산소공급 불필요)
　　㉢ 생성슬러지의 탈수 및 건조가 쉽다.(탈수성 양호)
　　㉣ 메탄가스 회수가 가능하다.(회수된 가스를 연료로 사용 가능함)
　　㉤ 병원균이나 기생충란의 사멸이 가능하다.(부패성, 유기물을 안정화시킴)
　　㉥ 고농도 폐수처리가 가능하다.(국내 대부분의 하수처리장에서 적용 중)
　　㉦ 소화 슬러지의 탈수성이 좋다.
　　㉧ 암모니아, 인산 등 영양염류의 제거율이 낮다.
② 혐기성 소화의 단점
　　㉠ 호기성 소화공법보다 운전이 용이하지 않다.(운전이 어려우므로 유지관리에 숙련이 필요함)
　　㉡ 소화가스는 냄새(NH₃, H₂S)가 문제 된다.(악취 발생 문제)
　　㉢ 부식성이 높은 편이다.
　　㉣ 높은 온도가 요구되며 미생물 성장속도가 느리다.

ⓜ 상등수의 농도가 높고 반응이 더디어 소화기간이 비교적 오래 걸린다.

ⓗ 처리효율이 낮고 시설비가 많이 든다.

22 매립 시 표면차수막(연직차수막과 비교)에 관한 설명으로 가장 거리가 먼 것은?

① 지하수 집배수시설이 필요하다.

② 경제성에 있어서 차수막 단위면적당 공사비는 고가이나 총공사비는 싸다.

③ 보수 가능성 면에 있어서는 매립 전에는용이하나 매립 후에는 어렵다.

④ 차수성 확인에 있어서는 시공 시에는 확인되지만 매립 후에는 곤란하다.

[풀이] 표면차수막

① 적용조건
　ㄱ 매립지반의 투수계수가 큰 경우에 사용
　ㄴ 매립지의 필요한 범위에 차수재료로 덮인 바닥이 있는 경우에 사용

② 시공
　매립지 전체를 차수재료로 덮는 방식으로 시공

③ 지하수 집배수시설
　원칙적으로 지하수 집배수시설을 시공하므로 필요함

④ 차수성 확인
　시공 시에는 차수성이 확인되지만 매립 후에는 곤란함

⑤ 경제성
　단위면적당 공사비는 저가이나 전체적으로 비용이 많이 듦

⑥ 보수
　매립 전에는 보수, 보강 시공이 가능하나 매립 후에는 어려움

⑦ 공법 종류
　ㄱ 지하연속벽
　ㄴ 합성고무계 시트
　ㄷ 합성수지계 시트
　ㄹ 아스팔트계 시트

23 불포화토양층 내에 산소를 공급함으로써 미생물의 분해를 통해 유기물질의 분해를 도모하는 토양정화방법은?

① 생물학적분해법(Biodegradation)

② 생물주입배출법(Bioventing)

③ 토양경작법(Landfarming)

④ 토양세정법(Soil Flushing)

[풀이] 생물주입배출법(Bioventing)
불포화토양층 내에 산소를 공급함으로써 미생물의 분해를 통해 유기물질을 분해처리하는 기술이다.

24 1일 쓰레기 발생량이 29.8ton인 도시 쓰레기를 깊이 2.5m의 도랑식(trench)으로 매립하고자 한다. 쓰레기 밀도 500kg/m³, 도랑 점유율 60%, 부피 감소율 40%일 경우 5년간 필요한 부지면적(m²)은?

① 43,500　　　　② 56,400

③ 67,300　　　　④ 78,700

[풀이] 연간매립면적(m²)

$$= \frac{\text{쓰레기 발생량} \times (1 - \text{부피감소율})}{\text{밀도} \times \text{깊이} \times \text{점유율}}$$

$$= \frac{29.8\text{ton/day} \times 365\text{day/year} \times 5\text{year}}{0.5\text{ton/m}^3 \times 2.5\text{m} \times 0.6} \times (1 - 0.4)$$

$$= 43,508\text{m}^2$$

25 밀도가 300kg/m³인 폐기물 중 비가연분이 무게비로 50%일 때 폐기물 10m³ 중 가연분의 양(kg)은?

① 1,500　　　　② 2,100

③ 3,000　　　　④ 3,500

[풀이] 가연분 양(kg) = 부피 × 밀도 × 가연성 함유비율
$$= 10\text{m}^3 \times 300\text{kg/m}^3 \times (1 - 0.5)$$
$$= 1,500\text{kg}$$

26 유동층 소각로의 층 물질의 특성에 대한 설명으로 잘못된 것은?

① 활성일 것
② 내마모성이 있을 것
③ 비중이 작을 것
④ 입도분포가 균일할 것

풀이 유동층 매체의 구비조건
　① 불활성이어야 한다.
　② 열에 대한 충격이 강하고 융점이 높아야 한다.
　③ 내마모성이 있어야 한다.
　④ 비중이 작아야 한다.
　⑤ 공급이 안정되어야 한다.
　⑥ 가격이 저렴하고 손쉽게 구입할 수 있어야 한다.
　⑦ 입도분포가 균일하여야 한다.

27 슬러지를 개량(conditioning)하는 주된 목적은?

① 농축 성질을 향상시킨다.
② 탈수 성질을 향상시킨다.
③ 소화 성질을 향상시킨다.
④ 구성성분 성질을 개선, 향상시킨다.

풀이 슬러지 개량목적
　① 슬러지의 탈수성 향상(주된 목적)
　② 슬러지의 안정화
　③ 탈수 시 약품소모량 및 소요동력 줄임

28 오염된 농경지의 정화를 위해 다른 장소로부터 비오염 토양을 운반하여 넣는 정화기술은?

① 객토
② 반전
③ 희석
④ 배토

풀이 객토는 오염된 농경지의 정화를 위해 다른 장소로부터 비오염 토양을 운반하여 넣는 정화기술의 하나이다.

29 혐기성 분해 시 메탄균의 최적 pH는?

① 5.2~5.4
② 6.2~6.4
③ 7.2~7.4
④ 8.2~8.4

풀이 혐기성 분해 시 메탄균의 최적 pH는 7.2~7.4 정도이다.

30 분뇨 100kL/day를 중온 소화하였다. 1일 동안 얻어지는 열량(kcal/day)은?(단, CH_4 발열량은 6,000kcal/m³으로 하며 발생 가스는 전량 메탄으로 가정하고 발생가스양은 분뇨투입량의 8배로 한다.)

① 2.8×10^6
② 3.4×10^7
③ 4.8×10^6
④ 5.2×10^7

풀이 열량(kcal/day)
$$= 100kL/day \times 6,000kcal/m^3$$
$$\times 1,000L/kL \times m^3/1,000L \times 8$$
$$= 4.8 \times 10^6 kcal/day$$

31 슬러지 등 유기물의 토지 주입에 대한 설명으로 틀린 것은?

① 슬러지를 토지 주입 시 중금속의 흡수량 감소를 위해 토양의 pH는 6.5 또는 그 이상이어야 한다.
② 용수슬러지에는 다량의 lime이 포함되어 있어 pH가 높고 토양의 산도를 중화시키는 데 유용하다.
③ 각종 중금속의 허용범위 내에서 주입시켜야 할 슬러지 양은 하수슬러지가 용수슬러지보다 적다.
④ 토양의 산도를 중화시키기 위한 lime의 소요량은 토양 pH가 5.5 이하일 때가 5.5 이상일 때보다 많다.

풀이 각종 중금속의 허용범위 내에서 주입시켜야 할 슬러지 양은 하수슬러지가 용수슬러지보다 많다.

32 도시폐기물 유기성분 중 가장 생분해가 느린 성분은?

① 단백질
② 지방
③ 셀룰로오스
④ 리그닌

풀이 매립지 내 분해속도
　탄수화물 > 지방 > 단백질 > 섬유질 > 리그닌

33 도시 쓰레기를 퇴비화할 경우 적정 수분 함량에 가장 가까운 것은?

① 15%   ② 35%

③ 55%   ④ 75%

풀이 퇴비화의 최적온도는 55~60℃이다. (퇴비단의 온도는 초기 며칠간은 50~55℃를 유지하여야 하며 활발한 분해를 위해서는 55~60℃가 적당) 또한 유기물이 가장 빠른 속도로 분해하는 온도 범위는 60~80℃이다.

34 1일 20톤 폐기물을 소각처리하기 위한 노의 용적(m^3)은?(단, 저위발열량=700kcal/kg, 노 내 열부하=20,000 kcal/m^3 · hr, 1일 가동시간=14시간)

① 25   ② 30

③ 45   ④ 50

풀이 소각로 용적(m^3)

$$= \frac{소각량 \times 저위발열량}{노\ 내\ 열부하}$$

$$= \frac{20ton/day \times day/14hr}{20,000kcal/m^3 \cdot hr} \times 1,000kg/ton \times 700kcal/kg = 50m^3$$

35 탄소 85%, 수소 13%, 황 2%를 함유하는 중유 10kg 연소에 필요한 이론산소량(Sm^3)은?

① 약 9.8   ② 약 16.7

③ 약 23.3   ④ 약 32.4

풀이 이론산소량(Sm^3)

$$= 1.867C + 5.6H + 0.7S$$

$$= (1.867 \times 0.85) + (5.6 \times 0.13) + (0.7 \times 0.02)$$

$$= 2.33Sm^3/kg \times 10kg$$

$$= 23.3Sm^3$$

36 여타 매립구조에 비해 운전비가 높은 단점이 있으나 안정화가 가장 빠른 매립구조는?

① 혐기성 매립   ② 호기성 매립

③ 준호기성 매립   ④ 개량형 혐기성 매립

풀이 호기성 매립

① 준호기성 매립에서의 침출수 집수관 이외에 별도의 공기주입시설을 설치하여 강제적으로 공기를 불어넣어 매립지 내부를 호기성 상태로 유지하는 공법이다.

② 호기성 미생물에 의한 분해반응으로 유기물의 안정화 속도가 빠르고 메탄의 발생이 없으며 고농도의 침출수 발생을 방지할 수 있다. (안정화 속도가 3배 빠름)

③ 유지관리비가 높고 매립가용량이 적은 단점이 있다.

37 유해폐기물 고화처리 시 흔히 사용하는 지표인 혼합률(MR)은 고화제 첨가량과 폐기물 양의 중량비로 정의된다. 고화처리 전 폐기물의 밀도가 1.0g/cm^3, 고화처리된 폐기물의 밀도가 1.3g/cm^3이라면 혼합률(MR)이 0.755일 때 고화처리된 폐기물의 부피 변화율(VCF)은?

① 1.95   ② 1.56

③ 1.35   ④ 1.15

풀이 $VCF = (1 + MR) \times \frac{\rho_r}{\rho_s}$

$$= (1 + 0.755) \times \frac{1.0}{1.3} = 1.35$$

38 분뇨를 소화 처리함에 있어 소화 대상 분뇨량이 100m^3/day이고, 분뇨 내 유기물 농도가 10,000mg/L라면 가스발생량(m^3/day)은?(단, 유기물 소화에 따른 가스발생량은 500L/kg-유기물, 유기물전량 소화, 분뇨비중=1.0)

① 500   ② 1,000

③ 1,500   ④ 2,000

풀이 가스발생량(m^3/day)

$= 단위유기물당 가스발생량 \times 유기물의 양$

$= 500L/kg \cdot 유기물 \times 100m^3/day$

$\times 10,000mg/L \times kg/10^6mg$

$= 500m^3/day$

39 인구 200,000명인 도시에 매립지를 조성하고자 한다. 1인 1일 쓰레기 발생량은 1.3kg이고 쓰레기 밀도는 0.5ton/m³이며 이 쓰레기를 압축하면 그 용적이 2/3로 줄어든다. 압축한 쓰레기를 매립할 경우, 연간 필요한 매립면적(m²)은?(단, 매립지 깊이=2m, 기타 조건은 고려하지 않음)

① 약 42,500 ② 약 51,800
③ 약 63,300 ④ 약 76,200

풀이 매립면적(m²/year)

$$= \frac{\text{매립폐기물의 양}}{\text{폐기물 밀도} \times \text{매립깊이}}$$

$$= \frac{1.3\text{kg/인} \cdot \text{일} \times 200,000\text{인} \times 365\text{일/year}}{500\text{kg/m}^3 \times 2\text{m}} \times 2/3$$

$$= 63,266.67\text{m}^2/\text{year}$$

40 위생매립(복토+침출수 처리)의 장단점으로 틀린 것은?

① 처분 대상 폐기물의 증가에 따른 추가인원 및 장비가 크다.
② 인구밀집지역에서는 경제적 수송거리 내에서 부지 확보가 어렵다.
③ 추가적인 처리과정이 요구되는 소각이나 퇴비화와는 달리 위생매립은 최종처분방법이다.
④ 거의 모든 종류의 폐기물 처분이 가능하다.

풀이 위생매립
① 장점
  ㉠ 부지 확보가 가능할 경우 가장 경제적인 방법이다.(소각, 퇴비화의 비교)
  ㉡ 거의 모든 종류의 폐기물처분이 가능하다.
  ㉢ 처분대상 폐기물의 증가에 따른 추가인원 및 장비가 크지 않다.
  ㉣ 매립 후에 일정기간이 지난 후 토지로 이용될 수 있다.(주차시설, 운동장, 골프장, 공원)
  ㉤ 추가적인 처리과정이 요구되는 소각이나 퇴비화와는 달리 위생매립은 완전한 최종적인 처리법이다.
  ㉥ 분해가스(LFG) 회수이용이 가능하다.
  ㉦ 다른 방법에 비해 초기투자 비용이 낮다.

② 단점
  ㉠ 경제적 수송거리 내에서 매립지 확보가 곤란하다.(인구밀집지역, 거주자 등의 문제점)
  ㉡ 매립이 종료된 매립지역에서의 건축을 위해서는 지반침하에 대비한 특수설계와 시공이 요구된다.(유지관리도 요구됨)
  ㉢ 유독성 폐기물처리에 부적합하다.(방사능, 폐유폐기물, 병원폐기물 등)
  ㉣ 폐기물 분해 시 발생하는 폭발성 가스인 메탄과 가스가 나쁜 영향을 미칠 수 있다.
  ㉤ 적절한 위생매립기준이 매일 지켜지지 않으면 불법투기와 차이가 없다.

3과목 **폐기물공정시험기준(방법)**

41 5톤 이상의 차량에 적재되어 있을 때에는 적재폐기물을 평면상에 몇 등분한 후 각 등분마다 시료를 채취해야 하는가?

① 3 ② 6
③ 9 ④ 12

풀이 폐기물이 적재되어 있는 운반차량에서 시료를 채취할 경우 적재폐기물의 성상이 균일하다고 판단되는 깊이에서 시료 채취
① 5ton 미만의 차량에 적재되어 있는 경우 적재폐기물을 평면상에서 6등분한 후 각 등분마다 시료 채취
② 5ton 이상의 차량에 적재되어 있는 경우 적재폐기물을 평면 상에서 9등분한 후 각 등분마다 시료 채취

42 시료용액의 조제를 위한 용출조작 중 진탕횟수와 진폭으로 옳은 것은?(단, 상온, 상압 기준)

① 분당 약 200회, 진폭 4~5cm
② 분당 약 200회, 진폭 5~6cm
③ 분당 약 300회, 진폭 4~5cm
④ 분당 약 300회, 진폭 5~6cm

풀이 용출시험방법(용출조작)

① 진탕 : 혼합액을 상온·상압에서 진탕 횟수가 매 분당 약 200회, 진폭이 4~5cm인 진탕기를 사용 하여 6시간 연속 진탕

⇩

② 여과 : $1.0\mu m$의 유리섬유여과지로 여과

⇩

③ 여과액을 적당량 취하여 용출실험용 시료용액으 로 함

43 염산(1+2) 용액 1,000mL의 염산농도(%W/V) 는?(단, 염산 비중=1.18)

① 약 11.8　　　　　② 약 33.33

③ 약 39.33　　　　　④ 약 66.67

풀이 염산농도(%W/V)

$$= \frac{1,000\text{mL} \times \frac{1}{3}\text{mL} \times 1.18\text{g/mL}}{100\text{mL}} \times 100$$

$$= 39.33\%$$

44 유도결합플라스마−원자발광분광기(ICP)에 대한 설명으로 틀린 것은?

① ICP는 분석장치에서 에어로졸 상태로 분무된 시료는 가장 안쪽의 관을 통하여 도너츠 모양의 플라스마의 중심부에 도달한다.

② 플라스마의 온도는 최고 15,000K의 고온에 도달한다.

③ ICP는 아르곤 가스를 플라스마 가스로 사용하여 수정발전식 고주파발생기로부터 발생된 주파수 27.13MHz 영역에서 유도코일에 의하여 플라스마를 발생시킨다.

④ 플라스마는 그 자제가 광원으로 이용되기 때문에 매우 좁은 농도범위의 시료를 측정하는 데 주로 활용된다.

풀이 플라스마는 그 자제가 광원으로 이용되기 때문에 매우 넓은 농도범위에서 시료를 측정할 수 있다.

45 폐기물 중 기름 성분을 중량법으로 측정할 때 정량한계는?

① 0.1% 이하　　　　② 0.2% 이하

③ 0.3% 이하　　　　④ 0.5% 이하

풀이 기름 성분−중량법의 정량한계는 0.1% 이하이다.(정량범위 5~200mg, 표준편차율 5~20%)

46 이온전극법을 이용한 시안 측정에 관한 설명으로 옳지 않은 것은?

① pH 4 이하의 산성으로 조절한 후 시안이온전극과 비교전극을 사용하여 전위를 측정한다.

② 시안화합물을 측정할 때 방해물질들은 증류하면 대부분 제거된다.

③ 다량의 지방성분을 함유한 시료는 아세트산 또는 수산화나트륨용액으로 pH 6~7로 조절한 후 시료의 약 2%에 해당하는 부피의 노말 헥산 또는 클로로폼을 넣어 추출하여 유기층은 버리고 수층을 분리하여 사용한다.

④ 시료는 미리 세척한 유리 또는 폴리에틸렌 용기에 채취한다.

풀이 pH 12~13의 알칼리성으로 조절한 후 시안이온전극과 비교전극을 사용하여 전위를 측정하고 그 전위차를 측정한다.

47 고형물 함량이 50%, 강열감량이 80%인 폐기물의 유기물 함량(%)은?

① 30　　　　　　② 40

③ 50　　　　　　④ 60

풀이 유기물 함량

$$= \frac{휘발성\ 고형물}{고형물} \times 100$$

휘발성 고형물 = 강열감량 − 수분

$$= 80 - 50 = 30\%$$

$$= \frac{30}{50} \times 100 = 60\%$$

48 원자흡수분광광도법 분석에 사용되는 연료 중 불꽃의 온도가 가장 높은 것은?

① 공기-프로판

② 공기-수소

③ 공기-아세틸렌

④ 일산화이질소-아세틸렌

풀이 **금속류 - 원자흡수분광광도법**
불꽃(조연성 가스와 가연성 가스의 조합)
① 수소-공기와 아세틸렌-공기 : 거의 대부분의 원소분석에 유효하게 사용
② 수소-공기 : 원자 외 영역에서의 불꽃 자체에 의한 흡수가 적기 때문에 이 파장영역에서 분석선을 갖는 원소의 분석
③ 아세틸렌-아산화질소(일산화이질소) : 불꽃의 온도가 높기 때문에 불꽃 중에서 해리하기 어려운 내화성 산화물을 만들기 쉬운 원소의 분석
④ 프로판-공기 : 불꽃온도가 낮고 일부 원소에 대하여 높은 감도를 나타냄

49 4℃의 물 0.55L는 몇 cc가 되는가?

① 5.5   ② 55

③ 550   ④ 5,500

풀이 $cc = 550mL \times \dfrac{1cc}{1mL} = 550cc$

50 자외선/가시선 분광법으로 크롬을 측정할 때 시료 중에 총 크롬을 6가크롬으로 산화시키는 데 사용되는 시약은?

① 아황산나트륨   ② 염화제일주석

③ 티오황산나트륨   ④ 과망간산칼륨

풀이 **크롬 - 자외선/가시선 분광법**
시료 중에 총 크롬을 과망간산칼륨을 사용하여 6가 크롬으로 산화시킨 다음 산성에서 다이페닐카바자이드와 반응하여 생성되는 적자색 착화합물의 흡광도를 540nm에서 측정하여 총 크롬을 정량하는 방법이다.

51 함수율 90%인 하수오니의 폐기물 명칭은?

① 액상폐기물

② 반고상폐기물

③ 고상폐기물

④ 폐기물은 상(相, phase)을 구분하지 않음

풀이 ① 액상폐기물 : 고형물의 함량이 5% 미만
② 반고상폐기물 : 고형물의 함량이 5% 이상 15% 미만
③ 고상폐기물 : 고형물의 함량이 15% 이상

52 폐기물공정시험기준(방법)의 총칙에 관한 내용 중 옳은 것은?

① 용액의 농도를 (1→10)으로 표시한 것은 고체성분 1mg을 용매에 녹여 전량을 10mL로 하는 것이다.

② 염산(1+2)라 함은 물 1mL와 염산 2mL를 혼합한 것이다.

③ 감압 또는 진공이라 함은 따로 규정이 없는 한 15mmH₂O 이하를 말한다.

④ '정밀히 단다'라 함은 규정된 양의 시료를 취하여 화학저울 또는 미량저울로 칭량함을 말한다.

풀이 ① 용액의 농도를 (1→10)으로 표시한 것은 고체성분 1g을 용매에 녹여 전체 양을 10mL로 하는 것이다.
② 염산(1+2)라 함은 염산 1mL와 물 2mL를 혼합한 것이다.
③ 감압 또는 진공이라 함은 따로 규정이 없는 한 15mmHg 이하를 말한다.

53 기체크로마토그래피의 검출기 중 불꽃이온화검출기(FID)에 알칼리 또는 알칼리토류 금속염의 튜브를 부착한 것으로 유기질소화합물 및 유기인화합물을 선택적으로 검출할 수 있는 것은?

① 열전도도 검출기(Thermal Conductivity Detector, TCD)

② 전자포획 검출기(Electron Capture Detector,

ECD)

③ 불꽃광도 검출기(Flame Photometric Detector, FPD)

④ 불꽃열이온 검출기(Flame Thermionic Detector, FTD)

풀이 **불꽃열이온 검출기(FTD ; Flame Thermionic Detector)**
불꽃열이온 검출기는 불꽃이온화 검출기(FID)에 알칼리 또는 알칼리토류 금속염의 튜브를 부착한 것으로 유기질소화합물 및 유기인화합물을 선택적으로 검출할 수 있다. 운반가스와 수소가스의 혼합부, 조연가스 공급구, 연소노즐, 알칼리원, 알칼리원 가열기구, 전극 등으로 구성되어 있다.

54 용출시험의 결과 산출 시 시료 중의 수분함량 보정에 관한 설명으로 (   )에 알맞은 것은?

> 함수율 85% 이상인 시료에 한하여 (   )을 곱하여 계산된 값으로 한다.

① $15+\{100-$ 시료의 함수율(%)$\}$
② $15-\{100-$ 시료의 함수율(%)$\}$
③ $15\times\{100-$ 시료의 함수율(%)$\}$
④ $15\div\{100-$ 시료의 함수율(%)$\}$

풀이 용출시험의 결과는 시료 중의 수분함량 보정을 위해 함수율 85% 이상인 시료에 한하여 보정한다.
$$\text{보정값} = \frac{5}{100-\text{시료의 함수율}(\%)}$$

55 용액 100g 중의 성분 부피(mL)를 표시하는 것은?

① W/W%   ② W/V%
③ V/W%   ④ V/V%

풀이 **V/W%**
① 용액 100g 중 성분용량(mL)
② mL/100g

56 폐기물공정시험기준에서 유기물질을 함유한 시료의 전처리방법이 아닌 것은?

① 산화-환원에 의한 유기물분해
② 회화에 의한 유기물분해
③ 질산-염산에 의한 유기물분해
④ 질산-황산에 의한 유기물분해

풀이 **유기물질 전처리방법(산분해법)**
① 질산분해법
② 질산-염산 분해법
③ 질산-황산 분해법
④ 질산-과염소산 분해법
⑤ 질산-과염소산-불화수소산 분해법
⑥ 회화법
⑦ 마이크로파 산분해법

57 대상 폐기물의 양이 550톤이라면 시료의 최소 수(개)는?

① 32   ② 34
③ 36   ④ 38

풀이 **대상폐기물의 양과 시료의 최소 수**

대상 폐기물의 양(단위 : ton)	시료의 최소 수
~ 1 미만	6
1 이상~5 미만	10
5 이상~30 미만	14
30 이상~100 미만	20
100 이상~500 미만	30
500 이상~1,000 미만	36
1,000 이상~5,000 미만	50
5,000 이상 ~	60

58 시료의 채취방법으로 옳은 것은?

① 액상혼합물은 원칙적으로 최종지점의 낙하구에서 흐르는 도중에 채취한다.
② 콘크리트 고형화물의 경우 대형의 고형화물로 분쇄가 어려울 경우에는 임의의 10개소에서 채취하여 각각 파쇄하여 100g씩 균등량 혼합하여 채취한다.

정답 ◀ 54 ④   55 ③   56 ①   57 ③   58 ①

③ 유기인 시험을 위한 시료채취는 폴리에틸렌 병을 사용한다.

④ 시료의 양은 1회에 1kg 이상 채취한다.

풀이 ② 콘크리트 고형화물의 경우 대형의 고형화물로 분쇄가 어려울 경우에는 임의의 5개소에서 채취하여 각각 파쇄하여 100g씩 균등량을 혼합하여 채취한다.

③ 유기인 시험을 위한 시료채취는 갈색 경질 유리병을 사용한다.

④ 시료의 양은 1회에 100g 이상 채취한다.

59 '곧은 섬유와 섬유 다발' 형태가 아닌 석면의 종류는?(단, 편광현미경법 기준)

① 직섬석
② 청석면
③ 갈석면
④ 백석면

풀이

석면의 종류	형태와 색상
백석면 (Chrysotile)	• 꼬인 물결 모양의 섬유 • 다발의 끝은 분산 • 가열되면 무색~밝은 갈색 • 다색성 • 종횡비는 전형적으로 10 : 1 이상
갈석면 (Amosite)	• 곧은 섬유와 섬유 다발 • 다발 끝은 빗자루 같거나 분산된 모양 • 가열하면 무색~갈색 • 약한 다색성 • 종횡비는 전형적으로 10 : 1 이상
청석면 (Crocidolite)	• 곧은 섬유와 섬유 다발 • 긴 섬유는 만곡 • 다발 끝은 분산된 모양 • 특징적인 청색과 다색성 • 종횡비는 전형적으로 10 : 1 이상
직섬석 (Anthophyllite)	• 곧은 섬유와 섬유 다발 • 절단된 파면 존재 • 무색~은 갈색 • 비다색성 내지 약한 다색성 • 종횡비는 일반적으로 10 : 1 이하
투섬석 (Tremolite) . 녹섬석 (Antinolite)	• 곧고 흰 섬유 • 절단된 파편이 일반적이며 튼 섬유 다발 끝은 분산된 모양 • 투섬석은 무색 • 녹섬석은 녹색~약한 다색성 • 종횡비는 일반적으로 10 : 1 이하

60 유리전극법에 의한 pH 측정 시 정밀도에 관한 내용으로 ( )에 들어갈 내용으로 옳은 것은?

> 임의의 한 종류의 pH 표준용액에 대하여 검출부를 정제수로 잘 씻은 다음 5회 되풀이하여 pH를 측정하였을 때 그 재현성이 ( ) 이내이어야 한다.

① ±0.01
② ±0.05
③ ±0.1
④ ±0.5

풀이 정밀도

임의의 한 종류의 pH 표준용액에 대하여 검출부를 정제수로 잘 씻은 다음 5회 되풀이하여 pH를 측정했을 때 그 재현성이 ±0.05 이내이어야 한다.

4과목 | 폐기물관계법규

61 기술관리인을 두어야 할 폐기물처리시설은?

① 지정폐기물을 매립하는 면적이 $3,000m^2$의 매립지

② 일반폐기물을 매립하는 용적이 $10,000m^3$ 이상의 매립지

③ 150kg/hr의 감염성 폐기물 소각로

④ 5ton/day 이상인 퇴비화시설

풀이 기술관리인을 두어야 하는 폐기물 처리시설

① 매립시설의 경우
ⓐ 지정폐기물을 매립하는 시설로서 면적이 3천 300제곱미터 이상인 시설. 다만, 차단형 매립시설에서는 면적이 330제곱미터 이상이거나 매립용적이 1천 세제곱미터 이상인 시설로 한다.
ⓑ 지정폐기물 외의 폐기물을 매립하는 시설로서 면적이 1만 제곱미터 이상이거나 매립용적이 3만 세제곱미터 이상인 시설

② 소각시설로서 시간당 처리능력이 600킬로그램(감염성 폐기물을 대상으로 하는 소각시설의 경우에는 200킬로그램) 이상인 시설

③ 압축·파쇄·분쇄 또는 절단시설로서 1일 처리 능력 또는 재활용시설이 100톤 이상인 시설

④ 사료화·퇴비화 또는 연료화 시설로서 1일 재활용능력이 5톤 이상인 시설

⑤ 멸균·분쇄시설로서 시간당 처리능력이 100킬로그램 이상인 시설

⑥ 시멘트 소성로

⑦ 용해로(폐기물에 비철금속을 추출하는 경우로 한정한다)로서 시간당 재활용능력이 600킬로그램 이상인 시설

⑧ 소각열회수시설로서 시간당 재활용능력이 600킬로그램 이상인 시설

62 폐기물처리업자, 폐기물처리시설을 설치·운영하는 자 등은 환경부령이 정하는 바에 따라 장부를 갖추어 두고, 폐기물의 발생·배출·처리상황 등을 기록하여 최종기재한 날부터 얼마 동안 보존하여야 하는가?

① 6개월   ② 1년
③ 3년   ④ 5년

풀이 폐기물처리업자, 폐기물처리시설을 설치·운영하는 자 등은 폐기물의 발생, 배출, 처리상황 등을 기록하여 최종기재한 날부터 3년 동안 보존하여야 한다.

63 폐기물처리 신고자의 준수사항으로 ( )에 옳은 것은?

> 정당한 사유 없이 계속하여 ( ) 이상 휴업하여서는 아니 된다.

① 1년   ② 2년
③ 3년   ④ 5년

풀이 폐기물처리 신고자의 준수사항
정당한 사유 없이 계속하여 1년 이상 휴업하여서는 아니 된다.

64 사후관리 대상인 폐기물을 매립하는 시설이 사용 종료 또는 폐쇄 후 침출수의 누출 등으로 주민의 건강 또는 재산이나 주변환경에 심각한 위해를 가져올 우려가 있다고 인정하면 시설을 설치한 자가 예치하여야 할 비용은?

① 경제적 부담원칙   ② 폐기물처리비용
③ 수수료   ④ 사후관리이행보증금

풀이 폐기물처리시설의 사후관리이행보증금
환경부장관은 사후관리 대상인 폐기물을 매립하는 시설이 그 사용종료 또는 폐쇄 후 침출수의 누출 등으로 주민의 건강 또는 재산이나 주변환경에 심각한 위해를 가져올 우려가 있다고 인정하면 대통령령으로 정하는 바에 따라 그 시설을 설치한 자에게 그 사후관리의 이행을 보증하게 하기 위하여 사후관리에 드는 비용의 전부 또는 일부를 「환경개선특별회계법」에 따른 환경개선특별회계에 예치하게 할 수 있다.

65 주변지역 영향 조사대상 폐기물 처리시설의 기준으로 알맞은 것은?

① 1일 재활용능력이 100톤 이상인 사업장 폐기물 소각열회수시설

② 매립면적 1만 제곱미터 이상의 사업장 지정폐기물 매립시설

③ 매립면적 3만 제곱미터 이상의 사업장 지정폐기물 매립시설

④ 매립면적 10만 제곱미터 이상의 사업장일반폐기물 매립시설

풀이 주변지역 영향 조사대상 폐기물처리시설 기준
① 1일 처리능력이 50톤 이상인 사업장폐기물 소각시설(같은 사업장에 여러 개의 소각시설이 있는 경우에는 각 소각시설의 1일 처리능력의 합계가 50톤 이상인 경우를 말한다)
② 매립면적 1만 제곱미터 이상의 사업장 지정폐기물 매립시설
③ 매립면적 15만 제곱미터 이상의 사업장 일반폐기물 매립시설
④ 시멘트 소성로(폐기물을 연료로 사용하는 경우로 한정한다)
⑤ 1일 재활용능력이 50톤 이상인 사업장폐기물 소각열회수시설(같은 사업장에 여러 개의 소각열회수시설이 있는 경우에는 각 소각열회수시설의 1일 재활용능력의 합계가 50톤 이상인 경우를 말한다)

66 특별자치시장, 특별자치도지사, 시장, 군수, 구청장은 조례로 정하는 바에 따라 종량제봉투 등의 제작, 유통, 판매를 대행하게 할 수 있다. 이를 위반하여 대행계약을 체결하지 않고 종량제 봉투 등을 제작, 유통한 자에 대한 벌칙기준은?

① 2년 이하의 징역이나 2천만 원 이하의 벌금에 처한다.

② 3년 이하의 징역이나 3천만 원 이하의 벌금에 처한다.

③ 5년 이하의 징역이나 5천만 원 이하의 벌금에 처한다.

④ 7년 이하의 징역이나 7천만 원 이하의 벌금에 처한다.

`풀이` 폐기물관리법 제64조 참조

67 재활용에 해당되는 활동에는 폐기물로부터 에너지를 회수하거나 회수할 수 있는 상태로 만들거나 폐기물을 연료로 사용하는 환경부령으로 정하는 활동이 있다. 시멘트 소성로 및 환경부장관이 정하여 고시하는 시설에서 연료로 사용하는 폐기물(지정 폐기물 제외)과 가장 거리가 먼 것은?(단, 그 밖에 환경부장관이 고시하는 폐기물 제외)

① 폐타이어 　　　② 폐유
③ 폐섬유 　　　④ 폐합성고무

`풀이` 시멘트 소성로 및 환경부장관이 정하여 고시하는 시설에서 연료로 사용하는 폐기물(지정 폐기물 제외)
① 폐타이어
② 폐섬유
③ 폐목재
④ 폐합성수지
⑤ 폐합성고무
⑥ 분진(중유회, 코크스 분진만 해당한다)
⑦ 그 밖에 환경부장관이 정하여 고시하는 폐기물

68 위해의료폐기물 중 생물·화학폐기물이 아닌 것은?

① 폐백신 　　　② 폐혈액제
③ 폐항암제 　　　④ 폐화학치료제

`풀이` **위해의료폐기물의 종류**
① 조직물류 폐기물 : 인체 또는 동물의 조직·장기·기관·신체의 일부, 동물의 사체, 혈액·고름 및 혈액생성물질(혈청, 혈장, 혈액 제제)
② 병리계 폐기물 : 시험·검사 등에 사용된 배양액, 배양용기, 보관균주, 폐시험관, 슬라이드 커버글라스 폐배지, 폐장갑
③ 손상성 폐기물 : 주삿바늘, 봉합바늘, 수술용 칼날, 한방침, 치과용 침, 파손된 유리재질의 시험기구
④ 생물·화학폐기물 : 폐백신, 폐항암제, 폐화학치료제
⑤ 혈액오염폐기물 : 폐혈액백, 혈액투석 시 사용된 폐기물, 그 밖에 혈액이 유출될 정도로 포함되어 있는 특별한 관리가 필요한 폐기물

69 시장·군수·구청장(지방자치단체인 구의 구청장)의 책무가 아닌 것은?

① 지정폐기물의 적정처리를 위한 조치강구
② 폐기물처리시설 설치·운영
③ 주민과 사업자의 청소의식 함양
④ 폐기물의 수집·운반·처리방법의 개선 및 관계인의 자질향상

`풀이` **국가와 지방자치단체의 책무**
① 특별자치시장, 특별자치도지사, 시장·군수·구청장(자치구의 구청장을 말한다. 이하 같다)은 관할 구역의 폐기물의 배출 및 처리상황을 파악하여 폐기물이 적정하게 처리될 수 있도록 폐기물처리시설을 설치·운영하여야 하며, 폐기물의 수집·운반·처리방법의 개선 및 관계인의 자질 향상으로 폐기물 처리사업을 능률적으로 수행하는 한편, 주민과 사업자의 청소 의식 함양과 폐기물 발생 억제를 위하여 노력하여야 한다.
② 특별시장·광역시장·도지사는 시장·군수·구청장이 제1항에 따른 책무를 충실하게 하도록 기술적·재정적 지원을 하고, 그 관할 구역의 폐기물 처리사업에 대한 조정을 하여야 한다.
③ 국가는 지정폐기물의 배출 및 처리 상황을 파

악하고 지정폐기물이 적정하게 처리되도록 필요한 조치를 마련하여야 한다.

④ 국가는 폐기물 처리에 대한 기술을 연구·개발·지원하고, 특별시장·광역시장·도지사·특별자치도지사 및 시장·군수·구청장이 제1항과 제2항에 따른 책무를 충실하게 하도록 필요한 기술적·재정적 지원을 하며, 특별시·광역시·특별자치도 간의 폐기물 처리사업에 대한 조정을 하여야 한다.

70 매립시설의 기술관리인 자격기준으로 틀린 것은?

① 수질환경기사
② 대기환경기사
③ 토양환경기사
④ 토목기사

풀이 폐기물 처분시설 또는 재활용시설의 기술관리인의 자격기준

구분	자격기준
매립시설	폐기물처리기사, 수질환경기사, 토목기사, 일반기계기사, 건설기계기사, 화공기사, 토양환경기사 중 1명 이상
소각시설(의료폐기물을 대상으로 하는 소각시설은 제외한다), 시멘트 소성로 및 용해로	폐기물처리기사, 대기환경기사, 토목기사, 일반기계기사, 건설기계기사, 화공기사, 전기기사, 전기공사기사 중 1명 이상
의료폐기물을 대상으로 하는 시설	폐기물처리산업기사, 임상병리사, 위생사 중 1명 이상
음식물류 폐기물을 대상으로 하는 시설	폐기물처리산업기사, 수질환경산업기사, 화공산업기사, 토목산업기사, 대기환경산업기사, 일반기계기사, 전기기사 중 1명 이상
그 밖의 시설	같은 시설의 운영을 담당하는 자 1명 이상

71 지정폐기물의 종류를 설명한 것으로 적절하지 못한 것은?

① 액체상태의 폴리클로리네이티드비페닐 함유 폐기물은 1리터당 2밀리그램 이상 함유한 것에 한한다.

② 액체상태 외의 폴리클로리네이티드비페닐 함유

폐기물은 용출액 1리터당 0.3밀리그램 이상 함유한 것에 한한다.

③ 폐석면은 석면의 제거작업에 사용된 비닐시트, 방진마스크, 작업복 등을 포함한다.

④ 폐석면은 슬레이트 등 고형화된 석면 제품 등의 연마·절단·가공 공정에서 발생된 부스러기 및 연마·절단·가공 시설의 집진기에서 모아진 분진을 포함한다.

풀이 폴리클로리네이티드비페닐 함유 폐기물
① 액체상태의 것(1리터당 2밀리그램 이상 함유한 것으로 한정한다)
② 액체상태 외의 것(용출액 1리터당 0.003밀리그램 이상 함유한 것으로 한정한다)

72 관리형 매립시설 침출수의 BOD(mg/L) 배출 허용기준으로 옳은 것은?(단, 가지역 기준)

① 50
② 70
③ 90
④ 110

풀이 관리형 매립시설 침출수의 배출허용기준

구분	생물 화학적 산소 요구량 (mg/L)	화학적 산소요구량(mg/L)			부유물 질량 (mg/L)
		과망간산칼륨법에 따른 경우		중크롬산 칼륨법에 따른 경우	
		1일 침출수 배출량 2,000m³ 이상	1일 침출수 배출량 2,000m³ 미만		
청정 지역	30	50	50	400 (90%)	30
가 지역	50	80	100	600 (85%)	50
나 지역	70	100	150	800 (80%)	70

73 폐기물관리법상 사업장 일반폐기물의 종류별 처리기준 및 방법에 대하여 틀리게 연결된 것은?

① 소각재-매립, 안정화, 고형화처리
② 폐지류-폐목재류 및 폐섬유류-소각처리
③ 분진-매립, 소각, 안정화
④ 폐촉매·폐흡착제 및 폐흡수제-소각, 매립

풀이 분진은 다음의 어느 하나에 해당하는 방법으로 처분하여야 한다.
① 폴리에틸렌이나 그 밖에 이와 비슷한 재질의 포대에 담아 관리형 매립시설에 매립하여야 한다.
② 시멘트·합성고분자화합물을 이용하거나 이와 비슷한 방법으로 고형화한 후 관리형 매립시설에 매립하여야 한다.

74 폐기물처리시설의 사후관리기준 및 방법 중 침출수 관리방법으로 매립시설의 차수시설 상부에 모여 있는 침출수의 수위는 시설의 안정 등을 고려하여 얼마로 유지되도록 관리하여야 하는가?

① 0.6미터 이하　　② 1.0미터 이하
③ 1.5미터 이하　　④ 2.0미터 이하

풀이 매립시설의 차수시설 상부에 모여 있는 침출수의 수위는 시설의 안정 등을 고려하여 2.0m 이하로 유지되도록 관리하여야 한다.

75 폐기물관리법상 벌칙기준 중 7년 이하의 징역이나 7천만 원 이하의 벌금에 처하는 행위를 한 자는?

① 대행계약을 체결하지 아니하고 종량제 봉투를 제작·유통한 자
② 폐기물처리시설의 사후관리를 제대로 하지 않아 받은 시정명령을 이행하지 않은 자
③ 지정된 장소 외에 사업장폐기물을 매립하거나 소각한 자
④ 거짓이나 그 밖의 부정한 방법으로 폐기물처리업 허가를 받은 자

풀이 폐기물관리법 제63조 참조

76 폐기물처리 담당자 등에 대한 교육과 관련된 설명 중 틀린 것은?

① 교육기관의 장은 교육과정 종료 후 5일 이내에 교육결과를 교육대상자에게 알려야 한다.
② 환경부장관은 교육계획을 매년 1월 31일까지 시·

도지사나 지방환경관서의 장에게 알려야 한다.
③ 교육기관의 장은 매 분기 교육실적을 그분기가 끝난 후 15일 이내에 환경부장관에게 보고하여야 한다.
④ 시·도지사나 지방환경관서의 장은 교육대상자를 선발하여 해당 교육과정이 시작되기 15일 전까지 교육기관의 장에게 알려야 한다.

풀이 교육기관의 장은 교육을 하면 매 분기의 교육실적을 그 분기가 끝난 후 15일 이내에 환경부장관에게 보고하여야 하며, 매 교육과정 종료 후 7일 이내에 교육결과를 교육대상자를 선발하여 통보한 기관의 장에게 알려야 한다.

77 폐기물처리시설 주변지역 영향조사 기준 중 조사지점에 관한 내용으로 틀린 것은?

① 미세먼지와 다이옥신 조사지점은 해당 시설에 인접한 주거지역 중 3개소 이상 지역의 일정한 곳으로 한다.
② 악취 조사지점은 해당 시설에 인접한 주거지역 중 냄새가 심한 곳 3개소 이상의 일정한 곳으로 한다.
③ 지표수 조사지점은 해당 시설에 인접하여 폐수, 침출수 등이 흘러들거나 흘러들 것으로 우려되는 지역의 상·하류 각 1개소 이상의 일정한 곳으로 한다.
④ 토양 조사지점은 매립시설에 인접하여 토양오염이 우려되는 4개소 이상의 일정한 곳으로 한다.

풀이 **주변지역 영향조사의 조사지점**
① 미세먼지와 다이옥신 조사지점은 해당 시설에 인접한 주거지역 중 3개소 이상 지역의 일정한 곳으로 한다.
② 악취 조사지점은 매립시설에 가장 인접한 주거지역에서 냄새가 가장 심한 곳으로 한다.
③ 지표수 조사지점은 해당 시설에 인접하여 폐수, 침출수 등이 흘러들거나 흘러들 것으로 우려되는 지역의 상·하류 각 1개소 이상의 일정한 곳으로 한다.
④ 지하수 조사지점은 매립시설의 주변에 설치된 3

개의 지하수 검사정으로 한다.
⑤ 토양조사지점은 4개소 이상으로하고 토양정밀조사의 방법에 따라 폐기물매립 및 재활용지역의 시료채취 지점의 표토와 심토에서 각각 시료를 채취해야 하며, 시료채취지점의 지형 및 하부토양의 특성을 고려하여 시료를 채취해야 한다.

78 매립시설의 검사기관이 아닌 것은?

① 환경관리공단
② 한국건설기술연구원
③ 한국산업기술시험원
④ 한국농어촌공사

풀이 환경부령으로 정하는 검사기관
① 소각시설
  ㉠ 한국환경공단
  ㉡ 한국기계연구원
  ㉢ 한국산업기술시험원
  ㉣ 대학, 정부출연 기관, 그 밖에 소각시설을 검사할 수 있다고 인정하여 환경부장관이 고시하는 기관
② 매립시설
  ㉠ 한국환경공단
  ㉡ 한국건설기술연구원
  ㉢ 한국농어촌공사
  ㉣ 수도권매립지관리공사
③ 멸균분쇄시설
  ㉠ 한국환경공단
  ㉡ 보건환경연구원
  ㉢ 한국산업기술시험원
④ 음식물 폐기물 처리시설
  ㉠ 한국환경공단
  ㉡ 한국산업기술시험원
  ㉢ 그 밖에 환경부장관이 정하여 고시하는 기관
⑤ 시멘트 소성로
  소각시설의 검사기관과 동일

79 폐기물처리시설(매립시설)의 사용을 끝내거나 폐쇄하려 할 때 시·도지사나 지방환경관서의 장에게 제출하는 폐기물 매립시설 사후관리계획서에 포함되어야 하는 사항과 가장 거리가 먼 것은?

① 빗물배제계획
② 지하수 수질조사계획
③ 구조물과 지반 등의 안정도 유지계획
④ 침출수 관리계획(관리형 매립시설은 제외한다)

풀이 폐기물 매립시설 사후관리계획서의 포함사항
① 폐기물처리시설 설치·사용내용
② 사후관리 추진일정
③ 빗물배제계획
④ 침출수 관리계획(차단형 매립시설은 제외한다)
⑤ 지하수 수질조사계획
⑥ 발생가스 관리계획(유기성 폐기물을 매립하는 시설만 해당한다)
⑦ 구조물과 지반 등의 안정도 유지계획

80 폐기물관리법을 적용하지 않는 물질과 관계 없는 것은?

① 원자력안전법에 따른 방사성 물질과 이로 인하여 오염된 물질
② 하수도법에 의한 하수·분뇨
③ 가축분뇨의 관리 및 이용에 관한 법률에 따른 가축분뇨
④ 용기에 들어있는 기체상태의 물질

풀이 폐기물관리법을 적용하지 않는 물질
① 「원자력안전법」에 따른 방사성 물질과 이로 인하여 오염된 물질
② 용기에 들어 있지 아니한 기체상태의 물질
③ 「물환경보전법」에 따른 수질오염 방지시설에 유입되거나 공공수역으로 배출되는 폐수
④ 「가축분뇨의 관리 및 이용에 관한 법률」에 따른 가축분뇨
⑤ 「하수도법」에 따른 하수·분뇨
⑥ 「가축전염병예방법」이 적용되는 가축의 사체, 오염 물건, 수입 금지 물건 및 검역 불합격품
⑦ 「수산생물질병 관리법」에 적용되는 수산동물의 사체, 오염된 시설 또는 물건, 수입 금지 물건 및 검역 불합격품
⑧ 「군수품관리법」에 따라 폐기되는 탄약
⑨ 「동물보호법」에 따른 동물장묘업의 등록을 한 자가 설치·운영하는 동물장묘시설에서 처리되는 동물의 사체

1과목
폐기물개론

01 다음 중 수거 분뇨의 성질에 영향을 주는 요소와 거리가 먼 것은?

① 배출지역의 기후
② 분뇨 저장기간
③ 저장탱크의 구조와 크기
④ 종말처리방식

풀이 **수거분뇨 성질에 영향을 주는 요소**
① 배출지역의 기후
② 분뇨 저장기간
③ 저장탱크의 구조와 크기

[Note] 종말처리방식은 수거 분뇨의 성질에 영향을 미치는 요소는 아니며, 처리 후 성질과 관련이 있다.

02 적환장의 일반적인 설치 필요조건으로 가장 거리가 먼 것은?

① 작은 용량의 수집차량을 사용할 때
② 슬러지 수송이나 공기수송방식을 사용할 때
③ 불법 투기와 다량의 어질러진 쓰레기들이 발생할 때
④ 고밀도 거주지역이 존재할 때

풀이 **적환장 설치가 필요한 경우**
① 작은 용량의 수집차량을 사용할 때(15m³ 이하)
② 저밀도 거주지역이 존재할 때
③ 불법투기와 다량의 어질러진 쓰레기들이 발생할 때
④ 슬러지 수송이나 공기수송방식을 사용할 때
⑤ 처분지가 수집장소로부터 멀리 떨어져 있을 때
⑥ 상업지역에서 폐기물 수집에 소형 용기를 많이 사용하는 경우
⑦ 쓰레기 수송 비용절감이 필요한 경우
⑧ 압축식 수거 시스템인 경우

03 유기성 폐기물의 퇴비화 과정에 대한 설명으로 가장 거리가 먼 것은?

① 암모니아 냄새가 유발될 경우 건조된 낙엽과 같은 탄소원을 첨가해야 한다.
② 발효 초기 원료의 온도가 40~60℃까지 증가하면 효모나 질산화균이 우점한다.
③ C/N비가 너무 낮으면 질소가 암모니아로 변하여 pH를 증가시킨다.
④ 염분함량이 높은 원료를 퇴비화하여 토양에 시비하면 토양경화의 원인이 된다.

풀이 발효 초기 원료의 온도가 40~60℃까지 증가하면 고온성 세균과 방선균이 출현, 우점하여 유기물을 분해한다.

04 압축기에 관한 설명으로 가장 거리가 먼 것은?

① 회전식 압축기는 회전력을 이용하여 압축한다.
② 고정식 압축기는 압축방법에 따라 수평식과 수직식이 있다.
③ 백(bag) 압축기는 연속식과 회분식으로 구분할 수 있다.
④ 압축결속기는 압축이 끝난 폐기물을 끈으로 묶는 장치이다.

풀이 **회전식 압축기(Rotary compactors)**
① 회전판 위에 open 상태로 있는 종이나 휴지로 만든 bag에 폐기물을 충전·압축하여 포장하는 소형 압축기이며 비교적 부피가 작은 폐기물을 넣어 포장하는 압축 피스톤의 조합으로 구성되어 있다.
② 표준형으로 8~10개의 bag(1개 bag의 부피 0.4m³)을 갖고 있으며, 큰 것은 20~30개의 bag을 가지고 있다.

05 폐기물 파쇄 시 작용하는 힘과 가장 거리가 먼 것은?

① 충격력　　　　　② 압축력
③ 인장력　　　　　④ 전단력

> 풀이 파쇄 시 작용하는 힘(작용력)
> ① 압축력　　② 전단력
> ③ 충격력　　④ 상기 3가지 조합

06 유해물질, 배출원, 그에 따른 인체의 영향으로 옳지 않은 것은?

① 수은-온도계 제조시설-미나마따병
② 카드뮴-도금시설-이따이이따이병
③ 납-농약제조시설-헤모글로빈 생성 촉진
④ PCB-트렌스유 제조시설-카네미유중

> 풀이 납(Pb)
> ① 배출원 : 배터리 및 인쇄시설, 안료제조시설
> ② 인체영향 : 빈혈 촉진, 중추신경계 장애, 신장장애

07 우리나라 폐기물 중 가장 큰 구성비율을 차지하는 것은?

① 생활폐기물
② 사업장 폐기물 중 처리시설 폐기물
③ 사업장 폐기물 중 건설폐기물
④ 사업장 폐기물 중 지정폐기물

> 풀이 우리나라 폐기물 발생량
> 사업장 폐기물 중 건설폐기물 > 사업장 폐기물 중 처리시설 폐기물 > 생활폐기물 > 사업장 폐기물 중 지정폐기물

08 삼성분의 조성비를 이용하여 발열량을 분석할 때 이용되는 추정식에 대한 설명으로 맞는 것은?

$$Q(kcal/kg) = (4,500 \times V/100) - (600 \times W/100)$$

① 600은 물의 포화수증기압을 의미한다.
② V는 쓰레기 가연분의 조성비(%)이다.
③ W는 회분의 조성비(%)이다.
④ 이 식은 고위발열량을 나타낸다.

> 풀이 ① 600은 0℃에서 H_2O 1kg의 증발잠열이다.
> ③ W는 수분의 조성비(%)이다.
> ④ 이 식은 저위발열량을 나타낸다.

09 습량기준 회분율(A, %)을 구하는 식으로 맞는 것은?

① 건조쓰레기 회분(%) $\times \dfrac{100 + 수분함량(\%)}{100}$

② 수분함량(%) $\times \dfrac{100 - 건조쓰레기 회분(\%)}{100}$

③ 건조쓰레기 회분(%) $\times \dfrac{100 - 수분함량(\%)}{100}$

④ 수분함량(%) $\times \dfrac{건조쓰레기 회분(\%)}{100}$

> 풀이 습량기준 회분율(%)
> $$= 건조쓰레기 회분(\%) \times \dfrac{100 - 수분함량(\%)}{100}$$

10 매립 시 파쇄를 통해 얻는 이점을 설명한 것으로 가장 거리가 먼 것은?

① 압축장비가 없어도 고밀도의 매립이 가능하다.
② 곱게 파쇄하면 매립 시 복토가 필요 없거나 복토 요구량이 절감된다.
③ 폐기물과 잘 섞여서 혐기성 조건을 유지하므로 메탄 등의 재회수가 용이하다.
④ 폐기물 입자의 표면적이 증가되어 미생물작용이 촉진된다.

> 풀이 쓰레기를 파쇄하여 매립 시 장점(이점)
> ① 곱게 파쇄하면 매립 시 복토가 필요 없거나 복토 요구량이 절감된다.
> ② 매립 시 폐기물이 잘 섞여서 호기성 조건을 유지하므로 냄새가 방지된다.
> ③ 매립작업이 용이하고 압축장비가 없어도 고밀도의 매립이 가능하다.

④ 폐기물 입자의 표면적이 증가되어 미생물작용이 촉진된다.(조기 안정화)

⑤ 병원균의 매개체(쥐 or 해충)의 섭취 가능 음식이 없어져 이들의 서식이 불가능하다.

⑥ 폐기물 밀도가 증가되어 바람에 멀리 날아갈 염려가 없다.(화재위험 없음)

⑦ 압축 시 밀도증가율이 크므로 운반비가 감소한다.

11 폐기물의 80%를 3cm보다 작게 파쇄하려 할 때 Rosin-Rammler 입자 크기 분포모델을 이용한 특성입자의 크기(cm)는?(단, $n=1$)

① 1.36
② 1.86
③ 2.36
④ 2.86

풀이
$$Y = 1 - \exp\left[-\left(\frac{X}{X_0}\right)^n\right]$$
$$0.8 = 1 - \exp\left[-\left(\frac{3}{X_0}\right)^1\right]$$
$\exp\left[-\left(\dfrac{3}{X_0}\right)^1\right] = 1 - 0.8$, 양변에 $\ln$을 취하면
$$-\frac{3}{X_0} = \ln 0.2$$
X_0(특성입자 크기) $= 1.86$cm

12 쓰레기의 발생량 조사방법인 직접계근법에 관한 내용으로 가장 거리가 먼 것은?

① 입구에서 쓰레기가 적재되어 있는 차량과 출구에서 쓰레기를 적하한 공차량을 각각 계근하여 그 차이로 쓰레기양을 산출한다.

② 적재차량 계수분석에 비하여 작업량이 적고 간단하다.

③ 비교적 정확한 쓰레기 발생량을 파악할 수 있다.

④ 일정기간 동안 특정지역의 쓰레기를 수거한 운반차량을 중간적하장이나 중계처리장에서 직접 계근하는 방법이다.

풀이 쓰레기 발생량 조사(측정방법)

조사방법		내용
적재차량 계수분석법 (Load-count analysis)		• 일정기간 동안 특정 지역의 쓰레기 수거 · 운반차량의 대수를 조사하여, 이 결과로 밀도를 이용하여 질량으로 환산하는 방법(차량의 대수에 폐기물의 겉보기 비중을 선정하여 중량으로 환산하는 방법) • 조사장소는 중간적하장이나 중계처리장이 적합 • 단점으로는 쓰레기의 밀도 또는 압축 정도에 따라 오차가 크다는 것
직접계근법 (Direct weighting method)		• 일정기간 동안 특정 지역의 쓰레기 수거 · 운반차량을 중간적하장이나 중계처리장에서 직접 계근하는 방법(트럭 스케일 방법) • 입구에서 쓰레기가 적재되어 있는 차량과 출구에서 쓰레기를 적하한 공차량을 계근하여 쓰레기양 산출 • 장점으로는 비교적 정확한 쓰레기 발생량을 파악할 수 있는 방법 • 단점으로는 적재차량 계수분석에 비하여 작업량이 많고 번거로움이 있음
물질수지법 (Material balance method)		• 시스템으로 유입되는 모든 물질들과 유출되는 모든 폐기물의 양에 대하여 물질수지를 세움으로써 폐기물 발생량을 추정하는 방법 • 주로 산업폐기물 발생량을 추산할 때 이용하는 방법 • 단점으로는 비용이 많이 소요되고 작업량이 많아 널리 이용되지 않음, 즉 특수한 경우에만 사용됨 • 우선적으로 조사하고자 하는 계의 경계를 정확하게 설정해야 함 • 물질수지를 세울 수 있는 상세한 데이터가 있는 경우에 가능
통계 조사	표본조사 (단순 샘플링 검사)	• 조사기간이 짧음 • 비용이 적게 소요됨 • 조사상 오차가 큼
	전수조사	• 표본오차가 작아 신뢰도가 높음(정확함) • 행정시책에 대한 이용도가 높음 • 조사기간이 긺 • 표본치의 보정역할이 가능함

13 채취한 쓰레기 시료 분석 시 가장 먼저 시행하여야 하는 분석절차는?

① 절단 및 분쇄
② 건조
③ 분류(가연성, 불연성)
④ 밀도측정

풀이 폐기물 시료의 분석절차

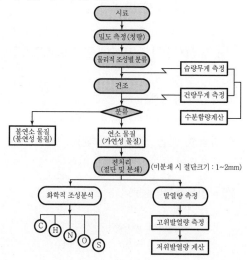

16 선별방법 중 주로 물렁거리는 가벼운 물질에서부터 딱딱한 물질을 선별하는 데 사용되는 것은?

① Flotation
② Heavy media separator
③ Stoners
④ Secators

풀이 Secators
① 경사진 컨베이어를 통해 폐기물을 주입시켜 천천히 회전하는 드럼 위에 떨어뜨려서 선별하는 장치이다.
② 물렁거리는 가벼운 물질로부터 딱딱한 물질을 선별하는 데 사용한다.
③ 주로 퇴비 중의 유리조작을 추출할 때 이용되는 선별장치이다.

14 수분이 60%, 수소가 10%인 폐기물의 고위발열량이 4,500kcal/kg이라면 저위발열량(kcal/kg)은?

① 약 4,010
② 약 3,930
③ 약 3,820
④ 약 3,600

풀이
$$H_l = H_h - 600(9H + W)$$
$$= 4,500\text{kcal/kg} - 600[(9 \times 0.1) + 0.6]$$
$$= 3,600\text{kcal/kg}$$

17 대상가구 3,000세대, 세대당 평균인구수 2.5인, 쓰레기 발생량 1.05kg/인·일, 1주일에 2회 수거하는 지역에서 한 번에 수거되는 쓰레기양(톤)은?

① 약 25
② 약 28
③ 약 30
④ 약 32

풀이 수거 쓰레기양(ton/회)
$$= \frac{1.05\text{kg/인}\cdot\text{일} \times 3,000\text{세대} \times 2.5\text{인/세대}}{2\text{회}/7\text{일} \times 1,000\text{kg/ton}}$$
$$= 27.56\text{ton/회}$$

15 종량제에 대한 설명으로 가장 거리가 먼 것은?

① 처리비용을 배출자가 부담하는 원인자 부담 원칙을 확대한 제도이다.
② 시장, 군수, 구청장이 수거체제의 관리책임을 가진다.
③ 가전제품, 가구 등 대형 폐기물을 우선으로 수거한다.
④ 수수료 부과기준을 현실화하여 폐기물 감량화를 도모하고, 처리재원을 확보한다.

풀이 가전제품, 가구 등 대형 폐기물은 종량제 제외대상 폐기물이다.

18 함수율이 80%이며 건조고형물의 비중이 1.42인 슬러지의 비중은?(단, 물의 비중=1.0)

① 1.021
② 1.063
③ 1.127
④ 1.174

풀이
$$\frac{\text{슬러지양}}{\text{슬러지 비중}} = \frac{\text{고형물량}}{\text{고형물 비중}} + \frac{\text{함수량}}{\text{함수 비중}}$$
$$\frac{100}{\text{슬러지 비중}} = \frac{(100-80)}{1.42} + \frac{80}{1.0}$$
슬러지 비중 = 1.063

19 폐기물 발생량 측정방법이 아닌 것은?

① 적재차량계수분석법

② 직접계근법

③ 물질수지법

④ 물리적조성법

풀이 폐기물 발생량 측정(조사)방법
① 적재차량 계수분석법
② 직접계근법
③ 물질수지법
④ 통계조사(표본조사, 전수조사)

20 폐기물 재활용 촉진을 위한 정책 중 국내에서 가장 먼저 시행된 제도는?

① 주류공병 보증금제도

② 합성수지제품 부과금제도

③ 농약 빈 병 시상금제도

④ 고철 보조금제도

풀이 폐기물 재활용 촉진을 위한 정책 중 국내에서 가장 먼저 시행된 제도는 합성수지제품 부과금제도이다.

2과목 **폐기물처리기술**

---

21 퇴비화 반응의 분해 정도를 판단하기 위해 제안된 방법으로 가장 거리가 먼 것은?

① 온도 감소

② 공기공급량 증가

③ 퇴비의 발열능력 감소

④ 산화·환원전위의 증가

풀이 퇴비의 숙성도지표(퇴비화 반응의 분해 정도 판단지표)
① 탄질비
② CO_2 발생량
③ 식물 생육 억제 정도
④ 온도 감소
⑤ 공기공급량 감소

⑥ 퇴비의 발열능력 감소

⑦ 산화·환원전위의 증가

22 합성차수막 중 PVC에 관한 설명으로 틀린 것은?

① 작업이 용이하다.

② 접합이 용이하고 가격이 저렴하다.

③ 자외선, 오존, 기후에 약하다.

④ 대부분의 유기화학물질에 강하다.

풀이 합성차수막 중 PVC
① 장점
㉠ 작업이 용이함
㉡ 강도가 높음
㉢ 접합이 용이함
㉣ 가격이 저렴함
② 단점
㉠ 자외선, 오존, 기후에 약함
㉡ 대부분 유기화학물질(기름 등)에 약함

23 토양수분장력이 5기압에 해당되는 경우 pF의 값은?(단, $log2 = 0.301$)

① 약 0.3   ② 약 0.7

③ 약 3.7   ④ 약 4.0

풀이 $pF = log H$
5기압에 해당하는 물기둥 높이가 5,000cm(1기압 ≒1,000cm)
$pF = log5,000 = 3.70$

24 폐산 또는 폐알칼리를 재활용하는 기술을 설명한 것 중 틀린 것은?

① 폐염산, 염화 제2철 폐액을 이용한 폐수처리제, 전자회로 부식제 생산

② 폐황산, 폐염산을 이용한 수처리 응집제 생산

③ 구리 에칭액을 이용한 황산구리 생산

④ 폐 IPA를 이용한 액체 세제 생산

풀이 폐 IPA를 이용한 액체 세제 생산은 폐식용유를 이용해 주방세제를 제조하는 것을 말한다.

25 폐기물 중간처리기술 중 처리 후 잔류하는 고형물의 양이 적은 것부터 큰 것까지 순서대로 나열된 것은?

㉠ 소각	㉡ 용융	㉢ 고화

① ㉠-㉡-㉢   ② ㉢-㉡-㉠
③ ㉠-㉢-㉡   ④ ㉡-㉠-㉢

풀이 잔류하는 고형물의 양은 고화 > 소각 > 용융 순이다.

26 분뇨를 혐기성 소화법으로 처리하고 있다. 정상적인 작동 여부를 확인하려고 할 때 조사 항목으로 가장 거리가 먼 것은?

① 소화가스양
② 소화가스 중 메탄과 이산화탄소 함량
③ 유기산 농도
④ 투입 분뇨의 비중

풀이 분뇨를 혐기성 소화법으로 처리 시 정상적인 작동 여부 확인 시 조사항목
 ① 소화가스양
 ② 소화가스 중 메탄과 이산화탄소의 함량
 ③ 유기산 농도
 ④ 소화시간
 ⑤ 온도 및 체류시간
 ⑥ 휘발성 유기산
 ⑦ 알칼리도
 ⑧ pH

27 매립가스의 이동현상에 대한 설명으로 옳지 않은 것은?

① 토양 내에 발생된 가스는 분자확산에 의해 대기로 방출된다.
② 대류에 의한 이동은 가스 발생량이 많은 경우에 주로 나타난다.
③ 매립가스는 수평보다 수직방향으로의 이동속도가 높다.
④ 미량가스는 확산보다 대류에 의한 이동속도가 높다.

풀이 미량가스는 대류보다 확산에 의한 이동속도가 높다.

28 8kL/day 용량의 분뇨처리장에서 발생하는 메탄의 양(m^3/day)은?(단, 가스 생산량=8m^3/kL, 가스 중 CH_4 함량=75%)

① 22   ② 32
③ 48   ④ 56

풀이 메탄양(m^3/day)=8kL/day×8m^3/kL×0.75
                      =48m^3/day

29 다음의 특징을 가진 소각로의 형식은?

- 전처리가 거의 필요 없다.
- 소각로의 구조는 회전연속구동방식이다.
- 소각에 방해됨이 없이 연속적인 재배출이 가능하다.
- 1,400℃ 이상에서 가동할 수 있어서 독성물질의 파괴에 좋다.

① 다단 소각로   ② 유동층 소각로
③ 로터리킬른 소각로   ④ 건식 소각로

풀이 회전로(Rotary Kiln : 회전식 소각로)
 ① 장점
  ㉠ 넓은 범위의 액상 및 고상폐기물을 소각할 수 있다.
  ㉡ 액상이나 고상폐기물을 각각 수용하거나 혼합하여 처리할 수 있고 건조효과가 매우 좋고 착화, 연소가 용이하다.
  ㉢ 경사진 구조로 용융상태의 물질에 의하여 방해 받지 않는다.
  ㉣ 드럼이나 대형 용기를 그대로 집어 넣을 수 있다.(전처리 없이 주입 가능)
  ㉤ 고형 폐기물에 높은 난류도와 공기에 대한 접촉을 크게 할 수 있다.
  ㉥ 폐기물의 소각에 방해 없이 연속적 재의 배출이 가능하다.
  ㉦ 습식 가스세정시스템과 함께 사용할 수 있다.
  ㉧ 전처리(예열, 혼합, 파쇄) 없이 주입 가능하다.
  ㉨ 폐기물의 체류시간을 노의 회전속도 조절로 제어할 수 있는 장점이 있다.

ㅊ 독성물질의 파괴에 좋다.(1,400℃ 이상 가동 가능)

② 단점
  ㉠ 처리량이 적을 경우 설치비가 높다.
  ㉡ 노에서의 공기유출이 크므로 종종 대량의 과잉공기가 필요하다.
  ㉢ 대기오염 제어시스템에 대한 분진부하율이 높다.
  ㉣ 비교적 열효율이 낮은 편이다.
  ㉤ 구형 및 원통형 형태의 폐기물은 완전연소가 끝나기 전에 굴러떨어질 수 있다.
  ㉥ 대기 중으로 부유물질이 발생할 수 있다.
  ㉦ 대형 폐기물로 인한 내화재의 파손에 주의를 요한다.

30 PCB와 같은 난연성의 유해폐기물의 소각에 가장 적합한 소각로 방식은?

① 스토커 소각로   ② 유동층 소각로
③ 회전식 소각로   ④ 다단 소각로

풀이 유동층 소각로는 일반적 소각로에 비하여 소각이 어려운 난연성 폐기물(하수슬러지, 폐유, 폐윤활유, 저질탄, PCB) 소각에 우수한 성능을 나타낸다.

31 생물학적 복원기술의 특징으로 옳지 않은 것은?

① 상온, 상압 상태의 조건에서 이용하기 때문에 많은 에너지가 필요하지 않다.
② 2차 오염 발생률이 높다.
③ 원위치에서도 오염정화가 가능하다.
④ 유해한 중간물질을 만드는 경우가 있어 분해생성물의 유무를 미리 조사하여야 한다.

풀이 현지 생물학적 복원 방법
  ① 상온·상압상태의 조건에서 이용하기 때문에 많은 에너지가 필요하지 않고 저농도의 오염물도 처리가 가능하다.
  ② 물리화학적 방법에 비하여 처리면적이 크다.
  ③ 포화 대수층뿐만 아니라 불포화 대수층의 처리도 가능하다.
  ④ 원래 오염물질보다 독성이 더 큰 중간생성물이 생성될 수 있다.

⑤ 생물학적 복원은 굴착, 드럼에 의한 폐기 등과 비교하여 낮은 비용으로 적용 가능하다.
⑥ 2차 오염 발생률이 낮으며 원위치에서도 오염 정화가 가능하다.
⑦ 유해한 중간물질을 만드는 경우가 있어 분해생성물의 유무를 미리 조사하여야 한다.

32 오염된 지하수의 Darcy 속도(유출속도)가 0.15m/day이고, 유효 공극률이 0.4일 때 오염원으로부터 1,000m 떨어진 지점에 도달하는 데 걸리는 기간(년)은?(단, 유출속도 : 단위시간에 흙의 전체 단면적을 통하여 흐르는 물의 속도)

① 약 6.5   ② 약 7.3
③ 약 7.9   ④ 약 8.5

풀이 소요기간(년) $= \dfrac{\text{이동거리} \times \text{유효공극률}}{\text{Darcy 속도}}$

$= \dfrac{1,000\text{m} \times 0.4}{0.15\text{m/day} \times 365\text{day/year}}$

$= 7.31\text{year}$

33 슬러지 100m³의 함수율이 98%이다. 탈수 후 슬러지의 체적을 1/10로 하면 슬러지 함수율(%)은?(단, 모든 슬러지의 비중=1)

① 20   ② 40
③ 60   ④ 80

풀이 $100\text{m}^3 \times (1-0.98) = 10\text{m}^3 \times (1-\text{처리 후 함수율})$

$1-\text{처리 후 함수율} = \dfrac{100^3 \times 0.02}{10\text{m}^3}$

처리 후 함수율(%) $= 0.8 \times 100 = 80\%$

34 다음 설명에 해당하는 분뇨처리방법은?

- 부지 소요면적이 적다.
- 고온반응이므로 무균상태로 유출되어 위생적이다.
- 슬러지 탈수성이 좋아서 탈수 후 토양개량제로 이용된다.
- 기액분리 시 기체 발생량이 많아 탈기해야 한다.

① 혐기성 소화법　　② 호기성 소화법
③ 질산화－탈질산화법　④ 습식산화법

[풀이] 습식 산화법(습식 고온고압 산화처리 : Wet Air Oxidation)

① 수중에 용해되어 있거나 고체상태로 부유하고 있는 유기물(젖은 폐기물이나 슬러지)을 공기에 의하여 산화시키는 방식으로 Zimmerman Process라고 한다.[Zimmerman Process : 유기물을 포함하는 폐액을 바로 산화 반응로로 예열하여 공기산화온도까지 높이고, 그곳에 공기를 보내주면 공기 중의 산소에 의하여 유기물이 연소(산화)되는 원리]

② 액상슬러지 및 분뇨에 열($≒150～300℃$; $≒210℃$)과 압력($70～100atm$; $70atm$)을 작용시켜 용존산소에 의하여 화학적으로 슬러지 내의 유기물을 산화시키는 방식이다.(산소가 있는 고압하의 수중에서 유기물질을 산화시키는 폐기물 열분해기법이며 유기산이 회수됨)

③ 본 장치의 주요기기는 고압펌프, 공기압축기, 열교환기, 반응탑 등이다.

④ 처리시설의 수명이 짧으며 탈수성이 좋고 고액분리가 잘된다.

⑤ 부지소요면적이 적게 들고 슬러지 탈수성이 좋아서 탈수 후 토양개량제로 이용된다.

⑥ 기액분리 시 기체발생량이 많아 탈기해야 한다.

⑦ 건설비, 유지보수비, 전기료가 많이 든다.

⑧ 완전살균이 가능하며 COD가 높은 슬러지 처리에 전용될 수 있다.

---

35 유기물의 산화공법으로 적용되는 Fenton 산화반응에 사용되는 것으로 가장 적절한 것은?

① 아연과 자외선　　② 마그네슘과 자외선
③ 철과 과산화수소　④ 아연과 과산화수소

[풀이] 펜톤(Fenton) 산화법

① Fenton액을 첨가하여 난분해성 유기물질을 생분해성 유기물질로 전환(산화)시킨다.

② OH 라디컬에 의한 산화반응으로 철(Fe) 촉매하에서 과산화수소(H_2O_2)를 분해시켜 OH 라디컬을 생성하고 이들이 활성화되어 수중의 각종 난분해성 유기물질을 산화분해시키는 처리공정이다.(난분해성 유기물질 → 생분해성 유기물질)

③ 펜톤 산화제의 조성은 [과산화수소수＋철(염) ; $H_2O_2＋FeSO_4$]이며 펜톤시약의 반응시간은 철염과 과산화수소의 주입농도에 따라 변화되며 여분의 과산화수소수는 후처리의 미생물 성장에 영향을 미칠 수 있다.

---

36 회전판에 놓인 종이 백(bag)에 폐기물을 충전·압축하여 포장하는 소형 압축기는?

① 회전식 압축기(Rotary Compactor)
② 소용돌이식 압축기(Console Compactor)
③ 백 압축기(Bag Compactor)
④ 고정식 압축기(Stationary Compactor)

[풀이] 회전식 압축기(Rotary compactors)

① 회전판 위에 open 상태로 있는 종이나 휴지로 만든 bag에 폐기물을 충전, 압축하여 포장하는 소형 압축기이며 비교적 부피가 작은 폐기물을 넣어 포장하는 압축피스톤의 조합으로 구성되어 있다.

② 표준형으로 8～10개의 bag(1개 bag의 부피 0.4 m^3)을 갖고 있으며, 큰 것은 20～30개의 bag을 가지고 있다.

---

37 1차 반응속도에서 반감기(농도가 50% 줄어드는 시간)가 10분이다. 초기 농도의 75%가 줄어드는 데 걸리는 시간(분)은?

① 30　　② 25
③ 20　　④ 15

[풀이]

$$\ln \frac{C_t}{C_o} = -kt$$

$$\ln 0.5 = -k \times 10min, \quad k = 0.0693 min^{-1}$$

$$\ln \frac{0.25}{1} = -0.0693 min^{-1} \times t$$

$$t(min) = 20min$$

---

38 분뇨처리장의 방류수량이 $1,000m^3/day$일 때 15분간 염소소독을 할 경우 소독조의 크기(m^3)는?

① 약 16.5　　② 약 13.5
③ 약 10.5　　④ 약 8.5

풀이 소독조 크기(m^3)

$$= 1,000m^3/day \times 15min \times day/1,440min$$
$$= 10.42m^3$$

39 소각로에서 NOx 배출농도가 270ppm, 산소 배출농도가 12%일 때 표준산소(6%)로 환산한 NOx 농도(ppm)는?

① 120   ② 135

③ 162   ④ 450

풀이 NOx 농도(ppm) = 배출농도 $\times \dfrac{21-표준농도}{21-실측농도}$

$$= 270ppm \times \frac{21-6}{21-12}$$
$$= 450ppm$$

40 매립지 설계 시 침출수 집배수층의 조건으로 옳은 것은?

① 투수계수 : 최대 1cm/sec

② 두께 : 최대 30cm

③ 집배수층 재료 입경 : 10~13cm 또는 16~32cm

④ 바닥경사 : 2~4%

풀이 침출수 집배수층

① 투수계수 : 최소 1cm/sec

② 두께 : 최소 30cm

③ 집배수층 재료입경 : 10~13mm 또는 16~32 mm

---

41 pH가 2인 용액 2L와 pH가 1인 용액 2L를 혼합하였을 때 혼합용액의 pH는?

① 1.0   ② 1.3

③ 1.5   ④ 2.0

풀이 $[H^+] = \dfrac{(2 \times 10^{-2}) + (2 \times 10^{-1})}{2+2} = 0.055$

$$pH = \log\frac{1}{[H^+]} = \log\frac{1}{0.055} = 1.26$$

[Note] pH = 2 $[H^+] = 10^{-2}M$

pH = 1 $[H^+] = 10^{-1}M$

42 시험분석 대상물질을 기기가 검출할 수 있는 최소한의 농도 또는 양을 나타내는 기기 검출한계에 관한 내용으로 ( )에 옳은 것은?

바탕시료를 반복 측정 분석한 결과의 표준편차에 ( )한 값

① 2배   ② 3배

③ 5배   ④ 10배

풀이 기기검출한계 = 표준편차 $\times 3$

43 폐기물의 노말헥산 추출물질의 양을 측정하기 위해 다음과 같은 결과를 얻었을 때 노말헥산 추출물질의 농도(mg/L)는?

• 시료의 양 : 500m/L
• 시험 전 증발용기의 무게 : 25g
• 시험 후 증발용기의 무게 : 13g
• 바탕시험 전 증발용기의 무게 : 5g
• 바탕시험 후 증발용기의 무게 : 4.8g

① 11,800   ② 23,600

③ 32,400   ④ 53,800

풀이 노말헥산 추출물질농도(mg/L)

$$= \frac{[(25-13)-(5-4.8)]g \times 1,000mg/g}{0.5L}$$

$$= 23,600mg/L$$

44 유기물 등을 많이 함유하고 있는 대부분 시료의 전처리에 적용되는 분해방법으로 가장 적절한 것은?

① 질산 분해법

② 질산－염산 분해법

③ 질산－불화수소산 분해법

④ 질산－황산 분해법

풀이 질산－황산 분해법(시료 전처리)
유기물 등을 많이 함유하고 있는 대부분의 시료에 적용한다.

45 1ppm이란 몇 ppb를 말하는가?

① 10ppb

② 100ppb

③ 1,000ppb

④ 10,000ppb

풀이 1ppm＝1,000ppb(10^3ppb)

46 할로겐화 유기물질(기체크로마토그래피－질량분석법)의 정량한계는?

① 0.1mg/kg

② 1.0mg/kg

③ 10mg/kg

④ 100mg/kg

풀이 할로겐화 유기물질－기체크로마토그래피－질량분석법의 정량한계 : 10mg/kg

47 폐기물 시료 채취에 관한 설명으로 틀린 것은?

① 대상폐기물의 양이 500톤 이상~1,000톤 미만인 경우 시료의 최소 수는 30이다.

② 5톤 미만의 차량에 적재되어 있을 경우에는 적재 폐기물을 평면상에서 6등분한 후 각 등분마다 시료를 채취한다.

③ 5톤 이상의 차량에 적재되어 있을 경우에는 적재 폐기물을 평면상에서 9등분한 후 각 등분마다 시료를 채취한다.

④ 채취 시료는 수분, 유기물 등 함유성분의 변화가 일어나지 않도록 0~4℃ 이하의 냉암소에 보관하여야 한다.

풀이 대상 폐기물의 양과 시료의 최소 수

대상 폐기물의 양(단위 : ton)	시료의 최소 수
~ 1 미만	6
1 이상~5 미만	10
5 이상~30 미만	14
30 이상~100 미만	20
100 이상~500 미만	30
500 이상~1,000 미만	36
1,000 이상~5,000 미만	50
5,000 이상 ~	60

48 함수율 83%인 폐기물이 해당되는 것은?

① 유기성 폐기물

② 액상폐기물

③ 반고상폐기물

④ 고상폐기물

풀이 ① 액상폐기물 : 고형물의 함량이 5% 미만
② 반고상폐기물 : 고형물의 함량이 5% 이상 15% 미만
③ 고상폐기물 : 고형물의 함량이 15% 이상
고형물 함량＝100－83＝17%

49 자외선/가시선 분광법으로 크롬을 정량하기 위해 크롬이온 전체를 6가크롬으로 변화시킬 때 사용하는 시약은?

① 디페닐카르바지도

② 질산암모늄

③ 과망간산칼륨

④ 염화제일주석

풀이 크롬－자외선/가시선 분광법
시료 중에서 총 크롬을 과망간산칼륨을 사용하여 6가크롬으로 산화시킨 다음 산성에서 다이페닐카바자이드와 반응하여 생성되는 적자색 착화합물의 흡광도를 540nm에서 측정하여 총 크롬을 정량하는 방법이다.

50 기체크로마토그래피에서 운반가스로 사용할 수 있는 기체와 가장 거리가 먼 것은?

① 수소　　　　　② 질소
③ 산소　　　　　④ 헬륨

풀이 기체크로마토그래피 운반가스
질소, 수소, 헬륨, 아르곤, 메탄

51 시료채취 방법으로 옳은 것은?

① 시료는 일반적으로 폐기물이 생성되는 단위 공정별로 구분하여 채취하여야 한다.
② 시료 채취도구는 녹이 생기는 재질의 것을 사용해도 된다.
③ PCB 시료는 반드시 폴리에틸렌 백을 사용하여 시료를 채취한다.
④ 시료가 채취된 병은 코르크 마개를 사용하여 밀봉한다.

풀이 ② 시료 채취도구는 녹이 생기는 것을 사용해서는 안 된다.
③ PCB 시료는 반드시 갈색 경질 유리병을 사용하여 시료를 채취한다.
④ 시료가 채취된 병은 코르크 마개를 사용해서는 안 된다.

52 천분율 농도를 표시할 때 그 기호로 알맞은 것은?

① mg/L　　　　② mg/kg
③ μg/kg　　　④ ‰

풀이 천분율 농도표시 : g/L, g/kg, ‰

53 자외선/가시선 분광광도계의 구성으로 옳은 것은?

① 광원부－파장선택부－측광부－시료부
② 광원부－가시부－측광부－시료부
③ 광원부－가시부－시료부－측광부
④ 광원부－파장선택부－시료부－측광부

풀이 자외선/가시선 분광광도계의 구성
광원부－파장선택부－시료부－측광부

54 기체크로마토그래피로 측정할 수 없는 항목은?

① 유기인
② PCBs
③ 휘발성저급염소화탄화수소류
④ 시안

풀이 시안 분석방법
① 자외선/가시선 분광법
② 이온전극법

55 폐기물공정시험기준의 총칙에 관한 설명으로 틀린 것은?

① "여과한다"란 거름종이 5종 A 또는 이와 동등한 여지를 사용하여 여과하는 것을 말한다.
② 온도의 영향이 있는 것의 판정은 표준온도를 기준으로 한다.
③ 염산(1＋2)이라고 하는 것은 염산 1mL에 물 1mL을 배합 조제하여 전체 2mL가 되는 것을 말한다.
④ 시험에 쓰는 물은 따로 규정이 없는 한 정제수를 말한다.

풀이 염산(1＋2)
염산 1mL와 물 2mL를 혼합하여 전체 3mL가 되는 것을 말한다.

56 폐기물공정시험기준의 적용범위에 관한 내용으로 틀린 것은?

① 폐기물관리법에 의한 오염실태 조사 중 폐기물에 대한 것은 따로 규정이 없는 한 공정시험기준의 규정에 의하여 시험한다.
② 공정시험기준에서 규정하지 않은 사항에 대해서는 일반적인 화학적 상식에 따르도록 한다.

정답 50 ③　51 ①　52 ④　53 ④　54 ④　55 ③　56 ④

③ 공정시험기준에 기재한 방법 중 세부조작은 시험의 본질에 영향을 주지 않는다면 실험자가 일부를 변경할 수 있다.

④ 하나 이상의 공정시험기준으로 시험한 결과가 서로 달라 제반 기준의 적부 판정에 영향을 줄 경우에는 판정을 유보하고 재실험하여야 한다.

풀이 하나 이상의 공정시험기준으로 시험한 결과가 서로 달라 제반 기준이 적부판정에 영향을 줄 경우에는 공정시험기준의 항목별 주시험법에 의한 분석성적에 의하여 판정한다.

57 원자흡수분광광도법에 의한 비소 정량에 관한 설명으로 틀린 것은?

① 과망간산칼륨으로 6가비소로 산화시킨다.
② 아연을 넣으면 수소화 비소가 발생한다.
③ 아르곤－수소 불꽃에 주입하여 분석한다.
④ 정량한계는 0.005mg/L이다.

풀이 비소－원자흡수분광광도법
이염화주석으로 시료 중의 비소를 3가비소로 환원한 다음 아연을 넣어 발생되는 비화수소를 통기하여 아르곤－수소불꽃에서 원자화시켜 193.7nm에서 흡광도를 측정하고 비소를 정량하는 방법이다.

58 PCB 분석 시 기체크로마토그래피법의 다음 항목이 틀리게 연결된 것은?

① 검출기 : 전자포획검출기(ECD)
② 운반기체 : 부피백분율 99.9999% 이상의 질소
③ 컬럼 : 활성탄 컬럼
④ 농축장치 : 구데르나다니쉬농축기

풀이 PCB 분석 시 기체크로마토그래피법의 사용 컬럼은 플로리실 컬럼 및 실리카겔 컬럼이다.

59 $K_2Cr_2O_7$을 사용하여 크롬 표준원액(100mg Cr/L) 100 mL를 제조할 때 취해야 하는 $K_2Cr_2O_7$의 양(mg)은?(단, 원자량 K=39, Cr＝52, O=16)

① 14.1
② 28.3
③ 35.4
④ 56.5

풀이 $K_2Cr_2O_7$ 분자량 $= (2 \times 39) + (2 \times 52) + (16 \times 7)$
$= 294g$

$K_2Cr_2O_7$을 전리시켜 Cr을 생성시키려면 2mL의 Cr 이온이 생성됨

$294g : 2 \times 52g$

$X(mg) : 100mg/L \times 100mL \times L/1,000mL$

$X(mg) = \dfrac{294g \times 10mg}{2 \times 52g} = 28.27mg$

60 기름 성분을 중량법으로 측정하고자 할 때 시험기준의 정량한계는?

① 1% 이하
② 0.1% 이하
③ 0.01% 이하
④ 0.001% 이하

풀이 기름 성분을 중량법으로 측정하고자 할 때 시험기준의 정량한계는 0.1% 이하이다.

4과목 | **폐기물관계법규**

61 폐기물처리업종별 영업 내용에 대한 설명 중 틀린 것은?

① 폐기물 중간재활용업 : 중간가공 폐기물을 만드는 영업
② 폐기물 종합재활용업 : 중간재활용업과 최종재활용업을 함께 하는 영업
③ 폐기물 최종처분업 : 폐기물 매립(해역 배출도 포함한다) 등의 방법으로 최종처분하는 영업
④ 폐기물 수집 · 운반업 : 폐기물을 수집하여 재활용 또는 처분장소로 운반하거나 수출하기 위하여 수집 · 운반하는 영업

풀이 폐기물처리업의 업종구분과 영업내용
① 폐기물 수집 · 운반업
폐기물을 수집하여 재활용 또는 처분 장소로 운반하거나 폐기물을 수출하기 위하여 수집 · 운반하는 영업

② 폐기물 중간처분업

폐기물 중간처분시설을 갖추고 폐기물을 소각 처분, 기계적 처분, 화학적 처분, 생물학적 처분, 그 밖에 환경부장관이 폐기물을 안전하게 중간처분할 수 있다고 인정하여 고시하는 방법으로 중간처분하는 영업

③ 폐기물 최종처분업

폐기물 최종처분시설을 갖추고 폐기물을 매립 등(해역 배출은 제외한다)의 방법으로 최종처분하는 영업

④ 폐기물 종합처분업

폐기물 중간처분시설 및 최종처분시설을 갖추고 폐기물의 중간처분과 최종처분을 함께하는 영업

⑤ 폐기물 중간재활용업

폐기물 재활용시설을 갖추고 중간가공 폐기물을 만드는 영업

⑥ 폐기물 최종재활용업

폐기물 재활용시설을 갖추고 중간가공 폐기물을 용도 또는 방법으로 재활용하는 영업

⑦ 폐기물 종합재활용업

폐기물 재활용시설을 갖추고 중간재활용업과 최종재활용업을 함께하는 영업

62 폐기물 처리시설의 종류 중 재활용시설(기계적 재활용 시설)의 기준으로 틀린 것은?

① 용융시설(동력 7.5kW 이상인 시설로 한정)
② 응집 · 침전시설(동력 7.5kW 이상인 시설로 한정)
③ 압축시설(동력 7.5kW 이상인 시설로 한정)
④ 파쇄 · 분쇄시설(동력 15kW 이상인 시설로 한정)

풀이 기계적 재활용시설
① 압축 · 압출 · 성형 · 주조시설(동력 7.5kW 이상인 시설로 한정한다)
② 파쇄 · 분쇄 · 탈피 시설(동력 15kW 이상인 시설로 한정한다)
③ 절단시설(동력 7.5kW 이상인 시설로 한정한다)
④ 용융 · 용해시설(동력 7.5kW 이상인 시설로 한정한다)
⑤ 연료화시설
⑥ 증발 · 농축 시설

⑦ 정제시설(분리 · 증류 · 추출 · 여과 등의 시설을 이용하여 폐기물을 재활용하는 단위시설을 포함한다)
⑧ 유수 분리 시설
⑨ 탈수 · 건조 시설
⑩ 세척시설(철도용 폐목재 받침목을 재활용하는 경우로 한정한다)

63 폐기물매립시설의 사후관리 업무를 대행할 수 있는 자는?(단, 환경부 장관이 사후관리를 대행할 능력이 있다고 인정하여 고시하는 자는 고려하지 않음)

① 환경보전협회
② 한국환경공단
③ 폐기물처리협회
④ 한국환경자원공사

풀이 폐기물매립시설 사후관리 대행자 : 한국환경공단

64 폐기물 수집 · 운반업자가 임시보관장소에 보관할 수 있는 폐기물(의료폐기물 제외)의 허용량 기준은?

① 중량 450톤 이하이고, 용적이 300세제곱미터 이하인 폐기물
② 중량 400톤 이하이고, 용적이 250세제곱미터 이하인 폐기물
③ 중량 350톤 이하이고, 용적이 200세제곱미터 이하인 폐기물
④ 중량 300톤 이하이고, 용적이 150세제곱미터 이하인 폐기물

풀이 폐기물 수집 · 운반업자가 임시보관장소에 보관할 수 있는 폐기물(의료폐기물 제외) 허용량 기준
① 450톤 이하인 폐기물
② 용적 300세제곱미터($300m^3$) 이하인 폐기물

65 폐기물처리업자(폐기물 재활용업자)의 준수사항에 관한 내용으로 ( )에 알맞은 것은?

> 유기성 오니를 화력발전소에서 연료로 사용하기 위하여 가공하는 자는 유기성 오니 연료의 저위발열량, 수분 함유량, 회분 함유량, 황분 함유량, 길이 및 금속성분을 ( ) 측정하여 그 결과를 시·도지사에게 제출하여야 한다.

① 매월 1회 이상   ② 매 2월 1회 이상
③ 매 분기당 1회 이상   ④ 매 반기당 1회 이상

풀이 폐기물처리업자(폐기물 재활용업자)의 준수사항
유기성 오니를 화력발전소에서 연료로 사용하기 위하여 가공하는 자는 유기성 오니 연료의 저위발열량, 수분 함유량, 회분 함유량, 황분 함유량, 길이 및 금속성분을 매 분기당 1회 이상 측정하여 그 결과를 시·도지사에게 제출하여야 한다.

66 100만 원 이하의 과태료가 부과되는 경우에 해당되는 것은?

① 폐기물처리 가격의 최저액보다 낮은 가격으로 폐기물처리를 위탁한 자
② 폐기물 운반자가 규정에 의한 서류를 지니지 아니하거나 내보이지 아니한 자
③ 장부를 기록 또는 보존하지 아니하거나 거짓으로 기록한 자
④ 처리이행보증보험의 계약을 갱신하지 아니하거나 처리이행보증금의 증액 조정을 신청하지 아니한 자

풀이 폐기물관리법 제68조 참조

67 다음 용어의 정의로 옳지 않은 것은?

① 재활용이란 폐기물을 재사용·재생 이용하거나 재사용·재생 이용할 수 있는 상태로 만드는 활동을 말한다.
② 생활폐기물이란 사업장폐기물 외의 폐기물을 말한다.
③ 폐기물감량화시설이란 생산공정에서 발생하는

폐기물 배출을 최소화(재활용은 제외함)하는 시설로서 환경부령으로 정하는 시설을 말한다.
④ 폐기물처리시설이란 폐기물의 중간처분시설, 최종처분시설 및 재활용시설로서 대통령령으로 정하는 시설을 말한다.

풀이 폐기물감량화시설
생산공정에서 발생하는 폐기물의 양을 줄이고, 사업장 내 재활용을 통하여 폐기물 배출을 최소화하는 시설로서 대통령령으로 정하는 시설을 말한다.

68 폐기물중간재활용업, 폐기물최종재활용업 및 폐기물 종합재활용업의 변경허가를 받아야 하는 중요사항으로 옳지 않은 것은?

① 운반차량(임시차량 포함)의 감차
② 폐기물 재활용시설의 신설
③ 허가 또는 변경허가를 받은 재활용 용량의 100분의 30 이상(금속을 회수하는 최종재활용업 또는 종합재활용업의 경우에는 100분의 50 이상)의 변경(허가 또는 변경허가를 받은 후 변경되는 누계를 말한다)
④ 폐기물 재활용시설 소재지의 변경

풀이 폐기물 중간재활용업, 폐기물 최종재활용업 및 폐기물 종합재활용업
① 재활용 대상 폐기물의 변경
② 폐기물 재활용 유형의 변경
③ 폐기물 재활용시설 소재지의 변경
④ 운반차량(임시차량은 제외한다)의 증차
⑤ 폐기물 재활용시설의 신설
⑥ 허가 또는 변경허가를 받은 재활용 용량의 100분의 30 이상(금속을 회수하는 최종재활용업 또는 종합재활용업의 경우에는 100분의 50 이상)의 변경(허가 또는 변경허가를 받은 후 변경되는 누계를 말한다)
⑦ 주요 설비의 변경. 다만, 다음 ㉠ 및 ㉡의 경우만 해당한다.
  ㉠ 폐기물 재활용시설의 구조 변경으로 인하여 기준이 변경되는 경우
  ㉡ 배출시설의 변경허가 또는 변경신고의 대상이 되는 경우
⑧ 허용보관량의 변경

69 폐기물 처분시설 또는 재활용시설 중 음식물류 폐기물을 대상으로 하는 시설의 기술관리인 자격기준으로 틀린 것은?

① 토양환경산업기사
② 수질환경산업기사
③ 대기환경산업기사
④ 토목산업기사

풀이 폐기물 처분시설 또는 재활용시설의 기술관리인의 자격기준

구분	자격기준
매립시설	폐기물처리기사, 수질환경기사, 토목기사, 일반기계기사, 건설기계기사, 화공기사, 토양환경기사 중 1명 이상
소각시설(의료폐기물을 대상으로 하는 소각시설은 제외한다), 시멘트 소성로 및 용해로	폐기물처리기사, 대기환경기사, 토목기사, 일반기계기사, 건설기계기사, 화공기사, 전기기사, 전기공사기사 중 1명 이상
의료폐기물을 대상으로 하는 시설	폐기물처리산업기사, 임상병리사, 위생사 중 1명 이상
음식물류 폐기물을 대상으로 하는 시설	폐기물처리산업기사, 수질환경산업기사, 화공산업기사, 토목산업기사, 대기환경산업기사, 일반기계기사, 전기기사 중 1명 이상
그 밖의 시설	같은 시설의 운영을 담당하는 자 1명 이상

70 과징금의 사용용도로 적정치 않은 것은?

① 광역 폐기물처리시설의 확충
② 폐기물로 인하여 예상되는 환경상 위해를 제거하기 위한 처리
③ 폐기물처리시설의 지도·점검에 필요한 시설·장비의 구입 및 운영
④ 폐기물처리기술의 개발 및 장비개선에 소요되는 비용

풀이 과징금의 사용용도
① 광역 폐기물처리시설(지정폐기물 공공 처리시설을 포함한다)의 확충
①의2. 공공 재활용기반시설의 확충

② 처리한 폐기물 중 그 폐기물을 처리한 자나 그 폐기물의 처리를 위탁한 자를 확인할 수 없는 폐기물로 인하여 예상되는 환경상 위해를 제거하기 위한 처리
③ 폐기물처리업자나 폐기물처리시설의 지도·점검에 필요한 시설·장비의 구입 및 운영

71 주변지역 영향 조사대상 폐기물처리시설 기준으로 옳은 것은?

매립면적 (   ) 제곱미터 이상의 사업장 일반폐기물 매립시설

① 1만   ② 3만
③ 5만   ④ 15만

풀이 주변지역 영향 조사대상 폐기물처리시설 기준
① 1일 처리능력이 50톤 이상인 사업장폐기물 소각시설(같은 사업장에 여러 개의 소각시설이 있는 경우에는 각 소각시설의 1일 처리능력의 합계가 50톤 이상인 경우를 말한다)
② 매립면적 1만 제곱미터 이상의 사업장 지정폐기물 매립시설
③ 매립면적 15만 제곱미터 이상의 사업장 일반폐기물 매립시설
④ 시멘트 소성로(폐기물을 연료로 사용하는 경우로 한정한다)
⑤ 1일 재활용능력이 50톤 이상인 사업장폐기물 소각열회수시설(같은 사업장에 여러 개의 소각열회수시설이 있는 경우에는 각 소각열회수시설의 1일 재활용능력의 합계가 50톤 이상인 경우를 말한다)

72 매립시설 및 소각시설의 주변지역 영향조사 횟수 기준에 관한 내용으로 (   )에 옳은 것은?

각 항목당 계절을 달리하며 (㉠) 측정하되, 악취는 여름(6월부터 8월까지)에 (㉡) 측정하여야 한다.

① ㉠ 2회 이상, ㉡ 1회 이상
② ㉠ 3회 이상, ㉡ 2회 이상
③ ㉠ 1회 이상, ㉡ 2회 이상
④ ㉠ 4회 이상, ㉡ 3회 이상

정답 69 ① 70 ④ 71 ④ 72 ①

풀이 폐기물처리시설 주변지역 영향조사 기준(조사횟수) 각 항목당 계절을 달리하여 2회 이상 측정하되, 악취는 여름(6월부터 8월까지)에 1회 이상 측정하여야 한다.

73 폐기물처리시설의 설치, 운영을 위탁받을 수 있는 자의 기준에 관한 내용 중 소각시설의 경우 보유하여야 하는 기술인력 기준으로 옳지 않은 것은?

① 일반기계기사 1급 1명
② 폐기물처리기술사 1명
③ 시공분야에서 3년 이상 근무한 자 1명
④ 폐기물처리기사 또는 대기환경기사 1명

풀이 폐기물처리시설(소각시설)의 설치, 운영을 위탁받을 수 있는 자
 ① 폐기물처리기술사 1명
 ② 폐기물처리기사 또는 대기환경기사 1명
 ③ 일반기계기사 1급
 ④ 시공분야에서 2년 이상 근무한 자 2명
 ⑤ 1일 50톤 이상의 폐기물소각시설에서 천정크레인을 1년 이상 운전한 자 1명과 천정크레인 외의 처분시설의 운전분야에서 2년 이상 근무한 자 2명

74 폐기물 처리시설 종류의 구분이 틀린 것은?

① 기계적 재활용시설 : 유수 분리 시설
② 화학적 재활용시설 : 연료화 시설
③ 생물학적 재활용시설 : 버섯재배시설
④ 생물학적 재활용시설 : 호기성 · 혐기성 분해시설

풀이 폐기물처리시설(화학적 재활용시설)
 ① 고형화 · 고화 · 안정화 시설
 ② 반응시설(중화 · 산화 · 환원 · 중합 · 축합 · 치환 등의 화학반응을 이용하여 폐기물을 재활용하는 단위시설을 포함한다)
 ③ 응집 · 침전 시설

[Note] 연료화 시설은 기계적 재활용시설이다.

75 폐기물처리사업 계획의 적합통보를 받은 자 중 소각시설의 설치가 필요한 경우에는 환경부 장관이 요구하는 시설 · 장비 · 기술능력을 갖추어 허가를 받아야 한다. 허가신청서에 추가서류를 첨부하여 적합통보를 받은 날부터 언제까지 시 · 도지사에게 제출하여야 하는가?

① 6개월 이내　　② 1년 이내
③ 2년 이내　　④ 3년 이내

풀이 적합통보를 받은 자는 그 통보를 받은 날부터 2년(폐기물 수집 · 운반업의 경우에는 6개월, 폐기물처리업 중 소각시설과 매립시설의 설치가 필요한 경우에는 3년) 이내에 환경부령으로 정하는 기준에 따른 시설 · 장비 및 기술능력을 갖추어 업종, 영업대상 폐기물 및 처리분야별로 지정폐기물을 대상으로 하는 경우에는 환경부장관, 그 밖의 폐기물을 대상으로 하는 경우에는 시 · 도지사의 허가를 받아야 한다.

76 폐기물 관리의 기본원칙으로 틀린 것은?

① 누구든지 폐기물을 배출하는 경우에는 주변환경이나 주민의 건강에 위해를 끼치지 아니하도록 사전에 적절한 조치를 하여야 한다.
② 환경오염을 일으킨 자는 오염된 환경을 복원하기보다 오염으로 인한 피해의 구제에 드는 비용만 부담하여야 한다.
③ 국내에서 발생한 폐기물은 가능하면 국내에서 처리되어야 하고, 폐기물의 수입은 되도록 억제되어야 한다.
④ 폐기물은 그 처리과정에서 양과 유해성을 줄이도록 하는 등 환경보전과 국민건강보호에 적합하게 처리되어야 한다.

풀이 폐기물 관리의 기본원칙
 ① 사업자는 제품의 생산방식 등을 개선하여 폐기물의 발생을 최대한 억제하고, 발생한 폐기물을 스스로 재활용함으로써 폐기물의 배출을 최소화하여야 한다.
 ② 누구든지 폐기물을 배출하는 경우에는 주변 환경이나 주민의 건강에 위해를 끼치지 아니하도록 사전에 적절한 조치를 하여야 한다.

③ 폐기물은 그 처리과정에서 양과 유해성을 줄이도록 하는 등 환경보전과 국민건강보호에 적합하게 처리되어야 한다.

④ 폐기물로 인하여 환경오염을 일으킨 자는 오염된 환경을 복원할 책임을 지며, 오염으로 인한 피해의 구제에 드는 비용을 부담하여야 한다.

⑤ 국내에서 발생한 폐기물은 가능하면 국내에서 처리되어야 하고, 폐기물의 수입은 되도록 억제되어야 한다.

⑥ 폐기물은 소각, 매립 등의 처분을 하기보다는 우선적으로 재활용함으로써 자원생산성의 향상에 이바지하도록 하여야 한다.

77 휴업·폐업 등의 신고에 관한 설명으로 ( )에 알맞은 것은?

폐기물처리업자 또는 폐기물처리 신고자가 휴업·폐업 또는 재개업을 한 경우에는 휴업·폐업 또는 재개업을 한 날부터 ( ) 이내에 시·도지사나 지방환경관서의 장에게 신고서를 제출하여야 한다.

① 5일 　② 10일
③ 20일 　④ 30일

[풀이] 폐기물처리업자 또는 폐기물처리신고자가 휴업·폐업 또는 재개업을 한 경우에는 휴업·폐업 또는 재개업을 한 날부터 20일 이내에 시·도지사나 지방환경관서의 장에게 신고서를 제출하여야 한다.

78 매립시설 검사기관으로 틀린 것은?

① 한국매립지관리공단
② 한국환경공단
③ 한국건설기술연구원
④ 한국농어촌공사

[풀이] 환경부령으로 정하는 검사기관
① 소각시설
　㉠ 한국환경공단
　㉡ 한국기계연구원
　㉢ 한국산업기술시험원
　㉣ 대학, 정부 출연기관, 그 밖에 소각시설을 검

사할 수 있다고 인정하여 환경부장관이 고시하는 기관
② 매립시설
　㉠ 한국환경공단
　㉡ 한국건설기술연구원
　㉢ 한국농어촌공사
　㉣ 수도권매립지관리공사
③ 멸균분쇄시설
　㉠ 한국환경공단
　㉡ 보건환경연구원
　㉢ 한국산업기술시험원
④ 음식물 폐기물 처리시설
　㉠ 한국환경공단
　㉡ 한국산업기술시험원
　㉢ 그 밖에 환경부장관이 정하여 고시하는 기관
⑤ 시멘트 소성로
　소각시설의 검사기관과 동일
⑥ 소각열회수시설의 검사기관
　소각시설의 검사기관과 동일(에너지회수 외의 검사)

79 폐기물처리업자가 방치한 폐기물의 경우 폐기물처리 공제조합에 처리를 명할 수 있는 방치폐기물의 처리량은 그 폐기물처리업자의 폐기물 허용보관량의 몇 배 이내인가?

① 1.5배 이내 　② 2.0배 이내
③ 2.5배 이내 　④ 3.0배 이내

[풀이] 방치폐기물의 처리량과 처리기간
① 폐기물처리 공제조합에 처리를 명할 수 있는 방치폐기물의 처리량은 다음 각 호와 같다.
　㉠ 폐기물처리업자가 방치한 폐기물의 경우 : 그 폐기물처리업자의 폐기물 허용보관량의 1.5배 이내
　㉡ 폐기물처리 신고자가 방치한 폐기물의 경우 : 그 폐기물처리 신고자의 폐기물 보관량의 1.5배 이내
② 환경부장관이나 시·도지사는 폐기물처리 공제조합에 방치폐기물의 처리를 명하려면 주변환경의 오염 우려 정도와 방치폐기물의 처리량 등을 고려하여 2개월의 범위에서 그 처리기간을 정하여야 한다. 다만, 부득이한 사유로 처리기간 내에

방치폐기물을 처리하기 곤란하다고 환경부장관
이나 시·도지사가 인정하면 1개월의 범위에서
한 차례만 그 기간을 연장할 수 있다.

80 에너지 회수기준으로 알맞지 않은 것은?

① 다른 물질과 혼합하지 아니하고 해당 폐기물의
저위발열량이 킬로그램당 3천킬로칼로리 이상
일 것
② 환경부장관이 정하여 고시하는 경우에는 폐기물
의 30퍼센트 이상을 원료나 재료로 재활용하고
그 나머지 중에서 에너지의 회수에 이용할 것
③ 회수열을 50퍼센트 이상 열원으로 스스로 이용
하거나 다른 사람에게 공급할 것
④ 에너지의 회수효율(회수에너지 총량을 투입에너
지총량으로 나눈 비율을 말한다.)이 75퍼센트
이상일 것

풀이 에너지 회수기준
① 다른 물질과 혼합하지 아니하고 해당 폐기물의 저
위발열량이 킬로그램당 3천 킬로칼로리 이상일 것
② 에너지의 회수효율(회수에너지 총량을 투입에너
지 총량으로 나눈 비율을 말한다)이 75퍼센트 이
상일 것
③ 회수열을 모두 열원으로 스스로 이용하거나 다른
사람에게 공급할 것
④ 환경부장관이 정하여 고시하는 경우에는 폐기물
의 30퍼센트 이상을 원료나 재료로 재활용하고
그 나머지 중에서 에너지 회수에 이용할 것

1과목 폐기물개론

01 쓰레기 발생원과 발생 쓰레기 종류의 연결로 가장 거리가 먼 것은?

① 주택지역 – 조대폐기물

② 개방지역 – 건축폐기물

③ 농업지역 – 유해폐기물

④ 상업지역 – 합성수지류

풀이 개방지역과 건축폐기물은 상관성이 없으며 생활폐기물과 관련이 있다.

02 쓰레기를 압축시켜 용적 감소율(Volume Reduction)이 61%인 경우 압축비(Compactor Ratio)는?

① 2.1   ② 2.6

③ 3.1   ④ 3.6

풀이 압축비$(CR) = \dfrac{V_i}{V_f} = \dfrac{100}{(100-61)}$

$= \dfrac{100}{100-61} = 2.56$

03 함수율이 각각 90%, 70%인 하수슬러지를 무게비 3 : 1로 혼합하였다면 혼합 하수슬러지의 함수율(%)은?(단, 하수슬러지 비중=1.0)

① 81   ② 83

③ 85   ④ 87

풀이 함수율$(\%) = \dfrac{(3 \times 0.9) + (1 \times 0.7)}{3+1} \times 100$

$= 85\%$

04 물렁거리는 가벼운 물질로부터 딱딱한 물질을 선별하는 데 이용되며, 경사진 컨베이어를 통해 폐기물을 주입시켜 회전하는 드럼 위에 떨어뜨려 분류하는 선별 방식은?

① Stoners   ② Jigs

③ Secators   ④ Float Separator

풀이 스케터(Secators)

경사진 컨베이어를 통해 폐기물을 주입시켜 천천히 회전하는 드럼 위에 떨어뜨려서 선별하는 장치이다. 물렁거리는 가벼운 물질(가볍고 탄력 없는 물질)로부터 딱딱한 물질(무겁고 탄력 있는 물질)을 선별하는 데 사용되며, 주로 퇴비 중의 유리조각을 추출할 때 이용되는 선별장치이다.

05 제품 및 제품에 의해 발생된 폐기물에 대하여 포괄적인 생산자의 책임을 원칙으로 하는 제도는?

① 종량제   ② 부담금제도

③ EPR제도   ④ 전표제도

풀이 EPR제도(생산자책임 재활용제도)

폐기물은 단순히 버려져 못쓰는 것이라는 의식을 바꾸어 '폐기물=자원'이라는 공감대를 확산시킴으로써 재활용 정책에 활력을 불어넣는 제도이며, 폐기물의 자원화를 위해 EPR의 정착과 활성화가 필수적이다.

06 폐기물의 퇴비화 조건이 아닌 것은?

① 퇴비화하기 쉬운 물질을 선정한다.

② 분뇨, 슬러지 등 수분이 많을 경우 Bulking Agent를 혼합한다.

③ 미생물 식종을 위해 부숙 중인 퇴비의 일부를 반송하여 첨가한다.

④ pH가 5.5 이하인 경우 인위적인 pH 조절을 위해 탄산칼슘을 첨가한다.

풀이 미생물 식종을 위해 부숙 중인 다량의 숙성퇴비를 반송하여 첨가한다.

07 발열량과 발열량 분석에 관한 설명으로 틀린 것은?

① 발열량은 쓰레기 1kg을 완전연소시킬 때 발생하는 열량(kcal)을 말한다.

② 고위발열량(H_h)은 발열량계에서 측정한 값에서 물의 증발잠열을 뺀 값을 말한다.

③ 발열량 분석은 원소분석 결과를 이용하는 방법으로 고위발열량과 저위발열량을 추정할 수 있다.

④ 저위발열량(H_l, kcal/kg)을 산정하는 방법으로 $H_h - 600(9H + W)$을 사용한다.

> 풀이) 저위발열량은 발열량계에서 측정한 고위발열량에서 수분의 증발잠열(응축잠열)을 제외한 열량을 말한다.

08 쓰레기 수거능을 판별할 수 있는 MHT에 대한 설명으로 가장 적절한 것은?

① 1톤의 쓰레기를 수거하는 데 수거인부 1인이 소요하는 총 시간

② 1톤의 쓰레기를 수거하는 데 소요되는 인부 수

③ 수거인부 1인이 시간당 수거하는 쓰레기 톤 수

④ 수거인부 1인이 수거하는 쓰레기 톤 수

> 풀이) MHT(Man Hour per Ton : 수거노동력)
> 폐기물 1ton당 인력소요시간, 즉 수거인부 1인이 폐기물 1ton을 수거하는 데 소요되는 시간을 의미한다.

09 쓰레기의 발생량 조사 방법이 아닌 것은?

① 경향법 ② 적재차량 계수분석법

③ 직접계근법 ④ 물질수지법

> 풀이) 폐기물 발생량 측정(조사)방법
> ① 적재차량 계수분석법
> ② 직접계근법
> ③ 물질수지법
> ④ 통계조사(표본조사, 전수조사)

10 선별에 관한 설명으로 맞는 것은?

① 회전스크린은 회전자를 이용한 탄도식 선별장치이다.

② 와전류 선별기는 철로부터 알루미늄과 구리의 2가지를 모두 분리할 수 있다.

③ 경사 컨베이어 분리기는 부상선별기의 한 종류이다.

④ Zigzag 공기선별기는 column의 난류를 줄여줌으로써 선별 효율을 높일 수 있다.

> 풀이) ① 회전스크린은 회전통의 경사도를 이용하는 선별장치이다.
> ③ 경사 컨베이어 분리기는 원심분리기의 한 종류이다.
> ④ 지그재그(Zigzag) 공기선별기는 컬럼의 난류를 높여 줌으로써 선별효율을 높일 수 있다.

11 105~110℃에서 4시간 건조된 쓰레기의 회분량은 15%인 것으로 조사되었다. 이 경우 건조 전 수분을 함유한 생쓰레기의 회분량(%)은?(단, 생쓰레기의 함수율=25%)

① 16.25 ② 13.25

③ 11.25 ④ 8.25

> 풀이) 건조 전 수분 함유 생쓰레기의 회분량
> $$= 15\% \times \frac{100 - 25}{100} = 11.25\%$$

12 쓰레기의 발생량 조사 방법인 물질수지법에 관한 설명으로 옳지 않은 것은?

① 주로 산업폐기물 발생량을 추산할 때 이용된다.

② 비용이 저렴하고 정확한 조사가 가능하여 일반적으로 많이 활용된다.

③ 조사하고자 하는 계의 경계를 정확하게 설정하여야 한다.

④ 물질수지를 세울 수 있는 상세한 데이터가 있는 경우에 가능하다.

풀이 쓰레기 발생량 조사(측정방법)

조사방법	내용
적재차량 계수분석법 (Load-count analysis)	• 일정기간 동안 특정 지역의 쓰레기 수거·운반차량의 대수를 조사하여, 이 결과로 밀도를 이용하여 질량으로 환산하는 방법(차량의 대수에 폐기물의 겉보기 비중을 선정하여 중량으로 환산하는 방법) • 조사장소는 중간적하장이나 중계처리장이 적합 • 단점으로는 쓰레기의 밀도 또는 압축 정도에 따라 오차가 크다는 것
직접계근법 (Direct weighting method)	• 일정기간 동안 특정 지역의 쓰레기 수거·운반차량을 중간적하장이나 중계처리장에서 직접 계근하는 방법(트럭 스케일 방법) • 입구에서 쓰레기가 적재되어 있는 차량과 출구에서 쓰레기를 적하한 공차량을 계근하여 쓰레기양 산출 • 장점으로는 비교적 정확한 쓰레기 발생량을 파악할 수 있는 방법 • 단점으로는 적재차량 계수분석에 비하여 작업량이 많고 번거로움이 있음
물질수지법 (Material balance method)	• 시스템으로 유입되는 모든 물질들과 유출되는 모든 폐기물의 양에 대하여 물질수지를 세움으로써 폐기물 발생량을 추정하는 방법 • 주로 산업폐기물 발생량을 추산할 때 이용하는 방법 • 단점으로는 비용이 많이 소요되고 작업량이 많아 널리 이용되지 않음, 즉 특수한 경우에만 사용됨 • 우선적으로 조사하고자 하는 계의 경계를 정확하게 설정해야 함 • 물질수지를 세울 수 있는 상세한 데이터가 있는 경우에 가능
통계 조사	표본조사 (단순 샘플링 검사) • 조사기간이 짧음 • 비용이 적게 소요됨 • 조사상 오차가 큼
	전수조사 • 표본오차가 작아 신뢰도가 높음(정확함) • 행정시책에 대한 이용도가 높음 • 조사기간이 긺 • 표본치의 보정역할이 가능함

13 슬러지의 함유수분 중 가장 많은 수분함유도를 유지하고 있는 것은?

① 표면부착수　　② 모관결합수
③ 간극수　　　　④ 내부수

풀이 간극수(Cavemous Water)
큰 고형물 입자 간극에 존재하며 슬러지 내 존재하는 물의 형태 중 아주 많은 양을 차지한다.

[Note] 수분함유도(간극수 > 모관결합수 > 표면부착수 > 내부수)

14 폐기물관리법의 적용을 받는 폐기물은?

① 방사능 폐기물
② 용기에 들어 있지 않은 기체상의 물질
③ 분뇨
④ 폐유독물

풀이 폐기물관리법을 적용하지 않는 해당물질
① 「원자력안전법」에 따른 방사성 물질과 이로 인하여 오염된 물질
② 용기에 들어 있지 아니한 기체상태의 물질
③ 「물환경보전법」에 따른 수질오염 방지시설에 유입되거나 공공수역으로 배출되는 폐수
④ 「가축분뇨의 관리 및 이용에 관한 법률」에 따른 가축분뇨
⑤ 「하수도법」에 따른 하수·분뇨
⑥ 「가축전염병예방법」이 적용되는 가축의 사체, 오염 물건, 수입 금지 물건 및 검역 불합격품
⑦ 「수산생물질병 관리법」에 적용되는 수산동물의 사체, 오염된 시설 또는 물건, 수입금지물건 및 검역 불합격품
⑧ 「군수품관리법」에 따라 폐기되는 탄약

15 연간 폐기물 발생량이 8,000,000톤인 지역에서 1일 평균 수거인부가 3,000명이 소요되었으며, 1일 작업시간이 평균 8시간일 경우 MHT는?(단, 1년=365일로 산정)

① 1.0　　　　　② 1.1
③ 1.2　　　　　④ 1.3

풀이 $\text{MHT} = \dfrac{수거인부 \times 수거인부\ 총수거시간}{총수거량}$

$= \dfrac{3,000인 \times 8\text{hr/day} \times 365\text{day/year}}{8,000,000\text{ton/year}}$

$= 1.1\text{man} \cdot \text{hr/ton(MHT)}$

16 적환장에 대한 설명으로 옳지 않은 것은?

① 최종처리장과 수거지역의 거리가 먼 경우 사용하는 것이 바람직하다.

② 저밀도 거주지역이 존재할 때 설치한다.

③ 재사용 가능한 물질의 선별시설 설치가 가능하다.

④ 대용량의 수집차량을 사용할 때 설치한다.

풀이 적환장 설치가 필요한 경우
　① 작은 용량의 수집차량을 사용할 때(15m³ 이하)
　② 저밀도 거주지역이 존재할 때
　③ 불법투기와 다량의 어질러진 쓰레기들이 발생할 때
　④ 슬러지 수송이나 공기수송방식을 사용할 때
　⑤ 처분지가 수집장소로부터 멀리 떨어져 있을 때
　⑥ 상업지역에서 폐기물 수집에 소형 용기를 많이 사용하는 경우
　⑦ 쓰레기 수송 비용절감이 필요한 경우
　⑧ 압축식 수거 시스템인 경우

17 고형분이 50%인 음식물쓰레기 10ton을 소각하기 위해 수분 함량을 20%가 되도록 건조시켰다. 건조된 쓰레기의 최종중량(ton)은?(단, 비중은 1.0 기준)

① 약 3.0　　　　　② 약 4.1
③ 약 5.2　　　　　④ 약 6.3

풀이 $10\text{ton} \times (1-0.5)$ = 건조된 쓰레기 중량 $\times (1-0.2)$

건조된 쓰레기 중량 = $\dfrac{10\text{ton} \times 0.5}{0.8} = 6.25\text{ton}$

18 LCA(전과정평가, Life Cycle Assessment)의 구성요소에 해당하지 않는 것은?

① 목적 및 범위의 설정　② 분석평가
③ 영향평가　　　　　　④ 개선평가

풀이 전과정평가(LCA)
　① Scoping Analysis : 설정분석(목표 및 범위)
　② Inventory Analysis : 목록분석
　③ Impact Analysis : 영향분석
　④ Improvement Analysis : 개선분석(개선평가)

19 생활폐기물의 발생량을 나타내는 발생원 단위로 가장 적합한 것은?

① kg/capita · day
② ppm/capita · day
③ m³/capita · day
④ L/capita · day

풀이 생활폐기물의 발생량을 나타내는 발생원 단위 : kg/인 · 일

20 폐기물의 열분해(Pyrolysis)에 관한 설명으로 틀린 것은?

① 무산소 또는 저산소 상태에서 반응한다.
② 분해와 응축반응이 일어난다.
③ 발열반응이다.
④ 반응 시 생성되는 Gas는 주로 메탄, 일산화탄소, 수소가스이다.

풀이 열분해(Pyrolysis)
　① 열분해란 공기가 부족한 상태(무산소 혹은 저산소 분위기)에서 가연성 폐기물을 연소시켜(간접 가열에 의해) 유기물질로부터 가스, 액체 및 고체 상태의 연료를 생산하는 공정을 의미하며 흡열반응을 한다.
　② 예열, 건조과정을 거치므로 보조연료의 소비량이 증가되어 유지관리비가 많이 소요된다.
　③ 폐기물을 산소의 공급 없이 가열하여 가스, 액체, 고체의 3성분으로 분리한다.(연소가 고도의 발열반응임에 비해 열분해는 고도의 흡열반응이다.)
　④ 분해와 응축반응이 일어난다.
　⑤ 필요한 에너지를 외부에서 공급해 주어야 한다.

2과목 폐기물처리기술

21 혐기성 소화의 장단점이라 할 수 없는 것은?

① 동력시설을 거의 필요로 하지 않으므로 운전비용이 저렴하다.

② 소화 슬러지의 탈수 및 건조가 어렵다.

③ 반응이 더디고 소화기간이 비교적 오래 걸린다.

④ 소화가스는 냄새가 나며 부식성이 높은 편이다.

풀이 ① 혐기성 소화의 장점
  ㉠ 호기성 처리에 비해 슬러지 발생량(소화 슬러지)이 적다.
  ㉡ 동력시설의 소모가 적어 운전비용(동력비)이 저렴하다.(산소공급 불필요)
  ㉢ 생성슬러지의 탈수 및 건조가 쉽다.(탈수성 양호)
  ㉣ 메탄가스 회수가 가능하다.(회수된 가스를 연료로 사용 가능함)
  ㉤ 병원균이나 기생충란의 사멸이 가능하다.(부패성, 유기물을 안정화시킴)
  ㉥ 고농도 폐수처리가 가능하다.(국내 대부분의 하수처리장에서 적용 중)
  ㉦ 소화 슬러지의 탈수성이 좋다.
  ㉧ 암모니아, 인산 등 영양염류의 제거율이 낮다.
② 혐기성 소화의 단점
  ㉠ 호기성 소화공법보다 운전이 용이하지 않다.(운전이 어려우므로 유지관리에 숙련이 필요함)
  ㉡ 소화가스는 냄새(NH_3, H_2S)가 문제 된다.(악취 발생 문제)
  ㉢ 부식성이 높은 편이다.
  ㉣ 높은 온도가 요구되며 미생물 성장속도가 느리다.
  ㉤ 상등수의 농도가 높고 반응이 더디어 소화기간이 비교적 오래 걸린다.
  ㉥ 처리효율이 낮고 시설비가 많이 든다.

22 함수율 99%인 잉여슬러지 40m³를 농축하여 96%로 했을 때 잉여슬러지의 부피(m³)는?

① 5   ② 10
③ 15   ④ 20

풀이 $40m^3 \times (1-0.99)$
$=$농축 후 잉여슬러지$(m^3) \times (1-0.96)$
농축 후 잉여슬러지 부피(m^3)
$= \dfrac{40m^3 \times (1-0.99)}{1-0.96} = 10m^3$

23 사업장폐기물의 퇴비화에 대한 내용으로 틀린 것은?

① 퇴비화 이용이 불가능하다.

② 토양오염에 대한 평가가 필요하다.

③ 독성물질의 함유농도에 따라 결정하여야 한다.

④ 중금속 물질의 전처리가 필요하다.

풀이 사업장폐기물 성분 중 유기물은 퇴비화 이용이 가능하다.

24 일반폐기물의 소각처리에서 통상적인 폐기물의 원소 분석치를 이용하여 얻을 수 있는 항목으로 가장 거리가 먼 것은?

① 연소용 공기량

② 배기가스양 및 조성

③ 유해가스의 종류 및 양

④ 소각재의 성분

풀이 폐기물의 원소분석치를 이용하여 얻을 수 있는 항목
  ① 연소용 공기량
  ② 배기가스양 및 조성
  ③ 유해가스의 종류 및 양

25 해안매립공법에 대한 설명으로 옳지 않은 것은?

① 순차투입방법은 호안 측으로부터 순차적으로 쓰레기를 투입하여 육지화하는 방법이다.

② 수심이 깊은 처분장에서는 건설비 과다로 내수를 완전히 배제하기가 곤란한 경우가 많아 순차투입방법을 택하는 경우가 많다.

③ 처분장은 면적이 크고 1일 처분량이 많다.

④ 수중부에 쓰레기를 깔고 압축작업과 복토를 실시하므로 근본적으로 내륙매립과 같다.

풀이 해안매립
① 처분장의 면적이 크고, 1일 처분량이 많으나 완전한 샌드위치방식에 의한 매립이 곤란하다.
② 수중부에 쓰레기를 깔고 압축작업과 복토를 실시하기 어려우므로 근본적으로 내륙매립과 다르다.

26 쓰레기 소각로의 열부하가 $50,000\text{kcal/m}^3 \cdot \text{hr}$이며 쓰레기의 저위발열량 $1,800\text{kcal/kg}$, 쓰레기중량 $20,000\text{kg}$일 때 소각로의 용량(m^3)은?(단, 소각로는 8시간 가동)

① 15   ② 30
③ 60   ④ 90

풀이 소각로 용량$(\text{m}^3) = \dfrac{\text{소각량} \times \text{저위발열량}}{\text{소각로 열부하율}}$

$= \dfrac{20,000\text{kg} \times 1,800\text{kcal/kg}}{50,000\text{kcal/m}^3 \cdot \text{hr} \times 8\text{hr}}$

$= 90\text{m}^3$

27 매립된 쓰레기 양이 $1,000\text{ton}$이고 유기물 함량이 40%이며, 유기물에서 가스로 전환율이 70%이다. 유기물 kg당 0.5m^3의 가스가 생성되고 가스 중 메탄 함량이 40%일 때 발생되는 총 메탄의 부피(m^3)는?(단, 표준상태로 가정)

① 46,000   ② 56,000
③ 66,000   ④ 76,000

풀이 $CH_4(\text{m}^3) = 0.5\text{m}^3 CH_4/\text{kg} \cdot VS \times 1,000$
$\times 10^3\text{kg} \times 0.4 \times 0.7 \times 0.4$
$= 56,000\text{m}^3$

28 폐타이어의 재활용 기술로 가장 거리가 먼 것은?

① 열분해를 이용한 연료 회수
② 분쇄 후 유동층 소각로의 유동매체로 재활용
③ 열병합 발전의 연료로 이용
④ 고무 분말 제조

풀이 폐타이어 재활용기술
① 시멘트킬른 열이용
② 토목공사
③ 고무 분말 제조
④ 건류소각재 이용
⑤ 열분해를 이용한 연료 회수
⑥ 열병합 발전의 연료로 이용

[Note] 폐타이어는 융점이 낮아 분쇄 후 유동층 소각로의 유동매체로 재활용하기가 곤란하다.

29 오염된 농경지의 정화를 위해 다른 장소로부터 비오염 토양을 운반하여 넣는 정화기술은?

① 객토   ② 반전
③ 희석   ④ 배토

풀이 객토는 오염된 농경지의 정화를 위해 다른 장소로부터 비오염 토양을 운반하여 넣는 정화기술의 하나이다.

30 일반적으로 매립지 내 분해속도가 가장 느린 구성물질은?

① 지방   ② 단백질
③ 탄수화물   ④ 섬유질

풀이 매립지 내 분해속도
탄수화물 > 지방 > 단백질 > 섬유질 > 리그닌

31 매립장 침출수의 차단방법 중 표면차수막에 관한 설명으로 가장 거리가 먼 것은?

① 보수는 매립 전이라면 용이하지만 매립 후는 어렵다.
② 시공 시에는 눈으로 차수성 확인이 가능하지만 매립이 이루어지면 어렵다.
③ 지하수 집배수시설이 필요하지 않다.
④ 차수막의 단위면적당 공사비는 비교적 싸지만 총공사비는 비싸다.

풀이 표면차수막
① 적용조건
㉠ 매립지반의 투수계수가 큰 경우에 사용

ⓛ 매립지의 필요한 범위에 차수재료로 덮인 바닥이 있는 경우에 사용

② 시공

매립지 전체를 차수재료로 덮는 방식으로 시공

③ 지하수 집배수시설

원칙적으로 지하수 집배수시설을 시공하므로 필요함

④ 차수성 확인

시공 시에는 차수성이 확인되지만 매립 후에는 곤란함

⑤ 경제성

단위면적당 공사비는 저가이나 전체적으로 비용이 많이 듦

⑥ 보수

매립 전에는 보수, 보강 시공이 가능하나 매립 후에는 어려움

⑦ 공법 종류

ⓐ 지하연속벽

ⓑ 합성고무계 시트

ⓒ 합성수지계 시트

ⓓ 아스팔트계 시트

32 일반적인 슬러지 처리 계통도가 가장 올바르게 나열된 것은?

① 농축 → 안정화 → 개량 → 탈수 → 소각
② 탈수 → 개량 → 건조 → 안정화 → 소각
③ 개량 → 안정화 → 농축 → 탈수 → 소각
④ 탈수 → 건조 → 안정화 → 개량 → 소각

[풀이] 슬러지 처리공정(순서)

농축 → 소화(안정화) → 개량 → 탈수 → 건조 → 소각 → 매립

33 내륙매립공법 중 도랑형 공법에 대한 설명으로 옳지 않은 것은?

① 전처리로 압축 시 발생되는 수분처리가 필요하다.
② 침출수 수집장치나 차수막 설치가 어렵다.
③ 사전 정비작업이 그다지 필요하지 않으나 매립용량이 낭비된다.
④ 파낸 흙을 복토재로 이용 가능한 경우에 경제적이다.

[풀이] 도랑형 방식매립(Trench System : 도랑 굴착 매립공법)

① 도랑을 파고 폐기물을 매립한 후 다짐 후 다시 복토하는 방법이다.
② 매립지 바닥이 두껍고(지하수면이 지표면으로부터 깊은 곳에 있는 경우) 또한 복토를 적합한 지역에 이용하는 방법으로 거의 단층매립만 가능한 공법이다.
③ 도랑의 깊이는 약 2.5~7m(10m)로 하고 폭은 20m 정도이고 파낸 흙을 복토재로 이용 가능한 경우 경제적이다.(소규모 도랑 : 폭 5~8m, 깊이 1~2m)
④ 도랑에서 굴착된 토사는 매일 또는 중간복토로 사용하여 쓰레기의 날림을 최소화할 수 있다.
⑤ 매립종료 후 토지이용 효율이 증대된다.
⑥ 도랑은 합성수지나 점토를 이용하여 차수시설을 하여 가스나 침출수의 이동을 최소화시킨다.
⑦ 사전 정비작업이 필요하지 않으나 단층매립으로 매립용량의 낭비가 크다.
⑧ 사전작업 시 침출수 수집장치나 차수막 설치가 용이하지 못하다.

34 쓰레기 퇴지방(야적)의 세균 이용법에 해당하는 것은?

① 대장균 이용
② 혐기성 세균의 이용
③ 호기성 세균의 이용
④ 녹조류의 이용

[풀이] 쓰레기 퇴지방(야적)의 세균 이용법은 호기성 세균을 이용하는 방법을 의미한다.

35 폐기물 고화처리 시 고화재의 종류에 따라 무기적 방법과 유기적 방법으로 나눌 수 있다. 유기적 고형화에 관한 설명으로 틀린 것은?

① 수밀성이 크며 다양한 폐기물에 적용할 수 있다.
② 최종 고화체의 체적 증가가 거의 균일하다.
③ 미생물, 자외선에 대한 안정성이 약하다.
④ 상업화된 처리법의 현장자료가 빈약하다.

풀이 유기성(유기적) 고형화 기술

요소수지, 폴리부타디엔, 폴리에스테르, 에폭시, 아스팔트 등을 이용하여 주로 방사성 폐기물 등을 안정화시키는 방법이다.

① 일반적으로 물리적으로 봉입한다.
② 처리비용이 고가이다.
③ 최종 고화체의 체적 증가가 다양하다.
④ 수밀성이 매우 크고 다양한 폐기물에 적용하기 용이하다.
⑤ 미생물, 자외선에 대한 안정성이 약하다.
⑥ 일반 폐기물보다 방사성 폐기물 처리에 적용한다. 즉, 방사성 폐기물을 제외한 기타 폐기물에 대한 적용사례가 제한되어 있다.
⑦ 상업화된 처리법의 현장자료가 미비하다.
⑧ 고도 기술을 필요로 하며 촉매 등 유해물질이 사용된다.
⑨ 역청, 파라핀, PE, UPE 등을 이용한다.

36 고형화 처리의 목적에 해당하지 않는 것은?

① 취급이 용이하다.
② 폐기물 내 독성이 감소한다.
③ 폐기물 내 오염물질의 용해도가 감소한다.
④ 폐기물 내 손실 성분이 증가한다.

풀이 고형화 처리의 목적

① 유해폐기물의 불활성화(독성 저하 및 폐기물 내의 오염물질 이동성 감소)
② 용출 억제(물리적으로 안정한 물질로 변화), 즉 폐기물 내 손실 성분이 감소
③ 토양개량 및 매립 시 충분한 강도 확보
④ 취급 용이 및 재활용(건설자재) 가능

37 매립지에서 흔히 사용되는 합성차수막이 아닌 것은?

① LFG
② HDPE
③ CR
④ PVE

풀이 합성차수막의 종류

① IIR : Isoprene−isobutylene(Butyl Rubber)
② CPE : Chlorinated Polyethylene
③ CSPE : Chlorosulfonated Polyethylene
④ EPDM : Ethylene Propylene Diene Monomer
⑤ LDPE : Low−density Polyethylene
⑥ HDPE : High−density Polyethylene
⑦ CR : Chloroprene Rubber(Neoprene, Poly chloroprene)
⑧ PVC : Polyvinyl Chloride

38 소화 슬러지의 발생량은 투입량(200kL)의 10%이며 함수율이 95%이다. 탈수기에서 함수율을 80%로 낮추면 탈수된 Cake의 부피(m^3)는?(단, 슬러지의 비중=1.0)

① 2.0　　　　② 3.0
③ 4.0　　　　④ 5.0

풀이 $(200\text{kL} \times 0.1) \times (1-0.95)$
$= $ 탈수된 Cake 부피 $\times (1-0.8)$
탈수된 Cake 부피 (m^3)

$= \dfrac{20\text{kL} \times 0.05 \times m^3/\text{kL}}{0.2} = 5.0m^3$

39 혐기성 분해에 영향을 주는 인자로서 가장 거리가 먼 것은?

① 탄질비
② pH
③ 유기산농도
④ 온도

풀이 혐기성 분해 영향 인자

① pH
② 온도
③ 유기산 농도
④ 방해물질(중금속류 등)

[Note] 탄질비는 퇴비화의 영향 인자이다.

정답　36 ④　37 ①　38 ④　39 ①

40 다양한 종류의 호기성미생물과 효소를 이용하여 단기간에 유기물을 발효시켜 사료를 생산하는 습식방식에 의한 사료화의 특징이 아닌 것은?

① 처리 후 수분함량이 30% 정도로 감소한다.
② 종균제 투입 후 30~60℃에서 24시간 발효와 350℃에서 고온 멸균처리한다.
③ 비용이 적게 소요된다.
④ 수분함량이 높아 통기성이 나쁘고 변질 우려가 있다.

풀이 처리 후 수분함량이 50~60% 정도이다.

3과목 **폐기물공정시험기준(방법)**

41 다음에 제시된 온도의 최대 범위 중 가장 높은 온도를 나타내는 것은?

① 실온
② 상온
③ 온수
④ 추출된 노말헥산의 증류온도

풀이 ① 실온 : 1~35℃
② 상온 : 15~25℃
③ 온수 : 60~70℃
④ 추출된 노말헥산의 증류온도 : 80℃ 정도

42 다음 설명에서 ( ) 알맞은 것은?

어떤 용액에 산 또는 알칼리를 가해도 그 수소이온농도가 변화하기 어려운 경우에, 그 용액을 ( )이라 한다.

① 규정액
② 표준액
③ 완충액
④ 중성액

풀이 **완충액**
어떤 용액에 산 또는 알칼리를 가해도 그 수소이온농도가 변화하기 어려운 경우에, 그 용액을 완충액이라 한다.

43 pH 측정의 정밀도에 관한 내용으로 ( )에 옳은 내용은?

임의의 한 종류의 pH 표준용액에 대하여 검출부를 정제수로 잘 씻은 다음 (㉠) 되풀이하여 pH를 측정했을 때 그 재현성이 (㉡) 이내이어야 한다.

① ㉠ 3회, ㉡ ±0.5
② ㉠ 3회, ㉡ ±0.05
③ ㉠ 5회, ㉡ ±0.5
④ ㉠ 5회, ㉡ ±0.05

풀이 **정밀도**
임의의 한 종류의 pH 표준용액에 대하여 검출부를 정제수로 잘 씻은 다음 5회 되풀이하여 pH를 측정했을 때 그 재현성이 ±0.05 이내이어야 한다.

44 폐기물의 고형물 함량을 측정하였더니 18%로 측정되었다. 고형물 함량으로 분류할 때 해당되는 것은?

① 고상폐기물
② 액상폐기물
③ 반고상폐기물
④ 알 수 없음

풀이 ① 액상폐기물 : 고형물의 함량이 5% 미만
② 반고상폐기물 : 고형물의 함량이 5% 이상 15% 미만
③ 고상폐기물 : 고형물의 함량이 15% 이상

45 유도결합플라스마－원자발광분광법에 대한 설명으로 틀린 것은?

① 플라스마가스로는 순도 99.99%(V/V%) 이상의 압축아르곤가스가 사용된다.
② 플라스마 상태에서 원자가 여기상태로 올라갈 때 방출하는 발광선으로 정량분석을 수행한다.
③ 플라스마는 그 자체가 광원으로 이용되기 때문에 매우 넓은 농도 범위에서 시료를 측정할 수 있다.
④ 많은 원소를 동시에 분석이 가능하다.

풀이 플라스마 상태에서 들뜬 원자가 바닥상태로 이동할 때 방출하는 발광선 및 발광강도를 측정하여 정성 및 정량 분석을 수행한다.

46 폐기물 용출 조작에 관한 설명으로 틀린 것은?

① 상온, 상압에서 진탕횟수를 매분당 약 200회로 한다.

② 진폭 6~8cm의 진탕기를 사용한다.

③ 진탕기로 6시간 연속 진탕한다.

④ 여과가 어려운 경우 원심분리기를 사용하여 매분당 3,000회전 이상으로 20분 이상 원심분리한다.

풀이 용출 조작

① 진탕 : 혼합액을 상온, 상압에서 진탕횟수가 매분당 약 200회, 진폭이 4~5cm의 진탕기를 사용하여 6시간 동안 연속 진탕

⇩

② 여과 : $1.0\mu m$의 유리 섬유여과지로 여과

⇩

③ 여과액을 적당량 취하여 용출 실험용 시료 용액으로 함

47 반고상 또는 고상폐기물의 pH 측정법으로 (   )에 옳은 것은?

시료 10g을 (㉠) 비커에 취한 다음 정제수 (㉡)를 넣어 잘 교반하여 (㉢) 이상 방치

① ㉠ 100mL, ㉡ 50mL, ㉢ 10분

② ㉠ 100mL, ㉡ 50mL, ㉢ 30분

③ ㉠ 50mL, ㉡ 25mL, ㉢ 10분

④ ㉠ 50mL, ㉡ 25mL, ㉢ 30분

풀이 반고상 또는 고상폐기물 pH 측정법
시료 10g을 50mL 비커에 취한 다음 정제수(증류수) 25mL를 넣어 잘 교반하여 30분 이상 방치한 후 이 현탁액을 시료용액으로 하거나 원심분리한 후 상층액을 시료용액으로 한다.

48 함수율이 90%인 슬러지를 용출시험하여 구리의 농도를 측정하니 1.0mg/L로 나타났다. 수분 함량을 보정한 용출시험 결과치(mg/L)는?

① 0.6

② 0.9

③ 1.1

④ 1.5

풀이 보정농도$(mg/L) = 1.0mg/L \times \dfrac{15}{100 - 90}$

$= 1.5mg/L$

49 폐기물 중 시안을 측정(이온전극법)할 때 시료 채취 및 관리에 관한 내용으로 (   )에 알맞은 것은?

시료는 수산화나트륨용액을 가하여 (㉠) 으로 조절하여 냉암소에서 보관한다. 최대 보관 시간은 (㉡)이며 가능한 한 즉시 실험한다.

① ㉠ pH 10 이상, ㉡ 8시간

② ㉠ pH 10 이상, ㉡ 24시간

③ ㉠ pH 12 이상, ㉡ 8시간

④ ㉠ pH 12 이상, ㉡ 24시간

풀이 시안 – 이온전극법의 시료채취 및 관리

① 시료는 미리 세척한 유리 또는 폴리에틸렌 용기에 채취한다.

② 시료는 수산화나트륨용액을 가하여 pH 12 이상으로 조절하여 냉암소에서 보관한다.

③ 최대 보관시간은 24시간이며 가능한 한 즉시 실험한다.

50 pH가 2인 용액 2L와 pH가 1인 용액 2L를 혼합하면 pH는?

① 1.0

② 1.3

③ 2.0

④ 2.3

풀이 $[H^+] = \dfrac{(2 \times 10^{-2}) + (2 \times 10^{-1})}{2 + 2} = 0.055$

$pH = \log \dfrac{1}{[H^+]} = \log \dfrac{1}{0.055} = 1.26$

[Note] $pH = 2$ $[H^+] = 10^{-2}M$

$pH = 1$ $[H^+] = 10^{-1}M$

51 기체크로마토그래피에 사용되는 분리용 컬럼의 McReynold 상수가 작다는 것이 의미하는 것은?

① 비극성 컬럼이다.

② 이론단수가 작다.

③ 체류시간이 짧다.

④ 분리효율이 떨어진다.

풀이 분리용 컬럼의 McReynold 상수가 작다는 것은 비극성 컬럼을 의미한다.

52 자외선/가시선 분광법을 이용한 시안 분석을 위해 시료를 증류할 때 증기로 유출되는 시안의 형태는?

① 시안산
② 시안화수소
③ 염화시안
④ 시아나이드

풀이 시안 – 자외선/가시선 분광법

시료를 pH 2 이하의 산성으로 조절한 후에 에틸렌다이아민테트라아세트산나트륨을 넣고 가열 증류하여 시안화합물을 시안화수소로 유출시켜 수산화나트륨 용액을 포집한 다음 중화하고 클로라민 – T와 피리딘 · 피라졸론 혼합액을 넣어 나타나는 청색을 620nm에서 측정하는 방법이다.

53 폐기물 시료채취를 위한 채취도구 및 시료용기에 관한 설명으로 틀린 것은?

① 노말헥산 추출물질 실험을 위한 시료 채취 시는 갈색 경질의 유리병을 사용하여야 한다.
② 유기인 실험을 위한 시료 채취 시는 갈색경질의 유리병을 사용하여야 한다.
③ 시료 중에 다른 물질의 혼입이나 성분의 손실을 방지하기 위하여 코르크 마개를 사용하며, 다만 고무마개는 셀로판지를 씌워 사용할 수도 있다.
④ 시료용기에는 폐기물의 명칭, 대상 폐기물의 양, 채취장소, 채취시간 및 일기, 시료번호, 채취책임자 이름, 시료의 양, 채취방법, 기타 참고자료를 기재한다.

풀이 시료 중에 다른 물질의 혼입이나 성분의 손실을 방지하기 위하여 코르크 마개를 사용해서는 안 되며, 다만 고무나 코르크 마개에 파라핀지, 유지, 셀로판지를 씌워 사용할 수 있다.

54 원자흡수분광광도법(공기–아세틸렌 불꽃)으로 크롬을 분석할 때 철, 니켈 등의 공존물질에 의한 방해를 방지하기 위해 넣어 주는 시약은?

① 질산나트륨
② 인산나트륨
③ 황산나트륨
④ 염산나트륨

풀이 공기–아세틸렌 불꽃에서는 철, 니켈 등의 공존물질에 의한 방해영향이 크므로 이때에는 황산나트륨을 1% 정도 넣어서 측정한다.

55 시료의 전처리 방법 중 다량의 점토질 또는 규산염을 함유한 시료에 적용하는 것은?

① 질산–과염소산 분해법
② 질산–과염소산–불화수소산 분해법
③ 질산–과염소산–염화수소산 분해법
④ 질산–과염소산–황화수소산 분해법

풀이 질산–과염소산–불화수소산 분해법
① 적용 : 다량의 점토질 또는 규산염을 함유한 시료
② 용액 산농도 : 약 0.8N

56 시료의 전처리방법에서 유기물을 높은 비율로 함유하고 있으면서 산화 분해가 어려운 시료에 적용되는 방법은?

① 질산–황산 분해법
② 질산–과염소산 분해법
③ 질산–과염소산–불화수소 분해법
④ 질산–염산 분해법

풀이 질산–과염소산 분해법
① 적용 : 유기물을 다량 함유하고 있으면서 산화 분해가 어려운 시료에 적용한다.
② 주의
  ㉠ 과염소산을 넣을 경우 진한 질산이 공존하지 않으면 폭발할 위험이 있으므로 반드시 진한 질산을 먼저 넣어야 한다.
  ㉡ 어떠한 경우에도 유기물을 함유한 뜨거운 용액에 과염소산을 넣어서는 안 된다.
  ㉢ 납을 측정할 경우 시료 중에 황산이온(SO_4^{2-})이 다량 존재하면 불용성의 황산납이 생성되

어 측정치에 손실을 가져온다. 이때는 분해가 끝난 액에 물 대신 아세트산암모늄용액(5+6) 50mL를 넣고 가열하여 액이 끓기 시작하면 킬달플라스크를 회전시켜 내벽을 액으로 충분히 씻어준 다음 약 5분 동안 가열을 계속하고 공기 중에서 식혀 여과한다.

ⓔ 유기물의 분해가 완전히 끝나지 않아 액이 맑지 않을 때에는 다시 질산 5mL를 넣고 가열을 반복한다.

ⓜ 질산 5mL와 과염소산 10mL를 넣고 가열을 계속하여 과염소산이 분해되어 백연을 발생하기 시작하면 가열을 중지한다.

ⓗ 유기물 분해 시에 분해가 끝나면 공기 중에서 식히고 정제수 50mL을 넣어 서서히 끓이면서 질소산화물 및 유리염소를 완전히 제거한다.

57 기체크로마토그래피법에서 유기인 화합물의 분석에 사용되는 검출기와 가장 거리가 먼 것은?

① 전자포획형 검출기
② 알칼리열 이온화 검출기
③ 불꽃광도 검출기
④ 열전도도 검출기

풀이 유기인 화합물 – 기체크로마토그래피법 사용 검출기
　① 질소인 검출기
　② 불꽃광도 검출기
　③ 알칼리열 이온화 검출기
　④ 전자포획형 검출기

58 자외선/가시선 분광법으로 6가크롬을 측정할 때 흡수셀 세척에 사용되는 시약이 아닌 것은?

① 탄산나트륨
② 질산(1+5)
③ 과망간산칼륨
④ 에틸알코올

풀이 흡수셀이 더러워 측정값에 오차가 발생한 경우
　① 탄산나트륨 용액(2W/V%)에 소량의 음이온 계면활성제를 가한 용액에 흡수셀을 담가 놓고 필요하면 40~50℃로 약 10분간 가열한다.
　② 흡수셀을 꺼내 정제수로 씻은 후 질산(1+5)에 소량의 과산화수소를 가한 용액에 약 30분간 담가 놓았다가 꺼내어 정제수로 잘 씻는다. 깨끗한 거즈나

흡수지 위에 거꾸로 놓아 물기를 제거하고 실리카겔을 넣은 데시케이터 중에서 건조하여 보존한다.
　③ 급히 사용하고자 할 때는 물기를 제거한 후 에틸알코올로 씻고 다시 에틸에테르로 씻은 다음 드라이어로 건조해서 사용한다.

59 원자흡수분광광도법으로 측정할 수 없는 것은?

① 시안, 유기인
② 구리, 납
③ 비소, 수은
④ 철, 니켈

풀이 ① 시안 측정방법
　ⓐ 자외선/가시선 분광법
　ⓑ 이온전극법
② 유기인 측정방법
　ⓐ 기체크로마토그래피법
　ⓑ 기체크로마토그래피 – 질량분석법

60 편광현미경법으로 석면을 측정할 때 석면의 정량범위는?

① 1~25%
② 1~50%
③ 1~75%
④ 1~100%

풀이 석면 측정방법의 정량범위
　① X선 회절기법 : 0.1~100.0wt%
　② 편광현미경법 : 1~100%

정답 57 ④　58 ③　59 ①　60 ④

4과목 폐기물관계법규

61 환경부령이 정하는 폐기물처리 담당자로서 교육기관에서 실시하는 교육을 받아야 하는 자로 거리가 먼 것은?

① 폐기물재활용신고자
② 폐기물처리시설의 기술관리인
③ 폐기물처리업에 종사하는 기술요원
④ 폐기물분석전문기관의 기술요원

풀이 다음 어느 하나에 해당하는 사람은 환경부령으로 정하는 교육기관이 실시하는 교육을 받아야 한다.
① 다음 어느 하나에 해당하는 폐기물처리 담당자
　㉠ 폐기물처리업에 종사하는 기술요원
　㉡ 폐기물처리시설의 기술관리인
　㉢ 그 밖에 대통령령으로 정하는 사람
② 폐기물분석전문기관의 기술요원
③ 재활용환경성평가기관의 기술인력

62 폐기물처리시설 주변지역 영향조사기준 중 조사방법(조사지점)에 관한 내용으로 (　)에 옳은 것은?

> 미세먼지와 다이옥신 조사지점은 해당시설에 인접한 주거지역 중 (　　) 이상 지역의 일정한 곳으로 한다.

① 2개소
② 3개소
③ 4개소
④ 5개소

풀이 주변지역 영향조사의 조사지점
① 미세먼지와 다이옥신 조사지점은 해당 시설에 인접한 주거지역 중 3개소 이상 지역의 일정한 곳으로 한다.
② 악취 조사지점은 매립시설에 가장 인접한 주거지역에서 냄새가 가장 심한 곳으로 한다.
③ 지표수 조사지점은 해당 시설에 인접하여 폐수, 침출수 등이 흘러들거나 흘러들 것으로 우려되는 지역의 상·하류 각 1개소 이상의 일정한 곳으로 한다.
④ 지하수 조사지점은 매립시설의 주변에 설치된 3개의 지하수 검사정으로 한다.

⑤ 토양조사지점은 4개소 이상으로 하고 토양정밀조사의 방법에 따라 폐기물 매립 및 재활용 지역의 시료채취 지점의 표토와 심토에서 각각 시료를 채취해야 하며, 시료채취지점의 지형 및 하부토양의 특성을 고려하여 시료를 채취해야 한다.

63 폐기물처리업자가 폐기물의 발생, 배출, 처리상황 등을 기록한 장부의 보존기간은?(단, 최종 기재일 기준)

① 6개월간
② 1년간
③ 3년간
④ 5년간

풀이 폐기물처리업자는 장부를 마지막으로 기록한 날부터 3년간 보존하여야 한다.

64 의료폐기물의 종류 중 위해의료폐기물의 종류와 가장 거리가 먼 것은?

① 전염성류 폐기물
② 병리계 폐기물
③ 손상성 폐기물
④ 생물·화학폐기물

풀이 위해의료폐기물의 종류
① 조직물류 폐기물 : 인체 또는 동물의 조직·장기·기관·신체의 일부, 동물의 사체, 혈액·고름 및 혈액생성물질(혈청, 혈장, 혈액 제제)
② 병리계 폐기물 : 시험·검사 등에 사용된 배양액, 배양용기, 보관균주, 폐시험관, 슬라이드 커버글라스 폐배지, 폐장갑
③ 손상성 폐기물 : 주삿바늘, 봉합바늘, 수술용 칼날, 한방침, 치과용 침, 파손된 유리재질의 시험기구
④ 생물·화학폐기물 : 폐백신, 폐항암제, 폐화학치료제
⑤ 혈액오염폐기물 : 폐혈액백, 혈액투석 시 사용된 폐기물, 그 밖에 혈액이 유출될 정도로 포함되어 있는 특별한 관리가 필요한 폐기물

65 지정폐기물 처리시설 중 기술관리인을 두어야 할 차단형 매립시설의 면적규모 기준은?

① 330m^2 이상
② 1,000m^2 이상
③ 3,300m^2 이상
④ 10,000m^2 이상

풀이 기술관리인을 두어야 하는 폐기물 처리시설
① 매립시설의 경우
　㉠ 지정폐기물을 매립하는 시설로서 면적이 3천 300제곱미터 이상인 시설. 다만, 차단형 매립시설에서는 면적이 330제곱미터 이상이거나 매립용적이 1천 세제곱미터 이상인 시설로 한다.
　㉡ 지정폐기물 외의 폐기물을 매립하는 시설로서 면적이 1만 제곱미터 이상이거나 매립용적이 3만 세제곱미터 이상인 시설
② 소각시설로서 시간당 처리능력이 600킬로그램 (감염성 폐기물을 대상으로 하는 소각시설의 경우에는 200킬로그램) 이상인 시설
③ 압축·파쇄·분쇄 또는 절단시설로서 1일 처리능력 또는 재활용시설이 100톤 이상인 시설
④ 사료화·퇴비화 또는 연료화 시설로서 1일 재활용능력이 5톤 이상인 시설
⑤ 멸균·분쇄시설로서 시간당 처리능력이 100킬로그램 이상인 시설
⑥ 시멘트 소성로
⑦ 용해로(폐기물에 비철금속을 추출하는 경우로 한정한다)로서 시간당 재활용능력이 600킬로그램 이상인 시설
⑧ 소각열회수시설로서 시간당 재활용능력이 600킬로그램 이상인 시설

66 사업장폐기물의 종류별 세부분류번호로 옳은 것은?(단, 사업장일반폐기물의 세부분류 및 분류번호)

① 유기성 오니류 31−01−00
② 유기성 오니류 41−01−00
③ 유기성 오니류 51−01−00
④ 유기성 오니류 61−01−00

풀이 ① 유기성 오니류 : 51−01−00
② 무기성 오니류 : 51−02−00

67 폐기물처리업의 변경신고를 하여야 할 사항으로 틀린 것은?

① 상호의 변경
② 연락장소나 사무실 소재지의 변경
③ 임시차량의 증차 또는 운반차량의 감차
④ 처리용량 누계의 30% 이상 변경

풀이 폐기물처리업의 변경신고 사항
① 상호의 변경
② 대표자의 변경
③ 연락장소나 사무실 소재지의 변경
④ 임시차량의 증차 또는 운반차량의 감차
⑤ 재활용 대상부지의 변경
⑥ 재활용 대상 폐기물의 변경
⑦ 폐기물 재활용 유형의 변경
⑧ 기술능력의 변경

68 폐기물처리시설에 대한 환경부령으로 정하는 검사기관이 잘못 연결된 것은?

① 소각시설의 검사기관 : 한국기계연구원
② 음식물류 폐기물 처리시설의 검사기관 : 보건환경연구원
③ 멸균분쇄시설의 검사기관 : 한국산업기술시험원
④ 매립시설의 검사기관 : 한국환경공단

풀이 환경부령으로 정하는 검사기관
① 소각시설
　㉠ 한국환경공단
　㉡ 한국기계연구원
　㉢ 한국산업기술시험원
　㉣ 대학, 정부 출연기관, 그 밖에 소각시설을 검사할 수 있다고 인정하여 환경부장관이 고시하는 기관
② 매립시설
　㉠ 한국환경공단
　㉡ 한국건설기술연구원
　㉢ 한국농어촌공사
　㉣ 수도권매립지관리공사
③ 멸균분쇄시설
　㉠ 한국환경공단
　㉡ 보건환경연구원
　㉢ 한국산업기술시험원
④ 음식물 폐기물 처리시설
　㉠ 한국환경공단
　㉡ 한국산업기술시험원
　㉢ 그 밖에 환경부장관이 정하여 고시하는 기관

⑤ 시멘트 소성로
소각시설의 검사기관과 동일
⑥ 소각열회수시설의 검사기관
소각시설의 검사기관과 동일(에너지회수 외의 검사)

69 지정폐기물 배출자는 사업장에서 발생되는 지정폐기물인 폐산을 보관개시일부터 최소 며칠을 초과하여 보관하여서는 안 되는가?

① 90일 ② 70일
③ 60일 ④ 45일

풀이 지정폐기물 배출자는 그의 사업장에서 발생하는 지정폐기물 중 폐산 · 폐알칼리 · 폐유 · 폐유기용제 · 폐촉매 · 폐흡착제 · 폐흡수제 · 폐농약, 폴리클로리네이티드비페닐 함유 폐기물, 폐수처리 오니 중 유기성 오니는 보관이 시작된 날부터 45일을 초과하여 보관하여서는 아니 된다.

70 2년 이하의 징역이나 2천만 원 이하의 벌금에 처하는 경우가 아닌 것은?

① 폐기물의 재활용 용도 또는 방법을 위반하여 폐기물을 처리하여 주변 환경을 오염시킨 자
② 폐기물의 수출입 신고 의무를 위반하여 신고를 하지 아니하거나 허위로 신고한 자
③ 폐기물 처리업의 업종 구분과 영업내용의 범위를 벗어나는 영업을 한 자
④ 폐기물 회수조치 명령을 이행하지 아니한 자

풀이 폐기물관리법 제66조 참조

71 폐기물의 수집 · 운반 · 보관 · 처리에 관한 기준 및 방법에 대한 설명으로 틀린 것은?

① 해당 폐기물을 적정하게 처분, 재활용 또는 보관할 수 있는 장소 외의 장소로 운반하지 아니할 것
② 폐기물의 종류와 성질 · 상태별 재활용 가능성 여부, 가연성이나 불연성 여부 등에 따라 구분하여 수집 · 운반 · 보관할 것

③ 폐기물을 처분 또는 재활용하는 자가 폐기물을 보관하는 경우에는 그 폐기물처분시설 또는 재활용시설과 다른 사업장에 있는 보관시설에 보관할 것
④ 수집 · 운반 · 보관의 과정에서 침출수가 생기는 경우에는 환경부령으로 정하는 바에 따라 처리할 것

풀이 폐기물을 처분 또는 재활용하는 자가 처분시설 또는 재활용시설과 같은 사업장에 있는 보관시설에 보관할 것

72 폐기물처리업자 또는 폐기물처리신고자의 휴업 · 폐업 등의 신고에 관한 내용으로 (　)에 옳은 것은?

> 폐기물처리업자나 폐기물처리신고자가 휴업 · 폐업 또는 재개업을 한 경우에는 휴업 · 폐업 또는 재개업을 한 날부터 (　)에 신고서에 해당 서류를 첨부하여 시 · 도지사나 지방환경관서의 장에게 제출하여야 한다.

① 10일 이내 ② 15일 이내
③ 20일 이내 ④ 30일 이내

풀이 폐기물처리업자 또는 폐기물처리신고자가 휴업 · 폐업 또는 재개업을 한 경우에는 휴업 · 폐업 또는 재개업을 한 날부터 20일 이내에 시 · 도지사나 지방환경관서의 장에게 신고서를 제출하여야 한다.

73 폐기물처리시설을 환경부령으로 정하는 기준에 맞게 설치하되, 환경부령으로 정하는 규모 미만의 폐기물 소각 시설을 설치, 운영하여서는 아니 된다. 이를 위반하여 설치가 금지되는 폐기물 소각 시설을 설치, 운영한 자에 대한 벌칙 기준은?

① 6개월 이하의 징역이나 5백만 원 이하의 벌금
② 1년 이하의 징역이나 1천만 원 이하의 벌금
③ 2년 이하의 징역이나 2천만 원 이하의 벌금
④ 3년 이하의 징역이나 3천만 원 이하의 벌금

풀이 폐기물관리법 제66조 참조

정답 69 ④ 70 ④ 71 ③ 72 ③ 73 ③

74 3년 이하의 징역이나 3천만 원 이하의 벌금에 처하는 경우가 아닌 것은?

① 거짓이나 그 밖의 부정한 방법으로 폐기물분석 전문기관으로 지정을 받거나 변경지정을 받은 자
② 다른 자의 명의나 상호를 사용하여 재활용환경 성평가를 하거나 재활용환경성평가기관지정서 를 빌린 자
③ 유해성 기준에 적합하지 아니하게 폐기물을 재 활용한 제품 또는 물질을 제조하거나 유통한 자
④ 고의로 사실과 다른 내용의 폐기물분석결과서를 발급한 폐기물분석 전문기관

풀이 폐기물관리법 제65조 참조

75 폐기물처리 신고자의 준수사항 기준으로 ( )에 옳은 것은?

> 정당한 사유 없이 계속하여 ( ) 이상 휴 업하여서는 아니 된다.

① 6개월   ② 1년   ③ 2년   ④ 3년

풀이 폐기물처리 신고자의 준수사항
정당한 사유 없이 계속하여 1년 이상 휴업하여서는 아니 된다.

76 음식물류 폐기물처리시설의 검사기관으로 옳은 것은?

① 한국산업기술시험원
② 한국환경자원공사
③ 시 · 도 보건환경연구원
④ 수도권매립지관리공사

풀이 환경부령으로 정하는 검사기관
① 소각시설
　　㉠ 한국환경공단
　　㉡ 한국기계연구원
　　㉢ 한국산업기술시험원
　　㉣ 대학, 정부 출연기관, 그 밖에 소각시설을 검 사할 수 있다고 인정하여 환경부장관이 고시 하는 기관

② 매립시설
　　㉠ 한국환경공단
　　㉡ 한국건설기술연구원
　　㉢ 한국농어촌공사
　　㉣ 수도권매립지관리공사
③ 멸균분쇄시설
　　㉠ 한국환경공단
　　㉡ 보건환경연구원
　　㉢ 한국산업기술시험원
④ 음식물 폐기물 처리시설
　　㉠ 한국환경공단
　　㉡ 한국산업기술시험원
　　㉢ 그 밖에 환경부장관이 정하여 고시하는 기관
⑤ 시멘트 소성로
　　소각시설의 검사기관과 동일
⑥ 소각열회수시설의 검사기관
　　소각시설의 검사기관과 동일(에너지회수 외의 검사)

77 폐기물처리 담당자에 대한 교육을 실시하는 기관이 아닌 것은?

① 국립환경인력개발원   ② 환경관리공단
③ 한국환경자원공사   ④ 환경보전협회

풀이 교육기관
① 국립환경인력개발원, 한국환경공단 또는 한국폐 기물협회
　　㉠ 폐기물처분시설 또는 재활용시설의 기술관리 인이나 폐기물처리시설의 설치자로서 스스로 기술관리를 하는 자
　　㉡ 폐기물처리시설의 설치 · 운영자 또는 그가 고 용한 기술담당자
② 「환경정책기본법」에 따른 환경보전협회 또는 한 국폐기물협회
　　㉠ 사업장폐기물 배출자 신고를 한 자 및 법 제17 조 제3항에 따른 서류를 제출한 자 또는 그가 고용한 기술담당자
　　㉡ 폐기물처리업자(폐기물 수집 · 운반업자는 제 외한다)가 고용한 기술요원
　　㉢ 폐기물처리시설의 설치 · 운영자 또는 그가 고 용한 기술담당자
　　㉣ 폐기물 수집 · 운반업자 또는 그가 고용한 기 술담당자

ⓜ 폐기물재활용신고자 또는 그가 고용한 기술담
  당자

②의2 한국환경산업기술원
  재활용환경성평가기관의 기술인력

②의3 국립환경인력개발원, 한국환경공단
  폐기물 분석전문기관의 기술요원

78 폐기물처리시설의 사후관리기준 및 방법에 규정된 사후관리 항목 및 방법에 따라 조사한 결과를 토대로 매립시설이 주변 환경에 미치는 영향에 대한 종합보고서를 매립시설의 사용종료 신고 후 몇 년마다 작성하여야 하는가?

① 1년 　 ② 2년 　 ③ 3년 　 ④ 5년

〔풀이〕 매립시설이 주변 환경에 미치는 영향에 대한 종합보고서를 매립시설의 사용종료 신고 후 5년마다 작성하여야 한다.

79 폐기물 처분시설 또는 재활용시설 중 음식물류 폐기물을 대상으로 하는 시설의 기술관리인 자격기준으로 틀린 것은?

① 산업위생산업기사 　 ② 화공산업기사
③ 토목산업기사 　 ④ 전기기사

〔풀이〕 폐기물 처분시설 또는 재활용시설의 기술관리인의 자격기준

구분	자격기준
매립시설	폐기물처리기사, 수질환경기사, 토목기사, 일반기계기사, 건설기계기사, 화공기사, 토양환경기사 중 1명 이상
소각시설(의료폐기물을 대상으로 하는 소각시설은 제외한다), 시멘트 소성로 및 용해로	폐기물처리기사, 대기환경기사, 토목기사, 일반기계기사, 건설기계기사, 화공기사, 전기기사, 전기공사기사 중 1명 이상
의료폐기물을 대상으로 하는 시설	폐기물처리산업기사, 임상병리사, 위생사 중 1명 이상
음식물류 폐기물을 대상으로 하는 시설	폐기물처리산업기사, 수질환경산업기사, 화공산업기사, 토목산업기사, 대기환경산업기사, 일반기계기사, 전기기사 중 1명 이상
그 밖의 시설	같은 시설의 운영을 담당하는 자 1명 이상

80 사후관리 대상인 폐기물 매립시설은 사용이 종료되거나 그 시설이 폐쇄된 날로부터 몇 년 이내로 토지이용을 제한하는가?

① 10년 　 　 ② 20년
③ 30년 　 　 ④ 40년

〔풀이〕 사후관리 대상인 폐기물 매립시설은 사용이 종료되거나 그 시설이 폐쇄된 날로부터 30년 이내로 토지이용을 제한한다.

1과목 폐기물개론

01 함수율 80%인 슬러지 500g을 완전건조 시켰을 때 건조된 슬러지의 중량(g)은?(단, 슬러지의 비중=1.0)

① 100 ② 200 ③ 300 ④ 400

풀이 건조된 슬러지 중량(g) = 500g × (1−0.8) = 100g

[Note] 다른 풀이

$$500g × (1−0.8)$$
$$= 건조된 슬러지 중량(g) × (1−0)$$
$$건조된 슬러지 중량(g) = 100g$$

02 우리나라에서 가장 많이 발생하는 사업장 폐기물(지정폐기물)은?

① 분진 ② 폐알칼리
③ 폐유 및 폐유기용제 ④ 폐합성 고분자화합물

풀이 우리나라에서는 지정폐기물 중 폐유기용제 및 폐유의 연간발생량이 가장 많다.

03 쓰레기의 입도를 분석하였더니 입도누적곡선상의 10% (D_{10}), 30%(D_{30}), 60%(D_{60}), 90%(D_{90})의 입경이 각각 2, 6, 15, 25mm이라면 곡률계수는?

① 15 ② 7.5
③ 2.0 ④ 1.2

풀이 곡률계수$(Z) = \dfrac{D_{30}^2}{D_{10} × D_{60}} = \dfrac{6^2}{2 × 15} = 1.2$

04 가연분 함량을 구하는 식으로 옳은 것은?

① 가연분(%) = 100 − 불연성 물질(%) − 가연성 물질(%)
② 가연분(%) = 100 − 시료무게(%) − 회분(%)
③ 가연분(%) = 100 − 수분(%) − 회분(%)
④ 가연분(%) = 100 − 분자량(%) − 회분(%)

풀이 가연분 함량(%) = 100 − 수분(%) − 회분(%)

05 도시의 인구가 50,000명이고 분뇨의 1인 1일당 발생량은 1.1L이다. 수거된 분뇨의 BOD 농도를 측정하였더니 60,000mg/L이었고, 분뇨의 수거율이 30%라고 할 때 수거된 분뇨의 1일 발생 BOD양(kg)은?(단, 분뇨의 비중=1.0 기준)

① 790 ② 890
③ 990 ④ 1,190

풀이 수거 분뇨 BOD(kg/일)
$$= 1.1L/인 · 일 × 50,000인 × 60,000mg/L$$
$$× kg/10^6mg × 0.3$$
$$= 990kg/일$$

06 수거효율을 결정하기 위해서 흔히 사용되는 동적시간조사(Time−Motion Study)를 통한 자료와 가장 거리가 먼 것은?

① 수거차량당 수거인부수
② 수거인부의 시간당 수거 가옥수
③ 수거인부의 시간당 수거톤수
④ 수거톤당 인력 소요시간

풀이 수거효율 관련 단위(Time−Motion Study)
① man · hour/ton(MHT) : 수거인부 1인이 1ton의 폐기물을 수거하는 데 소요되는 시간
② sevice/day/truck(SDT) : 수거트럭 1대당 1일에 수거하는 가옥수
③ service/man/hour(SMH) : 수거인부 1인이 1시간에 수거하는 가옥수
④ ton/day/truck(TDT) : 수거트럭 1대당 1일에 수거하는 폐기물량
⑤ ton/man/hour(TMH) : 수거인부 1인이 1시간에 수거하는 톤수

정답 01 ① 02 ③ 03 ④ 04 ③ 05 ③ 06 ①

07 연질플라스틱과 종이류가 혼합된 폐기물을 파쇄하는 데 효과적이고, 파쇄속도가 느리고 이물질의 혼입에 대해 취약하지만 파쇄물의 크기를 고르게 절단할 수 있는 파쇄기는?

① 전단파쇄기　　② 충격파쇄기
③ 압축파쇄기　　④ 해머밀

풀이 전단파쇄기
　① 충격파쇄기에 비하여 파쇄속도가 느리다.
　② 충격파쇄기에 비하여 이물질의 혼입에 취약하다.
　③ 충격파쇄기에 비하여 파쇄물의 입도(크기)를 고르게 할 수 있다.(장점)
　④ 전단파쇄기는 해머밀 파쇄기보다 저속으로 운전된다.
　⑤ 소각로 전처리에 많이 이용되나 처리용량이 작아 대량이나 연쇄파쇄에 부적합하다.
　⑥ 분진, 소음, 진동이 적고 폭발위험이 거의 없다.

08 함수율이 25%인 폐기물의 고형물 중의 가연성 함량은 30%이다. 건조중량기준의 가연성 물질 함량(%)은?

① 20%　　② 30%
③ 40%　　④ 50%

풀이 건조중량기준 가연성 물질(%)
$$= \frac{가연성\ 함량}{건조중량} \times 100 = \frac{75 \times 0.3}{75} \times 100$$
$$= 30\%$$

09 분석을 위하여 축소, 분쇄, 균질 등의 목적으로 하는 시료의 축소방법 중 원추 4분법이 가장 많이 사용되는 이유로서 가장 적합한 것은?

① 원추를 쌓기 때문이다.
② 축소비율이 일정하기 때문이다.
③ 한 번의 조작으로 시료가 축소되기 때문이다.
④ 타 방법들이 공인되지 않았기 때문이다.

풀이 시료축소방법 중 원추 4분법은 축소비율이 일정하기 때문에 가장 많이 사용된다.

10 파이프라인을 이용한 쓰레기 수송방법에 대한 설명으로 가장 거리가 먼 것은?

① 쓰레기 발생밀도가 낮은 곳에서 현실성이 있다.
② 잘못 투입된 물건을 회수하기가 곤란하다.
③ 조대쓰레기는 파쇄, 압축 등의 전처리가 필요하다.
④ 2.5km 이상의 장거리에서는 이용이 곤란하다.

풀이 관거(pipeline) 수송은 폐기물 발생밀도가 상대적으로 높은 인구밀도지역 및 아파트지역 등에서 현실성이 있다.

11 물질회수를 위한 선별방법 중 손선별에 관한 설명으로 옳지 않은 것은?

① 컨베이어 벨트를 이용하여 손으로 종이류, 플라스틱류, 금속류, 유리류 등을 분류한다.
② 작업효율은 0.5ton/man · hr 정도이다.
③ 컨베이어 벨트의 속도는 일반적으로 약 9m/min 이하이다.
④ 정확도가 떨어지고 폭발로 인한 위험에 노출되는 단점이 있다.

풀이 손 선별(인력 선별 : Hand sorting)
　① 적용 : 컨베이어 벨트를 이용하여 손으로 종이류, 플라스틱류, 금속류, 유리류 등을 분류하며 특히 폐유리병은 크기 및 색깔별로 선별하는 데 유용하다.
　② 장점 : 정확도가 높고 파쇄공정으로 유입되기 전에 폭발가능물질의 분류가 가능하다.
　③ 단점 : 기계적인 선별보다 작업량이 떨어지며, 먼지 · 악취 등에 노출된다.

12 트롬멜 스크린의 선별효율에 영향을 주는 인자가 아닌 것은?

① 체의 눈 크기　　② 트롬멜 무게
③ 경사도　　④ 회전속도(rpm)

풀이 트롬멜 스크린의 선별효율에 영향을 주는 인자
　① 체눈의 크기(입경)
　② 직경
　③ 경사도(효율 감소, 부하율 증대)

④ 길이(길면 효율 증대, 동력소모 증대)
⑤ 회전속도
⑥ 폐기물의 부하와 특성

13 인구 3,800명인 도시에서 하루동안 발생되는 쓰레기를 수거하기 위하여 용량 8m³인 청소차량이 5대, 1일 2회 수거, 1일 근무시간이 8시간인 환경미화원이 5명 동원된다. 이 쓰레기의 적재밀도가 0.3ton/m³일 때 MHT값(man · hour/ton)은?(단, 기타 조건은 고려하지 않음)

① 1.38   ② 1.42
③ 1.67   ④ 1.83

(풀이) MHT
$$= \frac{\text{수거인부} \times \text{수거시간}}{\text{쓰레기 수거량}}$$
$$= \frac{5인 \times 8hr/day}{2회/day \times 8m^3/대 \times 5대/회 \times 0.3ton/m^3}$$
$$= 1.67MHT(man \cdot hr/ton)$$

14 채취한 쓰레기 시료에 대한 성상분석 절차는?

① 밀도 측정 → 물리적 조성 → 건조 → 분류
② 밀도 측정 → 물리적 조성 → 분류 → 건조
③ 물리적 조성 → 밀도 측정 → 건조 → 분류
④ 물리적 조성 → 밀도 측정 → 분류 → 건조

(풀이) 폐기물 시료 분석절차

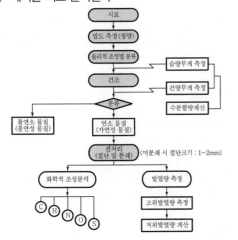

15 우리나라 쓰레기의 배출특성에 대한 설명으로 가장 거리가 먼 것은?

① 계절적 변동이 심하다.
② 쓰레기의 발열량이 높다.
③ 음식물 쓰레기 조성이 높다.
④ 수분과 회분함량이 많다.

(풀이) 우리나라 쓰레기의 발열량은 낮은 편이다.

16 폐기물 발생량 및 성상예측 시 고려되어야 할 인자가 아닌 것은?

① 소득수준   ② 자원회수량
③ 사용연료   ④ 지역습도

(풀이) 폐기물 발생량은 소득수준이 높을수록, 자원회수량이 적을수록, 사용연료가 많을수록 증가하며 지역습도와는 관련이 없다.

17 지정폐기물과 관련된 설명으로 알맞은 것은?

① 모든 폐유기용제는 지정폐기물이다.
② 폐촉매 중에 코발트가 다량 포함되면 지정폐기물이다.
③ 기름 성분(엔진오일, 폐식용유 등)을 5% 이상 함유하면 지정폐기물이다.
④ 6가크롬을 다량 함유하고 고형물 함량이 5% 미만인 도금공장 발생 공정오니는 지정폐기물이다.

(풀이) ② 모든 폐촉매는 지정폐기물이다.
　　　　③ 폐유[기름 성분을 5퍼센트 이상 함유한 것을 포함하며, 폴리클로리네이티드비페닐(PCBs)함유 폐기물, 폐식용유와 그 잔재물, 폐흡착제 및 폐흡수제는 제외한다]
　　　　④ 오니류(수분함량이 95퍼센트 미만이거나 고형물 함량이 5퍼센트 이상인 것으로 한정한다)
　　　　　ⓐ 폐수처리 오니(환경부령으로 정하는 물질을 함유한 것으로 환경부장관이 고시한 시설에서 발생되는 것으로 한정한다)
　　　　　ⓑ 공정 오니(환경부령으로 정하는 물질을 함유한 것으로 환경부장관이 고시한 시설에서 발생되는 것으로 한정한다)

18 자력선별에서 사용하는 자력의 단위는?

① emf

② mV(밀리 볼트)

③ T(테슬라)

④ F(패러데이)

풀이 자력선별에서 사용하는 자력의 단위는 자기유도 또는 자기력선속밀도의 의미인 Tesla(T)이다.

19 쓰레기 수거능을 판별할 수 있는 MHT라는 용어에 대한 가장 적절한 표현은?

① 수거인부 1인이 수거하는 쓰레기 톤수

② 수거인부 1인이 시간당 수거하는 쓰레기 톤수

③ 1톤의 쓰레기를 수거하는 데 소요되는 인부수

④ 1톤의 쓰레기를 수거하는 데 수거인부 1인이 소요하는 총시간

풀이 MHT(Man Hour per Ton : 수거노동력)
폐기물 1ton당 인력소요시간, 즉 수거인부 1인이 폐기물 1ton을 수거하는 데 소요되는 시간

20 폐기물 처리방법 중 에너지 혹은 자원회수 방법으로 가장 비경제적인 것은?

① 퇴비화

② 열분해

③ 혐기성 소화

④ 호기성 소화

풀이 호기성 소화의 단점
① 소화 슬러지양이 많다.
② 소화 슬러지의 탈수성이 불량하다.
③ 설치부지가 많이 소요되고 폭기에 소요되는 동력비가 상승한다.
④ 유기물 저감률이 작고 연료가스 등 부산물의 가치가 낮다.(메탄가스가 발생하지 않음)

2과목　**폐기물처리기술**

21 처리용량이 20kL/day인 분뇨처리장에 가스 저장탱크를 설계하고자 한다. 가스 저류기간을 3hr로 하고 생성가스양을 투입량의 8배로 가정한다면 가스탱크의 용량(m³)은?(단, 비중=1.0 기준)

① 20

② 60

③ 80

④ 120

풀이 가스탱크용량(m³)
＝처리용량×저류기간×가스생성비
＝$20m^3/day \times 3hr \times day/24hr \times 8 = 20m^3$

22 비정상적으로 작동하는 소화조에 석회를 주입하는 이유는?

① 유기산균을 증가시키기 위해

② 효소의 농도를 증가시키기 위해

③ 칼슘 농도를 증가시키기 위해

④ pH를 높이기 위해

풀이 비정상적으로 작동하는 소화조에 석회를 주입하는 이유는 pH를 높이어 소화조 내부가 산성화 상태로 되는 것을 방지하기 위해서이다.

23 연직차수막 공법의 종류와 가장 거리가 먼 것은?

① 강널말뚝

② 어스 라이닝

③ 굴착에 의한 차수시트 매설법

④ 어스댐 코어

풀이 연직차수막 공법의 종류
① 어스댐 코어 공법
② 강널말뚝 공법
③ 그라우트 공법
④ 굴착에 의한 차수시트 매설 공법

---

24 다음 중 열회수시설이 아닌 것은?

① 절탄기   ② 과열기
③ SCR   ④ 공기예열기

풀이 SCR(선택적 촉매환원법)은 질소산화물 저감시설이다.

25 오염된 토양의 처리를 위해 고형화 처리 시 토양 $1m^3$당 고형화재의 첨가량(kg)은?

① 100   ② 150
③ 200   ④ 250

풀이 오염된 토양의 처리를 위해 고형화 처리 시 토양 $1m^3$당 고형화재의 첨가량은 150kg 정도이다.

26 효과적으로 퇴비화를 진행시키기 위한 가장 직접적인 중요 인자는?

① 온도   ② 함수율
③ 교반 및 공기공급   ④ C/N비

풀이 C/N비는 퇴비화 시 가장 중요한 환경적 인자이다.

27 매립지의 구분방법으로 옳지 않은 것은?

① 매립구조에 따라 혐기성, 혐기성위생, 개량혐기성위생, 준호기성, 호기성 매립으로 구분한다.
② 매립방법에 따라 불량, 친환경, 안전매립으로 구분한다.
③ 매립위치에 따라 육상, 해안매립으로 구분한다.
④ 위생매립(Cell 공법)은 도랑식, 경사식, 지역식 매립으로 구분한다.

풀이 매립방법에 따른 구분
　① 단순매립 : 차수막, 복토, 집배수를 고려하지 않는 매립방법이다.
　② 위생매립 : 차수막, 복토, 집배수를 고려한 매립방법으로 가장 경제적이고 많이 사용되는 매립방법이다.(일반 폐기물)
　③ 안전매립 : 차수막, 복토, 집배수를 고려한 매립방법으로 유해 폐기물의 최종처분방법이며, 유해

폐기물을 자연계와 완전차단하는 매립방법이다.(유해 폐기물)

28 유해 폐기물을 고화 처리하는 방법 중 피막형성법에 관한 설명으로 옳지 않은 것은?

① 낮은 혼합률(MR)을 가진다.
② 에너지 소요가 작다.
③ 화재 위험성이 있다.
④ 침출성이 낮다.

풀이 피막형성법
　① 장점
　　㉠ 혼합률(MR)이 비교적 낮다.
　　㉡ 침출성이 고형화방법 중 가장 낮다.
　② 단점
　　㉠ 많은 에너지가 요구된다.
　　㉡ 값비싼 시설과 숙련된 기술을 요한다.
　　㉢ 피막형성용 수지값이 비싸다.
　　㉣ 화재위험성이 있다.

29 메탄올(CH_3OH) 8kg을 완전 연소하는 데 필요한 이론공기량(Sm^3)은?(단, 표준상태 기준)

① 35   ② 40
③ 45   ④ 50

풀이 $CH_3OH + 1.5O_2 \rightarrow CO_2 + 2H_2O$

32kg　　:　$1.5 \times 22.4Sm^3$

8kg　　　:　O_o

$O_o(Sm^3) = \dfrac{8kg \times (1.5 \times 22.4)Sm^3}{32kg} = 8.4Sm^3$

$A_o(Sm^3) = \dfrac{O_o}{0.21} = \dfrac{8.4}{0.21} = 40Sm^3$

30 분뇨를 혐기성 소화방식으로 처리하기 위하여 직경 10m, 높이 6m의 소화조를 시설하였다. 분뇨 주입량을 1일 $24m^3$으로 할 때 소화조 내 체류시간(day)은?

① 약 10   ② 약 15
③ 약 20   ④ 약 25

정답 　24 ③　25 ②　26 ④　27 ②　28 ②　29 ②　30 ③

풀이 체류시간(day) $= \dfrac{\left(\dfrac{3.14 \times 10^2}{4}\right) m^2 \times 6m}{24m^3/day}$

$\qquad\qquad = 19.63 day$

31 슬러지에서 고액분리 약품이 아닌 것은?

① 알루미늄염   ② 염소

③ 철염   ④ 석회카바이트

풀이 슬러지 고액분리 약품
   ① 알루미늄염[$Al_2(SO_4)_3$]
   ② 철염($FeCl_3$)
   ③ 석회카바이트

[Note] 염소는 주로 소독제로 사용된다.

32 분뇨의 악취발생 물질에 들어가지 않는 것은?

① Skatole 및 Indole   ② CH_4와 CO_2

③ NH_3와 H_2S ④ $R-SH$

풀이 분뇨의 악취물질
   ① Skatole(인분냄새가 나는 화합물) 및 Indole
   ② NH_3와 H_2S
   ③ $R-SH$

[Note] CH_4, CO_2는 일반적으로 무취물질이다.

33 소각로에서 NOx 배출농도가 270ppm, 산소 배출농도가 12%일 때 표준산소(6%)로 환산한 NOx 농도(ppm)는?

① 120   ② 135

③ 162   ④ 450

풀이 NOx(ppm)$=$배출농도$\times \dfrac{21-O_2 \text{ 표준농도}}{21-O_2 \text{ 실측농도}}$

$\qquad\qquad = 270ppm \times \left(\dfrac{21-6}{21-12}\right) = 450ppm$

34 함수율 99%의 잉여슬러지 30m³를 농축하여 함수율 95%로 했을 때 슬러지 부피(m³)는?(단, 비중=1.0 기준)

① 10   ② 8

③ 6   ④ 4

풀이 $30m^3 \times (1-0.99)=$ 농축 후 슬러지 부피
$\qquad\qquad\qquad\qquad\qquad \times (1-0.95)$

농축 후 슬러지 부피(m^3) $= \dfrac{30m^3 \times 0.01}{0.05}$

$\qquad\qquad\qquad\qquad\qquad\qquad = 6m^3$

35 폐산의 처리방법 중 배소법에 관한 설명은?

① 폐염산을 고온로 내로 공급하여 수분의 증발, 염화철의 분해를 이용하여 생성되는 염화수소를 염산으로 회수하는 방법

② 폐산 중에 쇠부스러기를 가해서 반응시켜 황산철로 한 후 냉각시켜 $FeSO_4 \cdot 7H_2O$를 분리하는 방법

③ 농황산을 농축하여 30~97%의 황산을 회수하여 황산철1수염을 정출 분리하는 방법

④ 폐산을 냉각하여 염을 석출 분리하는 방법

풀이 폐산 처리방법 중 배소법
폐염산을 고온로 내로 공급하여 수분의 증발, 염화철의 분해를 이용하여 생성되는 염화수소를 염산으로 회수하는 방법이다.

36 매립지에서 최소한의 환기설비 또는 가스대책 설비를 계획하여야 하는 경우와 가장 거리가 먼 것은?

① 발생가스의 축적으로 덮개설비에 손상이 갈 우려가 있는 경우

② 식물 식생의 과다로 지중 가스 축적이 가중되는 경우

③ 유독가스가 방출될 우려가 있는 경우

④ 매립지 위치가 주변개발지역과 인접한 경우

풀이 매립지에서 환기설비 또는 가스대책설비를 계획하는 경우
① 발생가스의 축적으로 덮개설비에 손상이 갈 우려가 있는 경우
② 최종복토 위의 식물이 죽을 우려가 있는 경우
③ 유독가스가 방출될 우려가 있는 경우
④ 매립지 위치가 주변개발지역과 인접한 경우

37 유기물(포도당, $C_6H_{12}O_6$) 1kg을 혐기성 소화시킬 때 이론적으로 발생되는 메탄량(kg)은?

① 약 0.09 ② 약 0.27
③ 약 0.73 ④ 약 0.93

풀이 $C_6H_{12}O_6 \rightarrow 3CH_4$

180kg : 3×16kg

1kg : CH_4(kg)

$$CH_4(kg) = \frac{1kg \times (3 \times 16)kg}{180kg} = 0.27kg$$

38 매립지 위치선정 시 적당한 곳은?

① 홍수범람지역 ② 습지대
③ 단층지역 ④ 지하수위 낮은 곳

풀이 매립지 위치 선정 시 가능한 한 지하수위가 낮은 곳을 선정하며 홍수범람지역, 습지대, 단층지역은 피한다.

39 매립지의 침출수 수질을 결정하는 가장 큰 요인은?

① 폐기물의 매립량 ② 폐기물의 조성
③ 매립방법 ④ 강우량

풀이 매립지의 침출수 수질을 결정하는 가장 큰 요인은 폐기물의 조성이다.

40 슬러지를 최종 처분하기 위한 가장 합리적인 처리공정 순서는?

A : 최종처분, B : 건조, C : 개량, D : 탈수, E : 농축, F : 유기물 안정화(소화)

① E－F－D－C－B－A
② E－D－F－C－B－A
③ E－F－C－D－B－A
④ E－D－C－F－B－A

풀이 슬러지 처리 순서
농축→소화(안정화)→개량→탈수→건조→소각→매립

3과목 **폐기물공정시험기준(방법)**

41 자외부 파장범위에서 일반적으로 사용하는 흡수셀의 재질은?

① 유리 ② 석영
③ 플라스틱 ④ 백금

풀이 흡수셀 재질
① 가시 및 근적외부 : 유리제
② 자외부 : 석영제
③ 근적외부 : 플라스틱제

42 원자흡수분광광도법에서 사용되는 불꽃의 용도는?

① 원자의 여기화(Excitation)
② 원자의 증기화(Vaporization)
③ 원자의 이온화(Ionization)
④ 원자화(Atomization)

풀이 시료 원자화 장치
① 시료를 원자증기화하기 위한 장치이다.
② 시료를 원자화하는 일반적인 방법은 용액상태로 만든 시료를 불꽃 중에 분무하는 방법이며 플라스마 제트(Plasma Jet) 불꽃 또는 방전(Spark)을 이용하는 방법도 있다.

43 석면(편광현미경법)의 시료 채취 양에 관한 내용으로 ( )에 옳은 것은?

> 시료의 양은 1회에 최소한 면적단위로는 $1cm^2$, 부피단위로는 $1cm^3$, 무게단위로는 ( ) 이상 채취한다.

① 1g　　　　　② 2g
③ 3g　　　　　④ 4g

풀이 석면(편광현미경법)의 시료 채취 양
시료의 양은 1회에 최소한 면적단위로는 $1cm^2$, 부피단위로는 $1cm^3$, 무게단위로는 2g 이상 채취한다.

44 시안(CN)을 자외선/가시선 분광법으로 분석할 때 시안(CN)이온을 염화시안으로 하기 위해 사용하는 시약은?

① 염산　　　　② 클로라민－T
③ 염화나트륨　④ 염화제2철

풀이 시안－자외선/가시선 분광법
시료를 pH 2 이하의 산성으로 조절한 후에 에틸렌다이아민테트라아세트산나트륨을 넣고 가열 증류하여 시안화합물을 시안화수소로 유출시켜 수산화나트륨용액을 포집한 다음 중화하고 클로라민－T와 피리딘·피라졸론 혼합액을 넣어 나타나는 청색을 620nm에서 측정하는 방법이다.

45 시료 채취방법에 관한 내용 중 틀린 것은?

① 시료의 양은 1회에 100g 이상 채취한다.
② 채취된 지료는 0~4℃ 이하의 냉암소에서 보관하여야 한다.
③ 폐기물이 적재되어 있는 운반차량에서 현장시료를 채취할 경우에는 적재 폐기물의 성상이 균일하다고 판단되는 깊이에서 현장시료를 채취한다.
④ 대형의 콘크리트 고형화물로써 분쇄가 어려운 경우 같은 성분의 물질로 대체할 수 있다.

풀이 대형의 콘크리트 고형화물로써 분쇄가 어려운 경우에는 임의의 5개소에서 채취하여 각각 파쇄하여 100g의 균등량을 혼합하여 채취한다.

46 이물질이 들어가거나 또는 내용물이 손실되지 아니하도록 보호하는 용기는?

① 밀폐용기　　② 기밀용기
③ 밀봉용기　　④ 차광용기

풀이 용기
시험용액 또는 시험에 관계된 물질을 보존, 운반 또는 조작하기 위하여 넣어두는 것

구분	정의
밀폐용기	취급 또는 저장하는 동안에 이물질이 들어가거나 또는 내용물이 손실되지 아니하도록 보호하는 용기
기밀용기	취급 또는 저장하는 동안에 밖으로부터의 공기 또는 다른 가스가 침입하지 아니하도록 내용물을 보호하는 용기
밀봉용기	취급 또는 저장하는 동안에 기체 또는 미생물이 침입하지 아니하도록 내용물을 보호하는 용기
차광용기	광선이 투과하지 않는 용기 또는 투과하지 않게 포장한 용기이며 취급 또는 저장하는 동안에 내용물이 광화학적 변화를 일으키지 아니하도록 방지할 수 있는 용기

47 폐기물공정시험기준 중 성상에 따른 시료 채취방법으로 가장 거리가 먼 것은?

① 폐기물 소각시설 소각재란 연소실 바닥을 통해 배출되는 바닥재와 폐열보일러 및 대기오염 방지시설을 통해 배출되는 비산재를 말한다.
② 공정상 소각재에 물을 분사하는 경우를 제외하고는 가급적 물을 분사한 후에 시료를 채취한다.
③ 비산재 저장조의 경우 낙하구 밑에서 채취하고, 운반차량에 적재된 소각재는 적재차량에서 채취하는 것을 원칙으로 한다.
④ 회분식 연소방식 반출설비에서 채취하는 소각재는 하루 동안의 운전 횟수에 따라 매 운전 시마다 2회 이상 채취하는 것을 원칙으로 한다.

풀이 공정상 소각재에 물을 분사하는 경우를 제외하고는 가급적 물을 분사하기 전에 시료를 채취한다.

48 용액 100g 중 성분용량(mL)을 표시하는 것은?

① W/V%   ② V/V%

③ V/W%   ④ W/W%

풀이 백분율(Parts Per Hundred)
① W/V% : 용액 100mL 중 성분무게(g) 또는 기체 100mL 중의 성분무게(g)
② V/V% : 용액 100mL 중 성분용량(mL) 또는 기체 100mL 중 성분용량(mL)
③ V/W% : 용액 100g 중 성분용량(mL)
④ W/W% : 용액 100g 중 성분무게(g)
⑤ 단, 용액의 농도를 %로만 표시할 때는 W/V%
⑥ A/A%(area)는 단위면적(A, area) 중 성분의 면적(A)을 표시

49 기체크로마토그래피－질량분석법에 따른 유기인 분석방법을 설명한 것으로 틀린 것은?

① 운반기체는 부피백분율 99.999% 이상의 헬륨을 사용한다.
② 질량분석기는 자기장형, 사중극자형 및 이온트랩형 등의 성능을 가진 것을 사용한다.
③ 질량분석기의 이온화방식은 전자충격법(EI)을 사용하며 이온화에너지는 35~70eV를 사용한다.
④ 질량분석기의 정량분석에는 매트릭스 검출법을 이용하는 것이 바람직하다.

풀이 유기인－기체크로마토그래피－질량분석법
질량분석기 정량분석에는 선택이온검출법(SIM)을 이용하는 것이 바람직하다.

50 강열감량 시험에서 얻어진 다음 데이터로부터 구한 강열감량(%)은?

> • 접시무게(W_1) =30.5238g
> • 접시와 시료의 무게(W_2) =58.2695g
> • 강열. 방랭 후 접시와 시료의 무게(W_3)
>   =43.3767g

① 43.68   ② 53.68

③ 63.68   ④ 73.68

풀이 강열감량(%)= $\dfrac{W_2 - W_3}{W_2 - W_1} \times 100$

$$= \dfrac{58.2695 - 43.3767}{58.2695 - 30.5238} \times 100$$

$$= 53.68\%$$

51 기체크로마토그래피법에 사용되고 있는 전자포획형 검출기(ECD)로 선택적으로 검출할 수 있는 물질이 아닌 것은?

① 유기할로겐화합물   ② 니트로화합물

③ 유기금속화합물   ④ 유황화합물

풀이 전자포획 검출기(ECD ; Electron Capture Detector)
전자포획 검출기는 방사선 동위원소(^{53}Ni , ^{3}H)로부터 방출되는 β 선이 운반가스를 전리하여 미소전류를 흘려보낼 때 시료 중의 할로겐이나 산소와 같이 전자포획력이 강한 화합물에 의하여 전자가 포획되어 전류가 감소하는 것을 이용하는 방법으로 유기할로겐 화합물, 니트로화합물 및 유기금속화합물을 선택적으로 검출할 수 있다.

52 폐기물 공정시험방법의 총칙에서 규정하고 있는 사항 중 옳지 않은 것은?

① 온도의 영향이 있는 것의 판정은 표준온도를 기준으로 한다.
② 방울수라 함은 20℃에서 정제수 20 방울을 적하할 때 그 부피가 약 1mL가 되는 것을 말한다.
③ 액상폐기물이라 함은 고형물의 함량이 10% 미만인 것을 말한다.
④ 약이라 함은 기재된 양에 대하여 ±10% 이상의 차가 있어서는 안 된다.

풀이 액상폐기물이라 함은 고형물의 함량이 5% 미만인 것을 말한다.

53 원자흡수분광분석 시 장치나 불꽃의 성질에 기인하여 일어나는 간섭으로 옳은 것은?

① 분광학적 간섭   ② 물리적 간섭

③ 화학적 간섭   ④ 이온화 간섭

풀이 분광학적 간섭

① 분석에 사용하는 스펙트럼선이 다른 인접선과 완전히 분리되지 않는 경우 : 파장선택부의 분해능이 충분하지 않기 때문에 일어나며 검량선의 직선 영역이 좁고 구부러져 있어 분석감도 정밀도도 저하된다. 이때는 다른 분석선을 사용하여 재분석하는 것이 좋다.

② 분석에 사용하는 스펙트럼의 불꽃 중에서 생성되는 목적원소의 원자증기 이외의 물질에 의하여 흡수되는 경우 : 표준시료와 분석시료의 조성을 더욱 비슷하게 하며 간섭의 영향을 어느 정도까지 피할 수 있다.

54 총칙에서 규정하고 있는 '함침성 고상폐기물'의 정의로 옳은 것은?

① 종이, 목재 등 수분을 흡수하는 변압기 내부 부재(종이, 나무와 금속이 서로 혼합되어 분리가 어려운 경우를 포함)를 말한다.

② 종이, 목재 등 수분을 흡수하는 변압기 내부 부재(종이, 나무와 금속이 서로 혼합되어 분리가 어려운 경우는 제외)를 말한다.

③ 종이, 목재 등 기름을 흡수하는 변압기 내부 부재(종이, 나무와 금속이 서로 혼합되어 분리가 어려운 경우를 포함)를 말한다.

④ 종이, 목재 등 기름을 흡수하는 변압기 내부 부재(종이, 나무와 금속이 서로 혼합되어 분리가 어려운 경우는 제외)를 말한다.

풀이 ① 함침성 고상폐기물

종이, 목재 등 기름을 흡수하는 변압기 내부부재(종이, 나무와 금속이 서로 혼합되어 분리가 어려운 경우 포함)를 말한다.

② 비함침성 고상폐기물

금속판, 구리선 등 기름을 흡수하지 않는 평면 또는 비평면 형태의 변압기 내부부재를 말한다.

55 수은을 원자흡수분광광도법(환원기화법)으로 측정할 때 정밀도(RSD)는?

① ±10% ② ±15%

③ ±20% ④ ±25%

풀이 수은의 정도관리 목표값(환원기화법)

정도관리 항목	정도관리 목표
정량한계	0.0005mg/L
검정곡선	결정계수(R^2)≥0.98
정밀도	상대표준편차가 25% 이내
정확도	75~125%

56 다음 설명하는 시료의 분할채취방법은?

- 분쇄한 대시료를 단단하고 깨끗한 평면위에 원추형으로 쌓는다.
- 원추를 장소를 바꾸어 다시 쌓는다.
- 원추에서 일정량을 취하여 장방형으로 도포하고 계속해서 일정량을 취하여 그 위에 입체로 쌓는다.
- 육면체의 측면을 교대로 돌면서 균등량 씩을 취하여 두 개의 원추를 쌓는다.
- 하나의 원추는 버리고 나머지 원추를 앞의 조작을 반복하면서 적당한 크기까지 줄인다.

① 구획법 ② 교호삽법

③ 원추4분법 ④ 분할법

풀이 교호삽법

① 분쇄한 대시료를 단단하고 깨끗한 평면 위에 원추형으로 쌓는다.

② 원추를 장소를 바꾸어 다시 쌓는다.

③ 원추에서 일정한 양을 취하여 장방형으로 도포하고 계속해서 일정한 양을 취하여 그 위에 입체로 쌓는다.

④ 육면체의 측면을 교대로 돌면서 각각 균등한 양을 취하여 두 개의 원추를 쌓는다.

⑤ 하나의 원추는 버리고 나머지 원추를 앞의 조작을 반복하면서 적당한 크기까지 줄인다.

57 원자흡수분광광도법으로 크롬을 정량할 때 전처리조작으로 $KMnO_4$를 사용하는 목적은?

① 철이나 니켈금속 등 방해물질을 제거하기 위하여

② 시료 중의 6가크롬을 3가크롬으로 환원하기 위하여

③ 시료 중의 3가크롬을 6가크롬으로 산화하기 위하여

④ 디페닐키르바지드와 반응성을 높이기 위하여

풀이 원자흡수분광광도법으로 크롬을 정량 시 시료 중의 3가크롬을 6가크롬으로 산화하기 위하여 과망간산칼륨용액($KMnO_4$)을 사용한다.

58 수산화나트륨(NaOH) 10g을 정제수 500mL에 용해시킨 용액의 농도(N)는?(단, 나트륨 원자량=23)

① 0.5　　　　　② 0.4
③ 0.3　　　　　④ 0.2

풀이 NaOH는 1규정농도(N)가 40g/L
1N : 40g/L = x(N) : 10g/0.5L
용액농도(N) = $\dfrac{1N \times (10g/0.5L)}{40g/L}$ = 0.5N

59 4℃의 물 500mL에 순도가 75%인 시약용 납을 5mg을 녹였을 때 용액의 납 농도(ppm)는?

① 2.5　　　　　② 5.0
③ 7.5　　　　　④ 10.0

풀이 농도(ppm) = $\dfrac{5mg}{500mL} \times 0.75 \times 10^3 mL/L$
= 7.5ppm

60 유도결합플라스마－원자발광분광법에 의한 카드뮴 분석방법에 관한 설명으로 틀린 것은?

① 정량범위는 사용하는 장치 및 측정조건에 따라 다르지만 330nm에서 0.004~0.3mg/L 정도이다.

② 아르곤가스는 액화 또는 압축 아르곤으로서 99.99 V/V% 이상의 순도를 갖는 것이어야 한다.

③ 시료용액의 발광강도를 측정하고 미리 작성한 검정곡선으로부터 카드뮴의 양을 구하여 농도를 산출한다.

④ 검정곡선 작성 시 카드뮴 표준용액과 질산, 염산, 정제수가 사용된다.

풀이 유도결합플라스마－원자발광분광법(카드뮴)
① 측정파장 : 226.50nm
② 정량범위 : 0.004~50mg/L

4과목　폐기물관계법규

61 폐기물 통계 조사 중 폐기물 발생원 등에 관한 조사의 실시 주기는?

① 3년　　　　　② 5년
③ 7년　　　　　④ 10년

풀이 ※ 법규 변경(삭제)사항이므로 학습 안 하셔도 무방합니다.

62 1회용품의 품목이 아닌 것은?

① 1회용 컵　　　② 1회용 면도기
③ 1회용 물티슈　④ 1회용 나이프

풀이 1회용품(자원의 절약과 재활용촉진에 관한 법률)
① 1회용 컵 · 접시 · 용기
② 1회용 나무젓가락
③ 이쑤시개
④ 1회용 수저 · 포크 · 나이프
⑤ 1회용 광고선전물
⑥ 1회용 면도기 · 칫솔
⑦ 1회용 치약 · 샴푸 · 린스
⑧ 1회용 봉투 · 쇼핑백
⑨ 1회용 응원용품
⑩ 1회용 비닐식탁보

63 변경허가를 받지 아니하고 폐기물처리업의 허가사항을 변경한 자에게 주어지는 벌칙은?

① 2년 이하의 징역 또는 2천만 원 이하의 벌금
② 3년 이하의 징역 또는 3천만 원 이하의 벌금
③ 5년 이하의 징역 또는 5천만 원 이하의 벌금
④ 7년 이하의 징역 또는 7천만 원 이하의 벌금

풀이 폐기물관리법 제65조 참조

64 폐기물처리업자 등이 보존하여야 하는 폐기물 발생, 배출, 처리상황 등에 관한 내용을 기록한 장부의 보존 기간(최종기재일 기준)으로 옳은 것은?

① 1년   ② 2년
③ 3년   ④ 5년

풀이 폐기물처리업자는 장부를 마지막으로 기록한 날부터 3년간 보존하여야 한다.

65 방치폐기물의 처리기간에 대한 내용으로 ( )에 옳은 내용은?(단, 연장 기간은 고려하지 않음)

환경부장관이나 시·도지사는 폐기물처리공제조합에 방치폐기물의 처리를 명하려면 주변 환경의 오염우려 정도와 방치 폐기물의 처리량 등을 고려하여 ( ) 범위에서 그 처리기간을 정하여야 한다.

① 3개월   ② 2개월
③ 1개월   ④ 15일

풀이 환경부장관이나 시·도지사는 폐기물처리 공제조합에 방치폐기물의 처리를 명하려면 주변 환경의 오염 우려 정도와 방치폐기물의 처리량 등을 고려하여 2개월의 범위에서 그 처리기간을 정하여야 한다. 다만, 부득이한 사유로 처리기간 내에 방치폐기물을 처리하기 곤란하다고 환경부장관이나 시·도지사가 인정하면 1개월의 범위에서 한 차례만 그 기간을 연장할 수 있다.

66 사업장폐기물의 발생억제를 위한 감량지침을 지켜야 할 업종과 규모로 ( )에 맞는 것은?

최근 (㉠)간의 연평균 배출량을 기준으로 지정폐기물을 (㉡) 이상 배출하는 자

① ㉠ 1년, ㉡ 100톤
② ㉠ 3년, ㉡ 100톤
③ ㉠ 1년, ㉡ 500톤
④ ㉠ 3년, ㉡ 500톤

풀이 폐기물 발생 억제지침 준수의무 대상 배출자의 규모 기준
① 최근 3년간 연평균 배출량을 기준으로 지정폐기물을 100톤 이상 배출하는 자
② 최근 3년간 연평균 배출량을 기준으로 지정폐기물 외의 폐기물을 1천 톤 이상 배출하는 자

67 폐기물의 국가 간 이동 및 그 처리에 관한법률은 폐기물의 수출·수입 등을 규제함으로써 폐기물의 국가 간 이동으로 인한 환경오염을 방지하고자 제정되었는데, 관련된 국제적인 협약은?

① 기후변화협약
② 바젤협약
③ 몬트리올의정서
④ 비엔나협약

풀이 바젤(Basel)협약
1976년 세베소 사건을 계기로 1989년 체결된 유해폐기물의 국가 간 이동 및 처리에 관한 국제협약으로 유해폐기물의 수출, 수입을 통제하여 유해폐기물 불법교역을 최소화하고, 환경오염을 최소화하는 것이 목적이다.

68 의료폐기물 보관의 경우 보관창고, 보관장소 및 냉장시설에는 보관 중인 의료폐기물의 종류, 양 및 보관기간 등을 확인할 수 있는 의료폐기물 보관 표지판을 설치하여야 한다. 이 표지판 표지의 색깔로 옳은 것은?

① 노란색 바탕에 검은색 선과 검은색 글자
② 노란색 바탕에 녹색 선과 녹색 글자
③ 흰색 바탕에 검은색 선과 검은색 글자
④ 흰색 바탕에 녹색 선과 녹색 글자

풀이 의료폐기물 보관 표지판의 규격 및 색깔
① 표지판의 규격 : 가로 60센티미터 이상×세로 40센티미터 이상(냉장시설에 보관하는 경우에는 가로 30센티미터 이상×세로 20센티미터 이상)
② 표지의 색깔 : 흰색 바탕에 녹색 선과 녹색 글자

69 지정폐기물(의료폐기물은 제외) 보관창고에 설치해야 하는 지정폐기물의 종류, 보관가능 용량, 취급 시 주의사항 및 관리책임자 등을 기재한 표지판 표지의 규격 기준은?(단, 드럼 등 소형용기에 붙이는 경우 제외)

① 가로 60cm 이상×세로 40cm 이상

② 가로 80cm 이상×세로 60cm 이상

③ 가로 100cm 이상×세로 80cm 이상

◎ 가로 120cm 이상×세로 100cm 이상

> **풀이** 지정폐기물(의료폐기물은 제외) 보관 표지판의 규격과 색깔
> ① 표지의 규격 : 가로 60센티미터 이상×세로 40센티미터 이상(드럼 등 소형 용기에 붙이는 경우에는 가로 15센티미터 이상×세로 10센티미터 이상)
> ② 표지의 색깔 : 노란색 바탕에 검은색 선 및 검은색 글자

70 폐기물관리법에 적용되지 아니하는 물질에 대한 기준으로 틀린 것은?

① 물환경보전법에 따른 수질오염 방지시설에 유입되거나 공공수역으로 배출되는 폐수

② 원자력안전법에 따른 방사성 물질과 이로 인하여 오염된 물질

③ 용기에 들어 있는 기체상태의 물질

④ 하수도법에 따른 하수 · 분뇨

> **풀이** 폐기물관리법을 적용하지 않는 물질
> ① 「원자력안전법」에 따른 방사성 물질과 이로 인하여 오염된 물질
> ② 용기에 들어 있지 아니한 기체상태의 물질
> ③ 「물환경보전법」에 따른 수질오염 방지시설에 유입되거나 공공수역으로 배출되는 폐수
> ④ 「가축분뇨의 관리 및 이용에 관한 법률」에 따른 가축분뇨
> ⑤ 「하수도법」에 따른 하수 · 분뇨
> ⑥ 「가축전염병예방법」이 적용되는 가축의 사체, 오염 물건, 수입 금지 물건 및 검역 불합격품
> ⑦ 「수산생물질병 관리법」에 적용되는 수산동물의 사체, 오염된 시설 또는 물건, 수입 금지 물건 및

검역 불합격품
> ⑧ 「군수품관리법」에 따라 폐기되는 탄약
> ⑨ 「동물보호법」에 따른 동물장묘업의 등록을 한 자가 설치 · 운영하는 동물장묘시설에서 처리되는 동물의 사체

71 시 · 도지사가 폐기물처리 신고자에게 처리금지명령을 하여야 하는 경우, 천재지변이나 그 밖의 부득이한 사유로 해당 폐기물처리를 계속하도록 할 필요가 인정되는 경우에 그 처리금지를 갈음하여 부과할 수 있는 과징금의 최대 액수는?

① 2천만 원   ② 5천만 원

③ 1억 원   ④ 2억 원

> **풀이** 폐기물처리 신고자에 대한 과징금 처분
> 시 · 도지사는 폐기물처리 신고자에게 처리금지를 명령하여야 하는 경우 그 처리금지가 다음의 어느 하나에 해당한다고 인정되면 대통령령으로 정하는 바에 따라 그 처리금지를 갈음하여 2천만 원 이하의 과징금을 부과할 수 있다.
> ① 해당 재활용사업의 정지로 인하여 그 재활용사업의 이용자가 폐기물을 위탁처리하지 못하여 폐기물이 사업장 안에 적체됨으로써 이용자의 사업활동에 막대한 지장을 줄 우려가 있는 경우
> ② 해당 재활용사업체에 보관 중인 폐기물 또는 그 재활용사업의 이용자가 보관 중인 폐기물의 적체에 따른 환경오염으로 인하여 인근지역 주민의 건강에 위해가 발생되거나 발생될 우려가 있는 경우
> ③ 천재지변이나 그 밖의 부득이한 사유로 해당 재활용사업을 계속하도록 할 필요가 있다고 인정되는 경우

72 대통령령으로 정하는 폐기물처리시설을 설치 운영하는 자 중에 기술관리인을 임명하지 아니하고 기술관리 대행 계약을 체결하지 아니한 자에 대한 과태료 처분기준은?

① 1천만 원 이하   ② 5백만 원 이하

③ 3백만 원 이하   ④ 2백만 원 이하

> **풀이** 폐기물관리법 제68조 참조

73 폐기물 처분시설 또는 재활용시설 중 의료폐기물을 대상으로 하는 시설의 기술관리인 자격으로 틀린 것은?

① 위생사
② 임상병리사
③ 산업위생지도사
④ 폐기물처리산업기사

풀이 폐기물 처분시설 또는 재활용시설의 기술관리인의 자격기준

구분	자격기준
매립시설	폐기물처리기사, 수질환경기사, 토목기사, 일반기계기사, 건설기계기사, 화공기사, 토양환경기사 중 1명 이상
소각시설(의료폐기물을 대상으로 하는 소각시설은 제외한다), 시멘트 소성로 및 용해로	폐기물처리기사, 대기환경기사, 토목기사, 일반기계기사, 건설기계기사, 화공기사, 전기기사, 전기공사기사 중 1명 이상
의료폐기물을 대상으로 하는 시설	폐기물처리산업기사, 임상병리사, 위생사 중 1명 이상
음식물류 폐기물을 대상으로 하는 시설	폐기물처리산업기사, 수질환경산업기사, 화공산업기사, 토목산업기사, 대기환경산업기사, 일반기계기사, 전기기사 중 1명 이상
그 밖의 시설	같은 시설의 운영을 담당하는 자 1명 이상

74 환경부장관이나 시·도지사로부터 과징금 통지를 받은 자는 통지를 받은 날부터 며칠 이내에 과징금을 부과권자가 정하는 수납기관에 납부하여야 하는가?

① 15일
② 20일
③ 30일
④ 60일

풀이 환경부장관이나 시·도지사로부터 과징금 통지를 받은 자는 통지를 받은 날부터 20일 이내에 과징금을 부과권자가 정하는 수납기관에 납부하여야 한다.

75 다음 용어에 대한 설명으로 틀린 것은?

① "재활용"이란 에너지를 회수하거나 회수할 수 있는 상태로 만들거나 폐기물을 연료로 사용하는

활동으로서 환경부령으로 정하는 활동
② "지정폐기물"이란 사업장폐기물 중 폐유·폐산 등 주변 환경을 오염시킬 수 있거나 의료폐기물 등 인체에 위해를 줄 수 있는 해로운 물질로서 대통령령으로 정하는 폐기물
③ "폐기물처리시설"이란 폐기물의 중간처분시설 및 최종처분시설로서 대통령령으로 정하는 시설
④ "폐기물감량화시설"이란 생산 공정에서 발생하는 폐기물의 양을 줄이고, 사업장 내 재활용을 통하여 폐기물 배출을 최소화하는 시설로서 대통령령으로 정하는 시설

풀이 폐기물처리시설
폐기물의 중간처분시설, 최종처분시설 및 재활용시설로서 대통령령으로 정하는 시설을 말한다.

76 주변지역 영향조사대상 폐기물처리시설에 관한 기준으로 옳은 것은?

① 1일 처리능력 30톤 이상인 사업장 폐기물 소각시설
② 1일 처리능력 10톤 이상인 사업장 폐기물 고온소각시설
③ 매립면적 1만 제곱미터 이상의 사업장 지정폐기물 매립시설
④ 매립면적 3만 제곱미터 이상의 사업장 일반폐기물 매립시설

풀이 주변지역 영향조사대상 폐기물처리시설 기준
① 1일 처리능력이 50톤 이상인 사업장폐기물 소각시설(같은 사업장에 여러 개의 소각시설이 있는 경우에는 각 소각시설의 1일 처리능력의 합계가 50톤 이상인 경우를 말한다)
② 매립면적 1만 제곱미터 이상의 사업장 지정폐기물 매립시설
③ 매립면적 15만 제곱미터 이상의 사업장 일반폐기물 매립시설
④ 시멘트 소성로(폐기물을 연료로 사용하는 경우로 한정한다)
⑤ 1일 재활용능력이 50톤 이상인 사업장폐기물 소각열회수시설(같은 사업장에 여러 개의 소각열회

수시설이 있는 경우에는 각 소각열회수시설의 1일 재활용능력의 합계가 50톤 이상인 경우를 말한다)

77 폐기물처리업의 변경허가를 받아야 할 중요 사항에 관한 내용으로 틀린 것은?

① 매립시설 제방의 증·개축
② 허용보관량의 변경
③ 임시차량의 증차 또는 운반차량의 감차
④ 주차장 소재지의 변경(지정폐기물을 대상으로 하는 수집·운반업만 해당한다)

풀이 운반차량(임시차량은 제외한다)의 증차가 변경허가를 받아야 할 중요사항이다.

78 환경부령으로 정하는 폐기물처리시설의 설치를 마친 자는 환경부령으로 정하는 검사기관으로부터 검사를 받아야 한다. 음식물류 폐기물 처리시설의 검사기관으로 옳은 것은?(단, 그 밖에 환경부장관이 정하여 고시하는 기관 제외)

① 한국산업연구원   ② 보건환경연구원
③ 한국농어촌공사   ④ 한국환경공단

풀이 환경부령으로 정하는 검사기관 : 음식물류 폐기물 처리시설
  ① 한국환경공단
  ② 한국산업기술시험원
  ③ 그 밖에 환경부장관이 정하여 고시하는 기관

79 폐기물처리업의 업종구분과 영업내용의 범위를 벗어나는 영업을 한 자에 대한 벌칙기준은?

① 1년 이하의 징역이나 1천만 원 이하의 벌금
② 2년 이하의 징역이나 2천만 원 이하의 벌금
③ 3년 이하의 징역이나 3천만 원 이하의 벌금
④ 5년 이하의 징역이나 5천만 원 이하의 벌금

풀이 폐기물관리법 제66조 참조

80 환경부령으로 정하는 매립시설의 검사기관으로 틀린 것은?

① 한국건설기술연구원
② 한국환경공단
③ 한국농어촌공사
④ 한국산업기술시험원

풀이 환경부령으로 정하는 검사기관 : 매립시설
  ① 한국환경공단
  ② 한국건설기술연구원
  ③ 한국농어촌공사
  ④ 수도권매립지관리공사

1과목　폐기물개론

01 직경이 3.5m인 트롬멜 스크린의 최적속도 (rpm)는?

① 25　　　　　　② 20

③ 15　　　　　　④ 10

풀이 최적 회전속도(rpm)

$$= \eta_c \times 0.45$$

$$\eta_c = \frac{1}{2\pi}\sqrt{\frac{g}{r}} = \frac{1}{2\pi}\sqrt{\frac{9.8}{1.75}}$$

$$= 0.377 \text{cycle/sec} \times 60\text{sec/min}$$

$$= 22.61 \text{cycle/min(rpm)}$$

$$= 22.61\text{rpm} \times 0.45 = 10.17\text{rpm}$$

02 소각로 설계에 사용되는 발열량은?

① 저위발열량

② 고위발열량

③ 총발열량

④ 단열열량계로 측정한 열량

풀이 소각로의 설계기준이 되는 발열량은 저위발열량이다.

03 비가연성 성분이 90wt%이고 밀도가 900kg /m³인 쓰레기 20m³에 함유된 가연성 물질의 중량 (kg)은?

① 1,600　　　　　② 1,700

③ 1,800　　　　　④ 1,900

풀이 가연성 물질(kg)

= 쓰레기양 × 밀도 × 가연성 물질 함유비율

= 20m³ × 900kg/m³ × (1 − 0.9)

= 1,800kg

04 폐기물 중 철금속(Fe)/비철금속(Al, Cu)/유리 병의 3종류를 각각 분리할 수 있는 방법으로 가장 적절한 것은?

① 자력 선별법　　② 정전기 선별법

③ 와전류 선별법　④ 풍력 선별법

풀이 와전류 선별법

① 연속적으로 변화하는 자장 속에 비극성(비자성) 이고 전기전도도가 우수한 물질(구리, 알루미늄, 아연 등)을 넣으면 금속 내에 소용돌이 전류가 발 생하는 와전류현상에 의하여 반발력이 생기는데 이 반발력의 차를 이용하여 다른 물질로부터 분리 하는 방법이다.

② 폐기물 중 철금속(Fe), 비철금속(Al, Cu), 유리 병의 3종류를 각각 분리할 경우 와전류 선별법이 가장 적절하다.

05 쓰레기 발생량을 조사하는 방법이 아닌 것은?

① 적재차량 계수분석법　② 직접계근법

③ 경향법　　　　　　　④ 물질수지법

풀이 쓰레기 발생량 조사(측정방법)

조사방법	내용
적재차량 계수분석법 (Load-count analysis)	• 일정기간 동안 특정 지역의 쓰레기 수 거·운반차량의 대수를 조사하여, 이 결 과로 밀도를 이용하여 질량으로 환산하는 방법(차량의 대수에 폐기물의 겉보기 비 중을 선정하여 중량으로 환산하는 방법) • 조사장소는 중간적하장이나 중계처리 장이 적합 • 단점으로는 쓰레기의 밀도 또는 압축 정 도에 따라 오차가 크다는 것
직접계근법 (Direct weighting method)	• 일정기간 동안 특정 지역의 쓰레기 수거· 운반차량을 중간적하장이나 중계처리장 에서 직접 계근하는 방법(트럭 스케일 방법) • 입구에서 쓰레기가 적재되어 있는 차량 과 출구에서 쓰레기를 적하한 공차량을 계근하여 쓰레기양 산출 • 장점으로는 비교적 정확한 쓰레기 발생 량을 파악할 수 있는 방법 • 단점으로는 적재차량 계수분석에 비하 여 작업량이 많고 번거로움이 있음

조사방법		내용
물질수지법 (Material balance method)		• 시스템으로 유입되는 모든 물질들과 유출되는 모든 폐기물의 양에 대하여 물질수지를 세움으로써 폐기물 발생량을 추정하는 방법 • 주로 산업폐기물 발생량을 추산할 때 이용하는 방법 • 단점으로는 비용이 많이 소요되고 작업량이 많아 널리 이용되지 않음, 즉 특수한 경우에만 사용됨 • 우선적으로 조사하고자 하는 계의 경계를 정확하게 설정해야 함 • 물질수지를 세울 수 있는 상세한 데이터가 있는 경우에 가능
통계 조사	표본조사 (단순 샘플링 검사)	• 조사기간이 짧음 • 비용이 적게 소요됨 • 조사상 오차가 큼
	전수조사	• 표본오차가 작아 신뢰도가 높음(정확함) • 행정시책에 대한 이용도가 높음 • 조사기간이 긺 • 표본치의 보정역할이 가능함

06 폐기물의 효과적인 수거를 위한 수거노선을 결정할 때, 유의할 사항과 가장 거리가 먼 것은?

① 기존 정책이나 규정을 참조한다.
② 가능한 한 시계방향으로 수거노선을 정한다.
③ U자형 회전은 가능한 한 피하도록 한다.
④ 적은 양의 쓰레기가 발생하는 곳부터 먼저 수거한다.

풀이 효과적·경제적인 수거노선 결정 시 유의(고려)사항 : 수거노선 설정요령
① 지형이 언덕인 지역에서는 언덕의 위에서부터 내려가며 적재하면서 차량을 진행하도록 한다.(안전성, 연료비 절약)
② 수거인원 및 차량형식이 같은 기존 시스템의 조건들을 서로 관련시킨다.
③ 출발점은 차고와 가깝게 하고 수거된 마지막 컨테이너가 처분지의 가장 가까이에 위치하도록 배치한다.
④ 가능한 한 지형지물 및 도로경계와 같은 장벽을 사용하여 간선도로 부근에서 시작하고 끝나야 한다.(도로경계 등을 이용)
⑤ 가능한 한 시계방향으로 수거노선을 정한다.
⑥ 적은 양의 쓰레기가 발생하나 동일한 수거빈도를 받기 원하는 적재지점(수거지점)은 가능한 한 같은 날 왕복 내에서 수거한다.

⑦ 아주 많은 양의 쓰레기가 발생되는 발생원은 하루 중 가장 먼저 수거한다.
⑧ 될 수 있는 한 한 번 간 길은 다시 가지 않는다.
⑨ 반복운행 또는 U자형 회전은 피하여 수거한다.
⑩ 교통량이 많거나 출퇴근시간은 피하여 수거한다.
⑪ 수거지점과 수거빈도 결정 시 기존 정책이나 규정을 참고한다.

07 pH 8과 pH 10인 폐수를 동량의 부피로 혼합하였을 경우 이 용액의 pH는?

① 8.3
② 9.0
③ 9.7
④ 10.0

풀이 pH 8은 pOH 6, pH 10은 pOH 4이므로

$$[OH^-]=10^{-6}, \ [OH^-]=10^{-4}, \ pOH=\log\frac{1}{[OH^-]}$$

$$혼합[OH^-]=\frac{(1\times10^{-6})+(1\times10^{-4})}{1+1}$$

$$=5.05\times10^{-5}$$

$$pOH=\log\frac{1}{5.05\times10^{-5}}=4.3$$

$$pH=14-pOH=14-4.3=9.7$$

08 적환장 설치에 따른 효과로 가장 거리가 먼 것은?

① 수거효율 향상
② 비용 절감
③ 매립장 작업효율 저하
④ 효과적인 인원배치계획이 가능

풀이 적환장 설치로 인하여 매립장 작업효율 상승효과가 있다.

09 폐기물에 관한 설명으로 틀린 것은?

① 액상폐기물의 수분 함량은 90%를 초과한다.
② 반고상폐기물의 고형물 함량은 5% 이상 15% 미만이다.
③ 고상폐기물의 수분 함량은 85% 미만이다.
④ 액상폐기물을 직매립할 수는 없다.

풀이 **액상폐기물**
고형물 함량이 5% 미만(수분함량 95% 초과)

10 도시폐기물의 해석에서 Rosin－Rammler Model에 대한 설명으로 가장 거리가 먼 것은?(단, $Y = 1 - \exp[-(x/x_o)^n]$기준)

① 도시폐기물의 입자크기분포에 대한 수식적 모델이다.
② Y는 크기가 x보다 큰 입자의 총누적무게분율이다.
③ x_o는 특성입자 크기를 의미한다.
④ 특성입자 크기는 입자의 무게기준으로 63.2%가 통과할 수 있는 체의 눈의 크기이다.

풀이 Y는 크기가 x보다 작은 폐기물의 총누적무게분율, 즉 체하분율이다.

11 폐기물에 혼합되어 있는 철금속성분의 폐기물을 분류하기 위하여 사용할 수 있는 가장 적합한 방법은?

① 자력선별   ② 광학분류기
③ 스크린법   ④ Air Separation

풀이 자력선별은 폐기물에 혼합되어 있는 철금속성분의 폐기물을 분류하기 위하여 사용한다.

12 폐기물의 소각처리에 중요한 연료특성인 발열량에 대한 설명으로 옳은 것은?

① 저위발열량은 연소에 의해 생성된 수분이 응축하였을 경우의 발열량이다.
② 고위발열량은 소각로의 설계기준이 되는 발열량으로 진발열량이라고도 한다.
③ 단열열량계로 측정한 발열량은 고위발열량이다.
④ 발열량은 플라스틱의 혼입이 많으면 증가하지만 계절적 변동과 상관없이 일정하다.

풀이 ① 고위발열량은 연소에 의해 생성된 수분이 응축하였을 경우의 발열량이다.

② 저위발열량은 소각로의 설계기준이 되는 발열량으로 진발열량이라고도 한다.
④ 발열량은 계절적 변동과 관련이 있다.

13 퇴비화에 관한 설명 중 맞는 것은?

① 퇴비화과정 중 병원균은 거의 사멸되지 않는다.
② 함수율이 높을 경우 침출수가 발생된다.
③ 호기성보다 혐기성 방법이 퇴비화에 소요되는 시간이 짧다.
④ C/N비가 클수록 퇴비화가 잘 이루어진다.

풀이 ① 퇴비화과정 중 병원균은 거의 사멸된다.
③ 호기성보다 혐기성 방법이 퇴비화에 소요되는 시간이 길다.
④ C/N비가 25~40 정도에서 퇴비화가 잘 이루어진다.

14 트롬멜 스크린에 대한 설명으로 옳지 않은 것은?

① 원통의 최적 회전속도＝원통의 임계 회전속도×1.45
② 원통의 경사도가 크면 부하율이 커진다.
③ 스크린 중에서 선별효율이 좋고 유지관리상의 문제가 적다.
④ 원통의 경사도가 크면 효율이 저하된다.

풀이 원통의 최적 회전속도
＝원통의 임계 회전속도×0.45

15 폐기물 성상분석의 절차 중 가장 먼저 시행하는 것은?

① 분류
② 물리적 조성분석
③ 화학적 조성분석
④ 발열량 측정

풀이 폐기물 시료의 분석절차

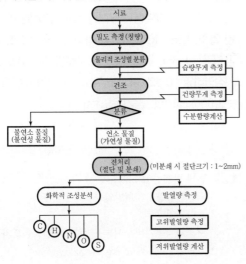

16 원통의 체면을 수평보다 조금 경사진 축의 둘레에서 회전시키면서 체로 나누는 방법은?

① Cascade 선별

② Trommel 선별

③ Electrostatic 선별

④ Eddy-Current 선별

풀이 트롬멜 스크린(Trommel screen)

폐기물이 경사진 회전 트롬멜 스크린에 투입되면 스크린의 회전으로 폐기물이 혼합을 이루며 길이방향으로 밀려나가면서 스크린 체의 규격에 따라 선별된다.(원통의 체로 수평방향으로부터 5도 전후로 경사된 축을 중심으로 회전시켜 체를 분리함)

17 모든 인자를 시간에 따른 함수로 나타낸 후, 각 인자 간의 상호관계를 수식화하여 쓰레기 발생량을 예측하는 방법은?

① 동적모사모델

② 다중회귀모델

③ 시간인자모델

④ 다중인자모델

풀이 폐기물 발생량 예측방법

방법(모델)	내용
경향법 (Trend Method) 경향예측모델	• 최저 5년 이상의 과거 처리 실적을 수식 model에 대하여 과거의 경향을 가지고 장래를 예측하는 방법 • 단지 시간과 그에 따른 쓰레기 발생량(또는 성상) 간의 상관관계만을 고려하며 이를 수식으로 표현하면 $x = f(t)$ • $x = f(t)$는 선형, 지수형, 대수형 등에서 가장 근사한 형태를 택함
다중회귀모델 (Multiple Regression Model)	• 하나의 수식으로 각 인자들의 효과를 총괄적으로 나타내어 복잡한 시스템의 분석에 유용하게 사용할 수 있는 쓰레기 발생량 예측방법 • 각 인자마다 효과를 파악하기보다는 전체 인자의 효과를 총괄적으로 파악하는 것이 간편하고 유용한 예측방법으로 시간을 단순히 하나의 독립된 종속인자로 대입 • 수식 $x = f(X_1 X_2 X_3 \cdots X_n)$, 여기서 $X_1 X_2 X_3 \cdots X_n$은 쓰레기 발생량에 영향을 주는 인자 ※ 인자 : 인구, 지역소득(GNP 또는 GRP), 자원회수량, 상품 소비량 또는 매출액(자원회수량, 사회적 · 경제적 특성이 고려됨)
동적모사모델 (Dynamic Simulation Model)	• 쓰레기 발생량에 영향을 주는 모든 인자를 시간에 대한 함수로 나타낸 후 시간에 대한 함수로 표현된 각 영향인자들 간의 상관관계를 수식화하는 방법 • 시간만을 고려하는 경향법과 시간을 단순히 하나의 독립적인 종속인자로 고려하는 다중회귀모델의 문제점을 보안한 예측방법 • Dynamo 모델 등이 있음

18 쓰레기 관리체계에서 가장 비용이 많이 드는 과정은?

① 수거 및 운반   ② 처리

③ 저장   ④ 재활용

풀이 폐기물 관리에 소요되는 총비용 중 수거 및 운반단계가 60% 이상을 차지한다. 즉, 폐기물 관리 시 수거 및 운반 비용이 가장 많이 소요된다.

19 함수율 40%인 3kg의 쓰레기를 건조시켜 함수율 15%로 하였을 때 건조쓰레기의 무게(kg)는? (단, 비중=1.0 기준)

① 1.12   ② 1.41

③ 2.12   ④ 2.41

풀이 $3\text{kg} \times (1-0.4) =$ 건조쓰레기 무게 $\times (1-0.15)$

건조쓰레기 무게(kg) $= \dfrac{3\text{kg} \times 0.6}{0.85} = 2.12\text{kg}$

20 폐기물의 파쇄 시 에너지 소모량이 크기 때문에 에너지 소모량을 예측하기 위한 여러 가지 방법들이 제안된다. 이들 가운데 고운 파쇄(2차 파쇄)에 가장 적합한 예측모형은?

① Rosin – Rammler Model
② Kick의 법칙
③ Rittinger의 법칙
④ Bond의 법칙

풀이 Kick의 법칙(에너지 소모)
　① 파쇄기의 에너지 소모량(동력)을 예측하기 위한 식이다.
　② 파쇄는 다른 중간처리시설에 비하여 높은 에너지가 요구된다.
　③ 이 공식은 폐기물 입자의 크기를 3cm 미만으로 작게 파쇄(고운 파쇄, 2차 파쇄)하는 데 잘 적용되는 식이다.
　④ 폐기물이 파쇄되는 비율이 100mm 이상으로 똑같으면 파쇄 시 필요한 에너지는 일정하다는 법칙이다.

2과목 **폐기물처리기술**

21 응집제로 가장 부적합한 것은?

① 황산나트륨($Na_2SO_4 \cdot 10H_2O$)
② 황산알루미늄($Al_2(SO_4)_3 \cdot 18H_2O$)
③ 염화제이철($FeCl_3 \cdot 6H_2O$)
④ 폴리염화알루미늄(PAC)

풀이 황산나트륨은 표면장력을 감소시키고 용해도를 증가시켜 응집제로는 부적합하다.

22 아래와 같이 운전되는 batch type 소각로의 쓰레기 kg당 전체 발열량(저위발열량+공기예열에 소모된 열량, kcal /kg)은?(단, 과잉공기비=2.4, 이론공기량=1.8Sm³/ kg쓰레기, 공기예열온도=180℃, 공기정압비열=0.32kcal /Sm³ · ℃, 쓰레기 저위발열량=2,000kcal/kg, 공기온도=0℃)

① 약 2,050
② 약 2,250
③ 약 2,450
④ 약 2,650

풀이 전체 발열량(kcal/kg)
　=단위열량+저위발열량
　단위열량
　　=과잉공기비×이론공기량×비열×온도차
　　=$2.4 \times 1.8\text{Sm}^3/\text{kg} \times 0.32\text{kcal/Sm}^3 \cdot ℃$
　　　$\times 180℃$
　　=248.83kcal/kg
　=248.83kcal/kg+2,000kcal/kg
　=2,248.83kcal/kg

23 폐기물 처리방법 중 열적 처리방법이 아닌 것은?

① 탈수방법
② 소각방법
③ 열분해방법
④ 건류가스화방법

풀이 탈수방법은 물리 · 화학적 방법이다.

24 쓰레기의 혐기성 소화에 관여하는 미생물은?

① 산(酸)생성 박테리아
② 질산화 박테리아
③ 대장균군
④ 질소고정 박테리아

풀이 쓰레기의 혐기성 소화에 관여하는 미생물은 산생성 박테리아, 메탄 생성 박테리아이다.

25 시멘트고형화 처리와 관계없는 반응은?

① 수화반응
② 포졸란반응
③ 탄산화반응
④ 질산화반응

풀이 질산화반응과 시멘트고형화법은 관계가 없다.

정답 20 ② 21 ① 22 ② 23 ① 24 ① 25 ④

26 도시의 오염된 지하수의 Darcy 속도(유출속도)가 0.1m/ day이고, 유효 공극률이 0.4일 때, 오염원으로부터 600m 떨어진 지점에 도달하는데 걸리는 시간(년)은?(단, 유출속도 : 단위시간에 흙의 전체 단면적을 통하여 흐르는 물의 속도)

① 약 3.3   ② 약 4.4
③ 약 5.5   ④ 약 6.6

풀이 소요기간(년) $= \dfrac{\text{이동거리} \times \text{유효공극률}}{\text{Darcy 속도}}$

$= \dfrac{600\text{m} \times 0.4}{0.1\text{m/day} \times 365\text{day/year}}$

$= 6.58\text{year}$

27 석회를 주입하여 슬러지 중의 병원성 미생물을 사멸시키기 위한 pH 유지 농도로 적절한 것은?(단, 온도는 15℃, 4시간 지속시간 기준)

① pH 5 이상   ② pH 7 이상
③ pH 9 이상   ④ pH 11 이상

풀이 석회를 주입하여 슬러지 중의 미생물을 사멸시키기 위해서는 최소한 pH 11 이상으로 유지하는 것이 가장 적절하고 온도 15℃에서 4시간 정도이면 병원성 미생물이 사멸한다.

28 가연성 쓰레기의 연료화 장점에 해당하지 않는 것은?

① 저장이 용이하다.
② 수송이 용이하다.
③ 일반로에서 연소가 가능하다.
④ 쓰레기로부터 폐열을 회수할 수 있다.

풀이 가연성 쓰레기의 연료화를 위해서는 쓰레기의 특성에 맞는 소각로에서 연소하여야 한다.

29 매립방법에 따른 매립이 아닌 것은?

① 단순매립   ② 내륙매립
③ 위생매립   ④ 안전매립

풀이 매립방법에 따른 구분

① 단순매립 : 차수막, 복토, 집배수를 고려하지 않는 매립방법이다.
② 위생매립 : 차수막, 복토, 집배수를 고려한 매립방법으로 가장 경제적이고 많이 사용되는 매립방법이다.(일반 폐기물)
③ 안전매립 : 차수막, 복토, 집배수를 고려한 매립방법으로 유해 폐기물의 최종처분방법이며, 유해 폐기물을 자연계와 완전 차단하는 매립방법이다.(유해 폐기물)

30 부피가 500m^3인 소화조에 고형물농도 10%, 고형물 내 VS 함유도 70%인 슬러지가 50m^3/d로 유입될 때, 소화조에 주입되는 TS, VS 부하는 각각 몇 kg/m^3 · d인가?(단, 슬러지의 비중은 1.0으로 가정한다.)

① TS : 5.0, VS : 0.35
② TS : 5.0, VS : 0.70
③ TS : 10.0, VS : 3.50
④ TS : 10.0, VS : 7.0

풀이 TS(kg/m^3 · day)

$= \dfrac{50\text{m}^3/\text{day} \times 0.1 \times 1{,}000\text{kg/ton} \times \text{ton/m}^3}{500\text{m}^3}$

$= 10\text{kg/m}^3 \cdot \text{day}$

VS(kg/m^3 · day) $= 10\text{kg/m}^3 \cdot \text{day} \times 0.7$

$= 7\text{kg/m}^3 \cdot \text{day}$

31 펠릿형(Pellet Type) RDF의 주된 특성이 아닌 것은?

① 형태 및 크기는 각각 직경이 10~20mm이고 길이가 30~50mm이다.
② 발열량이 3,300~4,000kcal/kg으로 fluff형보다 다소 높다.
③ 수분함량이 4% 이하로 반영구적으로 보관이 가능하다.
④ 회분함량이 12~25%로 powder형보다 다소 높다.

풀이 Pellet RDF의 수분함량은 12~18% 정도이다.

32 도시폐기물을 위생적인 매립방법으로 매립하였을 경우 매립 초기에 가장 많이 발생하는 가스의 종류는?

① NH_3 ② CO_2

③ H_2S ④ CH_4

풀이 제1단계(호기성 단계 : 초기조절 단계)
　① 호기성 유지상태(친산소성 단계)이다.
　② 질소(N_2)와 산소(O_2)는 급격히 감소하고, 탄산가스(CO_2)는 서서히 증가하는 단계이며 가스의 발생량은 적다.
　③ 산소는 대부분 소모한다.(O_2 대부분 소모, N_2 감소 시작)
　④ 매립물의 분해속도에 따라 수일에서 수개월 동안 지속된다.
　⑤ 폐기물 내 수분이 많은 경우에는 반응이 가속화되어 용존산소가 고갈되어 다음 단계로 빨리 진행된다.

33 매립지 일일 복토재 기능으로 잘못된 설명은?

① 복토층 구조   ② 최종 투수성

③ 매립사면 안정화   ④ 식물 성장층 제공

풀이 식물 성장층 제공은 최종복토의 기능이다.

34 바이오리액터형 매립공법의 장점과 거리가 먼 것은?

① 매립지의 수명연장이 가능하다.

② 침출수 처리비용의 절감이 가능하다.

③ 악취 발생이 감소한다.

④ 매립가스 회수율이 증가한다.

풀이 바이오리액터형 매립지
　① 정의
　　폐기물의 생물학적 안정화를 가속시키기 위하여 잘 통제된 방법에 의해 매립지의 폐기물 내로 침출수와 매립가스 응축수를 비롯한 수분이나 공기를 주입하는 폐기물 매립지를 말한다.

　② 장점
　　㉠ 매립지 가스 회수율의 증대
　　㉡ 추가 공간 확보로 인한 매립지 수명 연장
　　㉢ 폐기물의 조기 안정화
　　㉣ 침출수 재순환에 의한 염분 및 암모니아성 질소 농축
　　㉤ 침출수 처리비용 절감

35 전기집진장치의 장점이 아닌 것은?

① 집진효율이 높다.

② 설치 시 소요 부지면적이 적다.

③ 운전비, 유지비가 적게 소요된다.

④ 압력손실이 적고 대량의 분진함유가스를 처리할 수 있다.

풀이 전기집진기의 장단점
　① 장점
　　㉠ 집진효율이 높다(0.01μm 정도 포집 용이, 99.9% 정도 고집진 효율).
　　㉡ 대량의 분진함유가스의 처리가 가능하다.
　　㉢ 압력손실이 적고 미세한 입자까지도 처리가 가능하다.
　　㉣ 운전, 유지·보수비용이 저렴하다.
　　㉤ 고온(500℃ 전후) 가스 및 대량가스 처리가 가능하다.
　　㉥ 광범위한 온도범위에서 적용이 가능하며 폭발성 가스의 처리도 가능하다.
　　㉦ 회수가치 입자포집에 유리하고 압력손실이 적어 소요동력이 적다.
　　㉧ 배출가스의 온도강하가 적다.
　② 단점
　　㉠ 분진의 부하변동(전압변동)에 적응하기 곤란하여, 고전압으로 안전사고의 위험성이 높다.
　　㉡ 분진의 성상에 따라 전처리시설이 필요하다.
　　㉢ 설치비용이 많이 소요되고 설치공간을 많이 차지한다.
　　㉣ 특정물질을 함유한 분진 제거에는 곤란하다.
　　㉤ 가연성 입자의 처리가 곤란하다.

36 배연 탈황 시 발생된 슬러지 처리에 많이 쓰이는 고형화처리법은?

① 시멘트 기초법 ② 석회 기초법
③ 자가 시멘트법 ④ 열가소성 플라스틱법

풀이 자가 시멘트법(Self-cementing Techniques)
　① FGD 슬러지 중 일부(10%)를 생석회화한 후 여기에 소량의 물(수분량 조절역할)과 첨가제를 가하여 폐기물이 스스로 고형화되는 성질을 이용하는 방법이다. 즉, 연소가스 탈황 시 발생된 높은 황화물을 함유한 슬러지 처리에 사용된다.
　② 장점
　　㉠ 혼합률(MR)이 비교적 낮다.
　　㉡ 중금속의 고형화 처리에 효과적이다.
　　㉢ 전처리(탈수 등)가 필요 없다.
　③ 단점
　　㉠ 장치비가 크며 숙련된 기술이 요구된다.
　　㉡ 보조에너지가 필요하다.
　　㉢ 많은 황화물을 가지는 폐기물에 적합하다.

37 슬러지의 탈수특성을 파악하기 위한 여과비저항 실험결과 다음과 같은 결과를 얻었을 때, 여과비저항계수(s^2/g)는?(단, 여과비저항(r)은 $r = \dfrac{2a \cdot PA^2}{\eta \cdot c}$ 이다.)

> [실험조건 및 결과]
> • 고형물량 : 0.065g/mL
> • 여과압 : 0.98kg/cm^2
> • 점성 : 0.0112g/cm·s
> • 여과면적 : 43.5cm^2
> • 기울기 : 4.90s/cm^6

① 2.18×10^8 　　② 2.76×10^9
③ 2.50×10^{10} 　④ 2.67×10^{11}

풀이 여과비저항(S^2/g) $= \dfrac{2a \cdot PA^2}{\eta \cdot C}$
　　　$= \dfrac{2 \times 4.9 \times 980 \times 43.5^2}{0.0112 \times 0.065}$
　　　$= 2.50 \times 10^{10} \sec^2/g$

38 360kL/d 처리장에 투입구의 소요개수는?
(단, 수거차량 1.8kL/대, 자동차 1대 투입시간 20min, 자동차 1대 작업시간 8hr이고, 안전율은 1.2이다.)

① 10개 　　　　② 7개
③ 5개 　　　　④ 3개

풀이 투입구 수(개)
　　$= \dfrac{360\text{kL/day}}{1.8\text{kL/대} \times 8\text{hr/day}} \times 1.2$
　　　$\times$ 대$/20\text{min} \times 60\text{min/hr}$
　　$= 10$개

39 퇴비화 과정에서 공급되는 공기의 기능과 가장 거리가 먼 것은?

① 미생물이 호기적 대사를 할 수 있게 한다.
② 온도를 조절한다.
③ 악취를 희석시킨다.
④ 수분과 가스 등을 제거한다.

풀이 퇴비화 과정 시 공기 공급의 기능
　① 호기적 대사를 도움
　② 온도 조절
　③ 수분, CO_2, 기타 가스 제거

40 분뇨처리에 관한 사항 중 틀린 것은?

① 분뇨의 악취발생은 주로 NH_3와 H_2S이다.
② 분뇨의 혐기성 소화처리 방식은 호기성 소화처리 방식에 비하여 소화속도가 빠르다.
③ 분뇨의 혐기성 소화에서 적정 중온 소화온도는 35±2℃이다.
④ 분뇨의 호기성 처리 시 희석배율은 20~30배가 적당하다.

풀이 분뇨의 혐기성 소화처리 방식은 호기성 소화처리 방식에 비하여 소화속도가 느리다.

정답 36 ③ 37 ③ 38 ① 39 ③ 40 ②

3과목 폐기물공정시험기준(방법)

41 폐기물의 pH(유리전극법)측정 시 사용되는 표준용액이 아닌 것은?

① 수산염 표준용액

② 수산화칼슘 표준용액

③ 황산염 표준용액

④ 프탈산염 표준용액

풀이 수소이온농도 – 유리전극법의 표준용액

① 수산염 표준액

② 프탈산염 표준액

③ 인산염 표준액

④ 붕산염 표준액

⑤ 탄산염 표준액

⑥ 수산화칼슘 표준액

42 폐기물공정시험기준의 온도표시로 옳지 않은 것은?

① 표준온도 : 0℃

② 상온 : 0~15℃

③ 실온 : 1~35℃

④ 온수 : 60~70℃

풀이

용어	온도(℃)
표준온도	0
상온	15~25
실온	1~35
찬 곳	0~15의 곳 (따로 규정이 없는 경우)
냉수	15 이하
온수	60~70
열수	≒100

43 용출시험방법의 범위에 해당되지 않는 것은?

① 고상 또는 액상 폐기물에 대하여 적용

② 지정폐기물의 판정

③ 지정폐기물의 중간처리 방법 결정

④ 지정폐기물의 매립방법 결정

풀이 용출시험방법의 범위

① 고상 또는 반고상 폐기물에 대하여 폐기물관리법에서 규정하고 있는 지정폐기물의 판정

② 지정폐기물의 중간처리방법을 결정하기 위한 실험

③ 매립방법을 결정하기 위한 실험

44 자외선/가시선 분광법에 의한 카드뮴 분석방법에 관한 설명으로 옳지 않은 것은?

① 황갈색의 카드뮴착염을 사염화탄소로 추출하여 그 흡광도를 480nm에서 측정하는 방법이다.

② 카드뮴의 정량범위는 0.001~0.03mg이고, 정량한계는 0.001mg이다.

③ 시료 중 다량의 철과 망간을 함유하는 경우 디티존에 의한 카드뮴추출이 불완전하다.

④ 시료에 다량의 비스무트(Bi)가 공존하면 시안화칼륨용액으로 수회 씻어도 무색이 되지 않는다.

풀이 카드뮴 – 자외선/가시선 분광법

시료 중에 카드뮴이온을 시안화칼륨이 존재하는 알칼리성에서 디티존과 반응시켜 생성하는 카드뮴착염을 사염화탄소로 추출하고, 추출한 카드뮴착염을 타타르산용액으로 역추출한 다음 수산화나트륨과 시안화칼륨을 넣어 디티존과 반응하여 생성하는 적색의 카드뮴착염을 사염화탄소로 추출하여 그 흡광도를 520nm에서 측정하는 방법이다.

45 원자흡수분광광도법(공기–아세틸렌 불꽃)으로 크롬을 분석할 때 철, 니켈 등의 공존물질에 의한 방해영향이 크다. 이때 어떤 시약을 넣어 측정하는가?

① 인산나트륨

② 황산나트륨

③ 염화나트륨

④ 질산나트륨

풀이 공기–아세틸렌 불꽃에서는 철, 니켈 등의 공존물질에 의한 방해영향이 크므로 이때에는 황산나트륨을 1% 정도 넣어서 측정한다.

46 중량법에 의한 기름성분 분석 방법(절차)에 관한 내용으로 틀린 것은?

① 시료 적당량을 분별깔때기에 넣고 메틸오렌지용액(0.1W/V%)을 2~3방울 넣고 황색이 적색으로 변할 때까지 염산 (1+1)을 넣어 pH 4 이하로 조절한다.

② 시료가 반고상 또는 고상 폐기물인 경우에는 폐기물의 양에 약 2.5배에 해당하는 물을 넣어 잘 혼합한 다음 pH 4 이하로 조절한다.

③ 노말헥산 추출물질의 함량이 5mg/L 이하로 낮은 경우에는 5L 부피 시료병에 시료 4L를 채취하여 염화철(III) 용액 4mL를 넣고 자석교반기로 교반하면서 탄산나트륨용액(20 W/V %)을 넣어 pH 7~9로 조절한다.

④ 증발용기 외부의 습기를 깨끗이 닦고 실리카겔 데시케이터에 1시간 이상 수분 제거 후 무게를 단다.

풀이 증발용기 외부의 습기를 깨끗이 닦아 (80±5)℃의 건조기 중에서 30분간 건조하고 실리카겔 데시케이터에 넣어 정확히 30분간 식힌 후 무게를 단다.

47 수은 표준원액(0.1mgHg/mL) 1L를 조제하기 위해 염화제이수은(순도 : 99.9%) 몇 g을 물에 녹이고 질산(1+1) 10mL와 물에 넣어 정확히 1L로 하여야 하는가?(단, Hg=200.61, Cl=35.46)

① 0.135 　　　　② 0.252
③ 0.377 　　　　④ 0.403

풀이 수은 표준원액 0.1mgHg/mL(1L 제조 : 1L 중 100 mg, 즉 0.1g 필요)
HgCl$_2$의 순도를 100%로 가정하면
HgCl$_2$: Hg $= x$: 0.1g
271.53 : 200.61 $= x$: 0.1g
$x = 0.1354$g(100%일 경우이므로)
99.9%로 변경하면
$0.1354\text{g} \times \dfrac{100}{99.9} = 0.135\text{g}$

48 다음 설명에 해당하는 시료의 분할 채취 방법은?

- 모아진 대시료를 네모꼴로 얇게 균일한 두께로 편다.
- 이것을 가로 4등분, 세로 5등분하여 20개의 덩어리로 나눈다.
- 20개의 각 부분에서 균등한 양을 취한 후 혼합하여 하나의 시료로 한다.

① 교호삽법
② 구획법
③ 균등분할법
④ 원추 4분법

풀이 **구획법**
① 모아진 대시료를 네모꼴로 얇게 균일한 두께로 편다.
② 이것을 가로 4등분, 세로 5등분하여 20개의 덩어리로 나눈다.
③ 20개의 각 부분에서 균등량을 취한 후 혼합하여 하나의 시료로 만든다.

49 마이크로파 및 마이크로파를 이용한 시료의 전처리(유기물 분해)에 관한 내용으로 틀린 것은?

① 가열속도가 빠르고 재현성이 좋다.

② 마이크로파는 금속과 같은 반사물질과 매질이 없는 진공에서는 투과하지 않는다.

③ 마이크로파는 전자파 에너지의 일종으로 빛의 속도로 이동하는 교류와 자기장으로 구성되어 있다.

④ 마이크로파영역에서 극성분자나 이온이 쌍극자모멘트와 이온전도를 일으켜 온도가 상승하는 원리를 이용한다.

풀이 마이크로파의 투과거리는 진공에서는 무한하고 물과 같은 흡수물질은 물에 녹아 있는 물질의 성질에 따라 다르며 금속과 같은 반사물질은 투과하지 않는다.

50 폐기물공정시험기준에서 규정하고 있는 고상폐기물의 고형물 함량으로 옳은 것은?

① 5% 이상 ② 10% 이상
③ 15% 이상 ④ 20% 이상

> **풀이** ① 액상폐기물 : 고형물의 함량이 5% 미만
> ② 반고상폐기물 : 고형물의 함량이 5% 이상 15% 미만
> ③ 고상폐기물 : 고형물의 함량이 15% 이상

51 시료용기를 갈색 경질의 유리병을 사용하여야 하는 경우가 아닌 것은?

① 노말헥산 추출물질 분석 시험을 위한 시료 채취 시
② 시안화물 분석 실험을 위한 시료 채취 시
③ 유기인 분석 실험을 위한 시료 채취 시
④ PCBs 및 휘발성 저급 염소화 탄화수소류 분석 실험을 위한 시료 채취 시

> **풀이** 갈색 경질 유리병 사용 채취물질
> ① 노말헥산 추출물질
> ② 유기인
> ③ 폴리클로리네이티드비페닐(PCB)
> ④ 휘발성 저급 염소화 탄화수소류

52 공정시험기준에서 기체의 농도는 표준상태로 환산한다. 다음 중 표준상태로 알맞은 것은?

① 25℃, 0기압 ② 25℃, 1기압
③ 0℃, 0기압 ④ 0℃, 1기압

> **풀이** 기체 중의 농도
> 표준상태(0℃, 1기압)로 환산 표시

53 금속류의 원자흡수분광광도법에 대한 설명으로 틀린 것은?

① 구리의 측정파장은 324.7nm이고, 정량한계는 0.008 mg/L이다.
② 납의 측정파장은 283.3nm이고, 정량한계는 0.04 mg/L이다.

③ 카드뮴의 측정파장은 228.8nm이고, 정량한계는 0.002 mg/L이다.
④ 수은의 측정파장은 253.7nm이고, 정량한계는 0.05 mg/L이다.

> **풀이** 수은(환원기화 – 원자흡수분광광도법)
> ① 측정파장 : 253.7nm
> ② 정량한계 : 0.0005mg/L

54 편광현미경과 입체현미경으로 고체 시료 중 석면의 특성을 관찰하여 정성과 정량 분석할 때 입체현미경의 배율범위로 가장 옳은 것은?

① 배율 2~4배 이상 ② 배율 4~8배 이상
③ 배율 10~45배 이상 ④ 배율 50~200배 이상

> **풀이** 석면 관찰 배율
> ① 편광현미경 : 100~400배
> ② 입체현미경 : 10~45배 이상

55 다음 중 농도가 가장 낮은 것은?

① 1mg/L ② 1,000μg/L
③ 100ppb ④ 0.01ppm

> **풀이** ① 1mg/L
> ② 1,000μg/L=1,000ppb=1ppm=1mg/L
> ③ 100ppb=0.1ppm=0.1mg/L
> ④ 0.01ppm=0.01mg/L

56 유도결합플라스마 – 원자발광분광법에 의한 금속류 분석방법에 관한 설명으로 옳지 않은 것은?

① 시료를 고주파 유도코일에 의하여 형성된 석영 플라스마에 주입하여 1,000~2,000K에서 들뜬 원자가 바닥상태로 이동할 때 방출하는 발광선 및 발광강도를 측정한다.
② 대부분의 간섭 물질은 산 분해에 의해 제거된다.
③ 물리적 간섭은 특히 시료 중에 산의 농도가 10 V/V% 이상으로 높거나 용존 고형물질이 1,500 mg/L 이상으로 높은 반면, 검정용 표준용액의 산의 농도는 5% 이하로 낮을 때에 발생한다.

④ 간섭효과가 의심되면 대부분의 경우가 시료의 매질로 인해 발생하므로 원자흡수 분광광도법 또는 유도결합플라즈마－질량 분석법과 같은 대체방법과 비교하는 것도 간섭효과를 막는 방법이 될 수 있다.

풀이 금속류 : 유도결합플라즈마－원자발광분광법
시료를 고주파 유도코일에 의하여 형성된 아르곤 플라즈마에 주입하여 6,000~8,000K에서 들뜬 원자가 바닥상태로 이동할 때 방출하는 발광선 및 발광강도를 측정하여 원소의 정성 및 정량분석을 한다.

57 원자흡수분광광도법은 원자가 어떤 상태에서 특유 파장의 빛을 흡수하는 원리를 이용한 것인가?

① 전자상태
② 이온상태
③ 기저상태
④ 분자상태

풀이 원자흡수분광광도법의 원리
시료를 적당한 방법으로 해리시켜 중성원자로 증기화하여 생긴 기저상태(Ground State or Normal State)의 원자가 이 원자 증기층을 투과하는 특유파장의 빛을 흡수하는 현상을 이용하여 광전측광과 같은 개개의 특유 파장에 대한 흡광도를 측정하여 시료 중의 원소 농도를 정량하는 방법으로, 대기 또는 배출가스 중의 유해 중금속, 기타 원소의 분석에 적용한다.

58 유도결합플라스마－원자발광분광법으로 측정할 수 있는 항목과 가장 거리가 먼 것은?(단, 폐기물공정시험기준 기준)

① 6가 크롬
② 수은
③ 비소
④ 크롬

풀이 수은 적용이 가능한 시험방법
① 원자흡수분광광도법(환원기화법)
② 자외선/가시선 분광법(디티존법)

59 수소이온의 농도가 2.8×10^{-5}mol/L인 수용액의 pH는?

① 2.8
② 3.4
③ 4.6
④ 5.8

풀이 $pH = \log\dfrac{1}{[H^+]} = \log\dfrac{1}{2.8 \times 10^{-5}} = 4.55$

60 구리를 자외선/가시선 분광법으로 정량하고자 할 때 설명으로 가장 거리가 먼 것은?

① 시료 중에 시안화합물이 존재 시 황산 산성하에서 끓여 시안화물을 완전히 분해 제거한다.
② 비스무스(Bi)가 구리의 양보다 2배 이상 존재 시 황색을 나타내어 방해한다.
③ 추출용매는 초산부틸 대신 사염화탄소, 클로로포름, 벤젠 등을 사용할 수도 있다.
④ 무수황산나트륨 대신 건조여지를 사용하여 여과하여도 된다.

풀이 시료 중에 시안화합물이 함유되어 있으면 염산으로 산성조건을 만든 후 끓여 시안화합물을 완전히 분해 제거한 다음 실험한다.

4과목 **폐기물관계법규**

61 다음 중 기술관리인을 두어야 하는 폐기물처리시설은?

① 지정폐기물 외의 폐기물을 매립하는 시설로 면적이 5천 제곱미터인 시설

② 멸균분쇄시설로 시간당 처분능력이 200킬로그램인 시설

③ 지정폐기물 외의 폐기물을 매립하는 시설로 매립용적이 1만 세제곱미터인 시설

④ 소각시설로서 의료폐기물을 시간당 100킬로그램 처리하는 시설

풀이 기술관리인을 두어야 하는 폐기물처리시설
① 매립시설의 경우
　㉠ 지정폐기물을 매립하는 시설로서 면적이 3천 300제곱미터 이상인 시설. 다만, 차단형 매립시설에서는 면적이 330제곱미터 이상이거나 매립용적이 1천 세제곱미터 이상인 시설로 한다.
　㉡ 지정폐기물 외의 폐기물을 매립하는 시설로서 면적이 1만 제곱미터 이상이거나 매립용적이 3만 세제곱미터 이상인 시설
② 소각시설로서 시간당 처리능력이 600킬로그램(감염성 폐기물을 대상으로 하는 소각시설의 경우에는 200킬로그램) 이상인 시설
③ 압축 · 파쇄 · 분쇄 또는 절단시설로서 1일 처리능력 또는 재활용시설이 100톤 이상인 시설
④ 사료화 · 퇴비화 또는 연료화 시설로서 1일 재활용능력이 5톤 이상인 시설
⑤ 멸균 · 분쇄시설로서 시간당 처리능력이 100킬로그램 이상인 시설
⑥ 시멘트 소성로
⑦ 용해로(폐기물에 비철금속을 추출하는 경우로 한정한다)로서 시간당 재활용능력이 600킬로그램 이상인 시설
⑧ 소각열회수시설로서 시간당 재활용능력이 600킬로그램 이상인 시설

62 폐기물처리시설의 설치기준 중 중간처분시설인 고온용융시설의 개별기준에 해당되지 않는 것은?

① 폐기물투입장치, 고온용융실(가스화실 포함), 열회수장치가 설치되어야 한다.

② 고온용융시설에서 배출되는 잔재물의 강열감량은 1% 이하가 될 수 있는 성능을 갖추어야 한다.

③ 고온용융시설에서 연소가스의 체류시간은 1초 이상이어야 한다.

④ 고온용융시설의 출구온도는 섭씨 1,200도 이상이 되어야 한다.

풀이 고온용융시설의 개별기준
① 고온용융시설의 출구온도는 섭씨 1,200도 이상이 되어야 한다.
② 고온용융시설에서 연소가스의 체류시간은 1초 이상이어야 하고 충분하게 혼합될 수 있는 구조이어야 한다. 이 경우 체류시간은 섭씨 1,200도에서의 부피로 환산한 연소가스의 체적으로 계산한다.
③ 고온용융시설에서 배출되는 잔재물의 강열감량은 1퍼센트 이하가 될 수 있는 성능을 갖추어야 한다.

63 폐기물 관리의 기본원칙에 해당되는 사항과 가장 거리가 먼 것은?

① 사업자는 폐기물의 발생을 최대한 억제하고 스스로 재활용함으로써 폐기물의 배출을 최소화하여야 한다.

② 폐기물을 배출하는 경우에는 주변환경이나 주민의 건강에 위해를 끼치지 아니하도록 사전에 적절한 조치를 하여야 한다.

③ 폐기물은 그 처리과정에서 양과 유해성을 줄이도록 하는 등 환경보전과 국민건강보호에 적합하게 처리하여야 한다.

④ 폐기물은 재활용보다는 우선적으로 소각, 매립 등으로 처분하여 보건위생의 향상에 이바지하도록 하여야 한다.

풀이 **폐기물 관리의 기본원칙**
① 사업자는 제품의 생산방식 등을 개선하여 폐기물의 발생을 최대한 억제하고, 발생한 폐기물을 스스로 재활용함으로써 폐기물의 배출을 최소화하여야 한다.
② 누구든지 폐기물을 배출하는 경우에는 주변 환경이나 주민의 건강에 위해를 끼치지 아니하도록 사전에 적절한 조치를 하여야 한다.
③ 폐기물은 그 처리과정에서 양과 유해성을 줄이도록 하는 등 환경보전과 국민건강보호에 적합하게 처리되어야 한다.
④ 폐기물로 인하여 환경오염을 일으킨 자는 오염된 환경을 복원할 책임을 지며, 오염으로 인한 피해의 구제에 드는 비용을 부담하여야 한다.
⑤ 국내에서 발생한 폐기물은 가능하면 국내에서 처리되어야 하고, 폐기물의 수입은 되도록 억제되어야 한다.
⑥ 폐기물은 소각, 매립 등의 처분을 하기보다는 우선적으로 재활용함으로써 자원생산성의 향상에 이바지하도록 하여야 한다.

64 폐기물관리법에 사용하는 용어의 정의로 옳지 않은 것은?

① 처리 : 폐기물의 수집, 운반, 보관, 재활용, 처분을 말한다.
② 폐기물처리시설 : 폐기물의 중간처분시설, 최종처분시설 및 재활용시설로서 대통령령으로 정하는 시설을 말한다.
③ 폐기물감량화시설 : 생산 공정에서 발생하는 폐기물의 양을 줄이고, 사업장 내 재활용을 통하여 폐기물 배출을 최소화하는 시설로서 대통령령으로 정하는 시설을 말한다.
④ 지정폐기물 : 인체, 재산, 주변환경에 악영향을 줄 수 있는 해로운 물질을 함유한 폐기물로 환경부령으로 정하는 폐기물을 말한다.

풀이 "지정폐기물"이란 사업장폐기물 중 폐유·폐산 등 주변 환경을 오염시킬 수 있거나 의료폐기물 등 인체에 위해를 줄 수 있는 해로운 물질로서 대통령령으로 정하는 폐기물을 말한다.

65 지정폐기물을 배출하는 사업자가 지정폐기물을 위탁하여 처리하기 전에 환경부장관에게 제출하여 확인을 받아야 하는 서류가 아닌 것은?

① 폐기물처리계획서
② 폐기물분석결과서
③ 폐기물인수인계확인서
④ 수탁처리자의 수탁확인서

풀이 **지정폐기물 위탁처리 전 제출 서류**
① 폐기물처리계획서
② 폐기물분석결과서
③ 수탁처리자의 수탁확인서

66 환경부령으로 정하는 폐기물처리시설의 설치를 마친 자는 환경부령으로 정하는 검사기관으로부터 검사를 받아야 한다. 폐기물처리시설이 매립시설인 경우, 검사기관으로 틀린 것은?

① 한국건설기술연구원
② 한국산업기술시험원
③ 한국농어촌공사
④ 한국환경공단

풀이 **환경부령으로 정하는 검사기관**
① 소각시설
  ㉠ 한국환경공단
  ㉡ 한국기계연구원
  ㉢ 한국산업기술시험원
  ㉣ 대학, 정부 출연기관, 그 밖에 소각시설을 검사할 수 있다고 인정하여 환경부장관이 고시하는 기관
② 매립시설
  ㉠ 한국환경공단
  ㉡ 한국건설기술연구원
  ㉢ 한국농어촌공사
  ㉣ 수도권매립지관리공사
③ 멸균분쇄시설
  ㉠ 한국환경공단
  ㉡ 보건환경연구원
  ㉢ 한국산업기술시험원
④ 음식물 폐기물 처리시설
  ㉠ 한국환경공단

ⓛ 한국산업기술시험원
ⓒ 그 밖에 환경부장관이 정하여 고시하는 기관
⑤ 시멘트 소성로
소각시설의 검사기관과 동일
⑥ 소각열회수시설의 검사기관
소각시설의 검사기관과 동일(에너지회수 외의 검사)

67 폐기물처리시설의 유지 · 관리에 관한 기술 관리를 대행할 수 있는 자는?

① 한국환경공단
② 국립환경과학원
③ 한국농어촌공사
④ 한국건설기술연구원

풀이 폐기물처리시설의 유지 · 관리에 관한 기술관리대행자
① 한국환경공단
② 엔지니어링 사업자
③ 기술사사무소
④ 그 밖에 환경부장관이 기술관리를 대행할 능력이 있다고 인정하여 고시하는 자

68 폐기물처분시설인 소각시설의 정기검사 항목에 해당하지 않는 것은?

① 보조연소장치의 작동상태
② 배기가스온도 적절 여부
③ 표지판 부착 여부 및 기재사항
④ 소방장비 설치 및 관리실태

풀이 소각시설의 정기검사 항목
① 적절 연소상태 유지 여부
② 소방장비 설치 및 관리실태
③ 보조연소장치의 작동상태
④ 배기가스온도의 적절 여부
⑤ 바닥재의 강열감량
⑥ 연소실의 출구가스 온도
⑦ 연소실의 가스체류시간
⑧ 설치검사 당시와 같은 설비 · 구조를 유지하고 있는지 확인

69 허가 취소나 6개월 이내의 기간을 정하여 영업의 전부 또는 일부의 정지를 명할 수 있는 경우에 해당되지 않는 것은?

① 영업정지기간 중 영업 행위를 한 경우
② 폐기물 처리업의 업종구분과 영업 내용의 범위를 벗어나는 영업을 한 경우
③ 폐기물의 처리 기준을 위반하여 폐기물을 처리한 경우
④ 재활용제품 또는 물질에 관한 유해성기준 위반에 따른 조치명령을 이행하지 아니한 경우

풀이 영업정지기간 중 영업 행위를 한 경우는 허가를 취소하여야 한다.

70 환경부장관에 의해 폐기물처리시설의 폐쇄명령을 받았으나 이행하지 아니한 자에 대한 벌칙 기준은?

① 5년 이하의 징역이나 5천만 원 이하의 벌금
② 3년 이하의 징역이나 3천만 원 이하의 벌금
③ 2년 이하의 징역이나 2천만 원 이하의 벌금
④ 1천만 원 이하의 과태료

풀이 폐기물관리법 제64조 참조

71 주변지역 영향 조사대상 폐기물처리시설을 설치 · 운영하는 자는 주변지역에 미치는 영향을 몇 년마다 조사하여 그 결과를 환경부장관에게 제출하여야 하는가?

① 2년
② 3년
③ 5년
④ 10년

풀이 대통령령으로 정하는 폐기물처리시설을 설치 · 운영하는 자는 그 폐기물처리시설의 설치 · 운영이 주변지역에 미치는 영향을 3년마다 조사하고, 그 결과를 환경부장관에게 제출하여야 한다.

72 폐기물감량화시설의 종류에 해당되지 않는 것은?(단, 환경부장관이 정하여 고시하는 시설 제외)

① 공정 개선시설
② 폐기물 파쇄·선별시설
③ 폐기물 재이용시설
④ 폐기물 재활용시설

풀이 폐기물감량화시설의 종류
　① 공정 개선시설
　② 폐기물 재이용시설
　③ 폐기물 재활용시설
　④ 그 밖의 폐기물감량화시설

73 폐기물관리법령상 가연성 고형폐기물의 에너지 회수기준에 대한 설명으로 (　)에 알맞은 것은?

> 에너지의 회수효율(회수에너지 총량을 투입에너지 총량으로 나눈 비율을 말한다.)이 (　　) 이상일 것

① 65%　　　　② 75%
③ 85%　　　　④ 95%

풀이 에너지 회수기준
　① 다른 물질과 혼합하지 아니하고 해당 폐기물의 저위발열량이 킬로그램당 3천 킬로칼로리 이상일 것
　② 에너지의 회수효율(회수에너지 총량을 투입에너지 총량으로 나눈 비율을 말한다)이 75퍼센트 이상일 것
　③ 회수열을 모두 열원으로 스스로 이용하거나 다른 사람에게 공급할 것
　④ 환경부장관이 정하여 고시하는 경우에는 폐기물의 30퍼센트 이상을 원료나 재료로 재활용하고 그 나머지 중에서 에너지 회수에 이용할 것

74 폐기물처리시설의 중간처분시설인 기계적 처분시설이 아닌 것은?

① 파쇄·분쇄시설(동력 15kW 이상인 시설로 한정한다.)
② 소멸화 시설(1일 처분능력 100킬로그램 이상인 시설로 한정한다.)

③ 용융시설(동력 7.5kW 이상인 시설로 한정한다.)
④ 멸균분쇄 시설

풀이 중간처분시설(기계적 처분시설)의 종류
　① 압축시설(동력 7.5kW 이상인 시설로 한정한다)
　② 파쇄·분쇄시설(동력 15kW 이상인 시설로 한정한다)
　③ 절단시설(동력 7.5kW 이상인 시설로 한정한다)
　④ 용융시설(동력 7.5kW 이상인 시설로 한정한다)
　⑤ 증발·농축시설
　⑥ 정제시설(분리·증류·추출·여과 등의 시설을 이용하여 폐기물을 처분하는 단위시설을 포함한다)
　⑦ 유수 분리시설
　⑧ 탈수·건조시설
　⑨ 멸균분쇄시설

75 생활폐기물의 처리대행자에 해당하지 않는 것은?

① 폐기물처리업자
② 한국환경공단
③ 재활용센터를 운영하는 자
④ 폐기물재활용사업자

풀이 생활폐기물의 처리대행자
　① 폐기물처리업자
　② 폐기물처리 신고자
　③ 한국환경공단(농업활동으로 발생하는 폐플라스틱필름·시트류를 재활용하거나 폐농약용기 등 폐농약포장재를 재활용 또는 소각하는 것만 해당한다)
　④ 전기·전자제품 재활용의무생산자 또는 전기·전자제품 판매업자(전기·전자제품 재활용의무생산자 또는 전기·전자제품 판매업자로부터 회수·재활용을 위탁받은 자를 포함한다) 중 전기·전자제품을 재활용하기 위하여 스스로 회수하는 체계를 갖춘 자
　⑤ 재활용센터를 운영하는 자(대형 폐기물을 수집·운반 및 재활용하는 것만 해당한다)
　⑥ 건설폐기물처리업의 허가를 받은 자(공사·작업 등으로 인하여 5톤 미만으로 발생되는 생활폐기물을 재활용하기 위하여 수집·운반하거나 재활용하는 경우만 해당한다)

76 의료폐기물 전용용기 검사기관(그 밖에 환경부장관이 전용용기에 대한 검사능력이 있다고 인정하여 고시하는 기관은 제외)에 해당되지 않는 것은?

① 한국화학융합시험연구원
② 한국환경공단
③ 한국의료기기시험연구원
④ 한국건설생활환경시험연구원

풀이 **의료폐기물 전용용기 검사기관**
  ① 한국환경공단
  ② 한국화학융합시험연구원
  ③ 한국건설생활환경시험연구원
  ④ 그 밖에 국립환경과학원장이 의료폐기물 전용용기에 대한 검사능력이 있다고 인정하여 고시하는 기관

77 설치승인을 얻은 폐기물처리시설이 변경승인을 받아야 할 중요사항이 아닌 것은?

① 대표자의 변경
② 처분시설 또는 재활용시설 소재지의 변경
③ 처분 또는 재활용 대상 폐기물의 변경
④ 매립시설 제방의 증 · 개축

풀이 **설치승인을 얻은 폐기물처리시설이 변경승인을 받아야 할 중요사항**
  ① 상호의 변경(사업장폐기물배출자가 설치하는 경우만 해당한다)
  ② 처분 또는 재활용대상 폐기물의 변경
  ③ 처분 또는 재활용시설 소재지의 변경
  ④ 승인 또는 변경승인을 받은 처분 또는 재활용용량의 합계 또는 누계의 100의 30 이상의 증가
  ⑤ 매립시설 제방의 증 · 개축
  ⑥ 주요설비의 변경

78 지정폐기물의 종류에 대한 설명으로 옳은 것은?

① 액체상태인 폴리클로리네이티드비페닐 함유 폐기물은 용출액 1리터당 0.003mg 이상 함유한 것으로 한정한다.
② 오니류는 상수오니, 하수오니, 공정오니, 폐수처리오니를 포함한다.
③ 폐합성 고분자화합물 중 폐합성 수지는 액체상태의 것은 제외한다.
④ 의료폐기물은 환경부령으로 정하는 의료기관이나 시험 · 검사기관 등에서 발생되는 것으로 한정한다.

풀이 ① 액체상태인 폴리클로리네이티드비페닐 함유 폐기물은 용출액 1리터당 2밀리그램 이상 함유한 것으로 한정한다.
  ② 오니류는 폐수처리오니, 공정오니를 포함한다.
  ③ 폐합성 고분자화합물 중 폐합성 수지는 고체상태의 것은 제외한다.

79 폐기물처리시설을 설치 · 운영하는 자는 그 처리시설에서 배출되는 오염물질을 측정하거나 환경부령으로 정하는 측정기관으로 하여금 측정하게 할 수 있다. 환경부령으로 정하는 측정기관이 아닌 곳은?

① 보건환경연구원
② 한국환경공단
③ 환경기술개발원
④ 수도권매립지관리공사

풀이 **환경부령으로 정하는 오염물질 측정기관**
  ① 보건환경연구원
  ② 한국환경공단
  ③ 수질오염물질 측정대행업의 등록을 한 자
  ④ 수도권매립지관리공사
  ⑤ 폐기물분석전문기관

80 사후관리 이행보증금의 사전 적립대상이 되는 폐기물을 매립하는 시설의 면적 기준은?

① 3,300m² 이상 ② 5,500m² 이상
③ 10,000m² 이상 ④ 30,000m² 이상

풀이 사후관리이행보증금의 사전적립

① 사후관리이행보증금의 사전적립 대상이 되는 폐기물을 매립하는 시설은 면적이 3천300제곱미터 이상인 시설로 한다.

② 매립시설의 설치자는 폐기물처리업의 허가·변경허가 또는 폐기물처리시설의 설치승인·변경승인을 받아 그 시설의 사용을 시작한 날부터 1개월 이내에 환경부령으로 정하는 바에 따라 사전적립금 적립계획서에 서류를 첨부하여 환경부장관에게 제출하여야 한다. 이 경우 사전적립금 적립계획서를 받은 환경부장관은 사후관리 등에 드는 비용의 산출명세, 적립기간 및 연도별 적립금액의 적정 여부 등을 확인하여야 한다.

1과목 폐기물개론

01 폐기물을 자원화하는 방법 중 에너지 회수방법에 속하는 것은?

① 물질 회수
② 직접열 회수
③ 추출형 회수
④ 변환형 회수

풀이 폐기물 자원화에서 에너지 회수는 직접열을 회수 이용하는 것을 말한다.

02 100m³인 폐기물의 부피를 10m³로 압축하는 경우 압축비는?

① 0.1   ② 1
③ 10   ④ 90

풀이 압축비(CR)$= \dfrac{V_i}{V_f} = \dfrac{100}{10} = 10$

03 폐기물의 성상 분석 절차로 가장 적합한 것은?

① 밀도 측정－물리적 조성분석－건조－분류(타는 물질, 안 타는 물질)
② 밀도 측정－건조－화학적 조정분석－전처리(절단 및 분쇄)
③ 전처리(절단 및 분쇄)－밀도 측정－화학적조정분석－분류(타는 물질, 안 타는 물질)
④ 전처리(절단 및 분쇄)－건조－물리적 조성분석－발열량 측정

풀이 폐기물 시료 분석절차

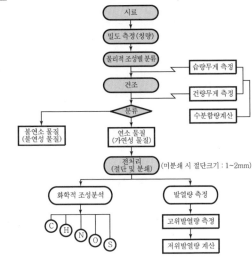

04 건조된 고형물의 비중이 1.65이고 건조 전 슬러지의 고형분 함량이 35%, 건조중량이 400kg이라 할 때 건조 전 슬러지의 비중은?

① 1.02   ② 1.16
③ 1.27   ④ 1.35

풀이 $\dfrac{1,142.86}{\text{슬러지비중}} = \dfrac{400}{1.65} + \dfrac{742.86}{1.0}$

슬러지양
$= \text{고형물량} \times \dfrac{1}{\text{슬러지 중 고형물 함량}}$
$= 400\text{kg} \times \dfrac{1}{0.35} = 1,142.86\text{kg}$

슬러지비중$= 1.16$

05 관거(pipe)를 이용한 폐기물 수송의 특징과 가장 거리가 먼 것은?

① 10km 이상의 장거리 수송에 적당하다.
② 잘못 투입된 폐기물의 회수는 곤란하다.
③ 조대폐기물은 파쇄, 압축 등의 전처리를 해야 한다.

④ 화재, 폭발 등의 사고 발생 시 시스템 전체가 마비되며 대체 시스템의 전환이 필요하다.

풀이 가압수송은 진공수송보다 수송거리를 더 길게 할 수 있다.

06 함수율이 80%인 폐기물 10ton을 건조시켜 함수율 30%로 만들 경우 감소하는 폐기물의 중량(ton)은?(단, 비중=1.0)

① 2.6
② 2.9
③ 3.2
④ 3.5

풀이 10ton $\times$ (1−0.8) = 건조 후 폐기물량 $\times$ (1−0.3)
건조 후 폐기물량 = 2.86ton

07 적환장에 대한 설명으로 가장 거리가 먼 것은?

① 최종 처리장과 수거지역의 거리가 먼 경우 사용하는 것이 바람직하다.
② 폐기물의 수거와 운반을 분리하는 기능을 한다
③ 주거지역의 밀도가 낮을 때 적환장을 설치한다.
④ 적환장의 위치는 수거하고자 하는 개별적 고형물 발생지역의 하중 중심과 적절한 거리를 유지하여야 한다.

풀이 적환장 위치결정 시 고려사항
① 수거하고자 하는 개별적 고형폐기물 발생지역의 하중 중심(무게 중심)과 되도록 가까운 곳
② 쉽게 간선도로에 연결되며, 2차 보조수송수단의 연결이 쉬운 곳
③ 건설비와 운영비가 적게 들고 경제적인 곳
④ 최종 처리장과 수거지역의 거리가 먼 곳(≒16km 이상)
⑤ 주도로의 접근이 용이하고 2차 또는 보조수송수단의 연결이 쉬운 곳
⑥ 주민의 반대가 적고 주위환경에 대한 영향이 최소인 곳
⑦ 설치 및 작업이 쉬운 곳(설치 및 작업조작이 경제적인 곳)
⑧ 적환작업 중 공중위생 및 환경피해 영향이 최소인 곳

08 쓰레기 재활용 측면에서 가장 효과적인 수거방법은?

① 문전수거
② 타종수거
③ 분리수거
④ 혼합수거

풀이 분리수거가 재활용 측면에서 가장 효과적인 수거방법이다.

09 도시폐기물 최종 분석 결과를 Dulong 공식으로 발열량을 계산하고자 할 때 필요하지 않은 성분은?

① H
② C
③ S
④ Cl

풀이 발열량 계산 Dulong 식

$$H_h(\text{kcal/kg}) = 8,100\text{C} + 34,000\left(\text{H} - \frac{\text{O}}{8}\right) + 2,500\text{S}$$

$$H_l(\text{kcal/kg}) = H_h - 600(9\text{H} + \text{W})$$

10 물질회수를 위한 선별방법 중 플라스틱에서 종이를 선별할 수 있는 방법으로 가장 적절한 것은?

① 와전류 선별
② Jig 선별
③ 광학 선별
④ 정전기적 선별

풀이 정전기적 선별기
폐기물에 전하를 부여하고 전하량의 차에 따른 전기력으로 선별하는 장치이며, 플라스틱에서 종이를 선별할 수 있는 장치이다.

11 쓰레기를 파쇄할 경우 발생하는 이점으로 가장 거리가 먼 것은?

① 일반적으로 압축 시 밀도 증가율이 크다.
② 매립 시 폐기물이 잘 섞여서 혐기성을 유지하므로 메탄 발생량이 많아진다.
③ 조대쓰레기에 의한 소각로의 손상을 방지한다.
④ 고밀도 매립이 가능하다.

풀이 매립 시 폐기물이 잘 섞여서 호기성 조건을 유지하므로 냄새가 방지된다.

12 난분해성 유기화합물의 생물학적 반응이 아닌 것은?

① 탈수소반응(가수분해반응)
② 고리분할
③ 탈알킬화
④ 탈할로겐화

풀이 탈수소반응(가수분해반응)은 생분해성 유기물의 생물학적(혐기성) 반응이다.

13 파쇄에 필요한 에너지를 구하는 법칙으로 고운 파쇄 또는 2차 분쇄에 잘 적용되는 법칙은?

① 도플러의 법칙　　② 킥의 법칙
③ 패러데이의 법칙　④ 케스터너의 법칙

풀이 Kick의 법칙
폐기물입자의 크기를 3cm 미만으로 작게 파쇄(고운 파쇄, 2차 파쇄)하는 데 잘 적용되는 식이다.

14 폐기물의 관리에 있어서 가장 중점적으로 우선순위를 갖는 요소는?

① 재활용　　　　② 소각
③ 최종처분　　　④ 감량화

풀이 폐기물 관리에 있어서 가장 우선적으로 고려하여야 할 사항은 감량화이다.

15 인구가 800,000명인 도시에서 연간 1,000,000 ton의 폐기물이 발생한다면 1인 1일 폐기물의 발생량(kg/cap · day)은?

① 3.12　　　　　② 3.22
③ 3.32　　　　　④ 3.42

풀이 폐기물발생량(kg/인 · 일)

$$= \frac{발생쓰레기량}{대상인구수}$$

$$= \frac{1,000,000 ton/year \times 1,000kg/ton \times year/365day}{800,000인}$$

$$= 3.42 kg/인 · 일$$

16 쓰레기를 원추 4분법으로 축분 도중 2번째에서 모포가 걸렸다. 이후 4회 더 축분하였다면 추후 모포의 함유율(%)은?

① 25　　　　　② 12.5
③ 6.25　　　　④ 3.13

풀이 함유율(%) $= \frac{1}{2^n} = \frac{1}{2^4} = 0.0625 \times 100 = 6.25\%$

17 지정폐기물의 종류와 분류물질의 연결이 틀린 것은?

① 폐유독물질－폐촉매
② 부식성－폐산(pH 2.0 이하)
③ 부식성－폐알칼리(pH 12.5 이상)
④ 유해물질함유－소각재

풀이 • 폐유독물질 : 화학물질관리법에 따른 유독물을 폐기하는 경우로 한정한다.
　※ 폐촉매 : 유해물질함유 폐기물로 분류한다.

18 폐기물발생량의 표시에 가장 많이 이용되는 단위는?

① m³/인 · 일　　　② kg/인 · 일
③ 개/인 · 일　　　④ 봉투/인 · 일

풀이 쓰레기 발생량은 각 지역의 규모나 특성에 따라 차이가 있어 주로 총발생량보다는 단위발생량(kg/인 · 일)으로 표기한다.
kg/인 · 일＝kg/capita · day

19 물렁거리는 가벼운 물질로부터 딱딱한 물질을 선별하는 데 사용되는 것으로 경사진 Conveyor를 통해 폐기물을 주입시켜 천천히 회전하는 드럼 위에 떨어뜨려서 분류하는 장치는?

① Stoners
② Ballistic Separator
③ Fluidized Bed Separators
④ Secators

정답　12 ①　13 ②　14 ④　15 ④　16 ③　17 ①　18 ②　19 ④

풀이 Secators
① 경사진 컨베이어를 통해 폐기물을 주입시켜 천천히 회전하는 드럼 위에 떨어뜨려서 선별하는 장치이다.
② 물렁거리는 가벼운 물질로부터 딱딱한 물질을 선별하는 데 사용한다.
③ 주로 퇴비 중의 유리조각을 추출할 때 이용되는 선별장치이다.

20 적환장의 기능으로 적합하지 않은 것은?

① 분리선별
② 비용분석
③ 압축파쇄
④ 수송효율

풀이 적환장의 기능
① 분리선별
② 압축 · 파쇄
③ 수송효율

2과목 폐기물처리기술

21 소각로에서 PVC 같은 염소를 함유한 물질을 태울 때 발생하며 맹독성을 갖는 것으로 분자구조는 염소가 달린 두 개의 벤젠고리 사이에 한 개의 산소원자가 있고, 135개의 이성체를 갖는 것은?

① THM
② Furan
③ PCB
④ BPHC

풀이 다이옥신 및 퓨란
① 다이옥신과 퓨란은 쓰레기 중 PVC 또는 플라스틱류 등을 포함하고 있는 합성물질을 연소시킬 때 발생한다. 즉, 여러 가지 유기물과 염소공여체로부터 생성된다.
② 다이옥신류란 PCD_{DS}와 $PCDF_S$를 총체적으로 말하며 다이옥신과 퓨란은 하나 또는 두 개의 산소원자와 1~8개의 염소원자가 결합된 두 개의 벤젠고리를 포함하고 있다.
③ 다이옥신과 퓨란류의 농도는 연소기 출구와 굴뚝 사이에서 증가하며, 산소과잉 조건에서 연소가 진행될 때 크게 증가한다. 즉, 소각시설에서 다이옥신 생성에 영향을 주는 인자는 투입 폐기물 종류, 배출(후류)가스 온도, 연료공기의 양 및 분포 등이다.
④ 다이옥신의 이성체는 75개이고, 퓨란은 135개이다.

22 일반적으로 사용되는 분뇨처리의 혐기성 소화를 기술한 것으로 가장 거리가 먼 것은?

① 혐기성 미생물을 이용하여 유기물질을 제거하는 것이다.
② 다른 방법들보다 장기적인 면에서 볼 때 경제적이며 운영비가 적다는 이점이 있다.
③ 유용한 CH_4가 생성된다.
④ 분뇨량이 많으면 소화조를 70℃ 이상 가열시켜줄 필요가 있다.

풀이 일반적으로 분뇨의 혐기성 소화처리 시 온도는 36~37℃ 정도이며 분뇨량이 많으면 가열시켜 줄 필요가 없다.

정답 20 ② 21 ② 22 ④

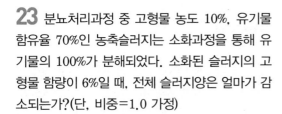
23 분뇨처리과정 중 고형물 농도 10%, 유기물 함유율 70%인 농축슬러지는 소화과정을 통해 유기물의 100%가 분해되었다. 소화된 슬러지의 고형물 함량이 6%일 때, 전체 슬러지양은 얼마가 감소되는가?(단, 비중=1.0 가정)

① 1/4
② 1/3
③ 1/2
④ 1/1.5

풀이 소화 후 고형물 중 유기물 함량(VS′)
　　= $1kg \times 0.1 \times 0.7 \times 0 = 0$(슬러지 1kg 기준)

소화 후 고형물 중 무기물 함량(FS)
　　= $1kg \times 0.1 \times 0.3 = 0.03kg$

소화 후 고형물량
　　= $VS' + FS = 0 + 0.03 = 0.03kg$

소화 후 고형물량
　　= 소화 후 슬러지양 × 소화 후 고형물의 비율

$0.03kg$ = 소화 후 슬러지양 × 0.06

소화 후 슬러지양 = 0.5kg

슬러지 감소량
　　= 최초 슬러지양 – 소화 후 슬러지양
　　= $1 - 0.5 = 0.5 \times 100 = 50\%$(즉, 50% 감소)

24 산업폐기물의 처리 시 함유 처리항목과 그 조건이 잘못 짝지어진 것은?

① 특정유해 함유물질 : 수분 함량 85% 이하일 경우 고온열분해 시킨다.
② 폐합성 수지 : 편의 크기를 45cm 이상으로 절단시켜 소각, 용융시킨다.
③ 유기물계통 일반산업폐기물 : 수분함량 85 % 이하로 유지시켜 소각시킨다.
④ 폐유 : 수분함량 5ppm 이하일 경우 소각시킨다.

풀이 폐합성 수지
　　편의 크기를 15cm 이하로 절단시켜 소각, 용융시킨다.

25 제1, 2차 활성슬러지공법과 희석방법을 적용하여 분뇨를 처리할 때, 처리 전 수거분뇨의 BOD가 20,000mg/L이며 제1차 활성슬러지처리에서의 BOD 제거율은 70%이고 20배 희석 후의 방류수에서의 BOD가 30mg/L라면 제2차 활성슬러지처리에서의 BOD 제거율(%)은?

① 60
② 70
③ 80
④ 90

풀이 BOD제거율(%)
$$= \left(1 - \frac{BOD_o}{BOD_i}\right) \times 100$$

$$BOD_o = 30mg/L$$
$$BOD_i = BOD \times (1 - \eta_1) \times 1/P$$
$$= 20,000mg/L \times (1 - 0.7) \times \frac{1}{20}$$
$$= 300mg/L$$
$$= \left(1 - \frac{30}{300}\right) \times 100 = 90\%$$

26 우리나라 음식물쓰레기를 퇴비로 재활용하는 데 있어서 가장 큰 문제점으로 지적되는 것은?

① 염분 함량
② 발열량
③ 유기물 함량
④ 밀도

풀이 우리나라 음식물쓰레기를 퇴비로 재활용하는 데 있어서 가장 큰 문제점은 염분 함량이다.

27 폭 1.0m, 길이 100m인 침출수 집배수시설의 투수계수 1.0×10^{-2}cm/s, 바닥구배가 2%일 때 연간 집배수량(ton)은?(단, 침출수의 밀도=1ton/m³)

① 1,051
② 5,000
③ 6,307
④ 20,000

풀이 연간 집배수량(ton/year)
$$= 1ton/m^3 \times 1.0m \times 100m \times 1.0 \times 10^{-4}m/sec$$
$$\times 31,536,000sec/year \times 0.02$$
$$= 6,307.2ton/year$$

28 슬러지를 고형화하는 목적으로 가장 거리가 먼 것은?

① 취급이 용이하며, 운반무게가 감소한다.
② 유해물질의 독성이 감소한다.
③ 오염물질의 용해도를 낮춘다.
④ 슬러지 표면적이 감소한다.

풀이 고형화 처리의 목적
　① 유해폐기물의 불활성화(독성 저하 및 폐기물 내의 오염물질 이동성 감소)
　② 용출 억제(물리적으로 안정한 물질로 변화)
　③ 토양개량 및 매립 시 충분한 강도 확보
　④ 취급 용이 및 재활용(건설자재) 가능
　⑤ 폐기물 내 오염물질의 용해도 감소

29 폐기물을 매립한 후 복토를 실시하는 목적으로 가장 거리가 먼 것은?

① 폐기물을 보이지 않게 하여 미관상 좋게 한다.
② 우수를 효과적으로 배제한다.
③ 쥐나 파리 등 해충 및 야생동물의 서식처를 없앤다.
④ CH_4 가스가 내부로 유입되는 것을 방지한다.

풀이 CH_4 가스가 외부로 유출되는 것을 방지한다.

30 유동층 소각로의 장단점이라 볼 수 없는 것은?

① 미연소분 배출로 2차 연소실이 필요하다.
② 가스의 온도가 낮고 과잉공기량이 적다.
③ 상(床)으로부터 찌꺼기 분리가 어렵다.
④ 기계적 구동부분이 적어 고장률이 낮다.

풀이 유동층 소각로의 장단점
　① 장점
　　㉠ 유동매체의 열용량이 커서 액상, 기상, 고형 폐기물의 전소 및 혼소, 균일한 연소가 가능하다.
　　㉡ 반응시간이 빨라 소각시간이 짧다.(노 부하율이 높음)
　　㉢ 연소효율이 높아 미연소분이 적고 2차 연소실이 불필요하다.

㉣ 가스의 온도가 낮고 과잉공기량이 낮다. 따라서 NOx도 적게 배출된다.
㉤ 기계적 구동부분이 적어 고장률이 낮아 유지관리가 용이하다.
㉥ 노 내 온도의 자동제어로 열회수가 용이하다.
㉦ 유동매체의 축열량이 높은 관계로 단시간 정지 후 가동 시 보조연료 사용 없이 정상가동이 가능하다.
㉧ 과잉공기량이 적으므로 다른 소각로보다 보조연료 사용량과 배출가스양이 적다.
㉨ 석회 또는 반응물질을 유동매체에 혼입시켜 노 내에서 산성가스의 제거가 가능하다.
　② 단점
　　㉠ 층의 유동으로 상으로부터 찌꺼기의 분리가 어려우며 운전비, 특히 동력비가 높다.
　　㉡ 폐기물의 투입이나 유동화를 위해 파쇄가 필요하다.
　　㉢ 상재료의 용융을 막기 위해 연소온도는 816℃를 초과할 수 없다.
　　㉣ 유동매체의 손실로 인한 보충이 필요하다.
　　㉤ 고점착성의 반유동상 슬러지는 처리하기 곤란하다.
　　㉥ 소각로 본체에서 압력손실이 크고 유동매체의 비산 또는 분진의 발생량이 가장 많다.
　　㉦ 조대한 폐기물은 전처리가 필요하다. 즉 폐기물의 투입이나 유동화를 위해 파쇄공정이 필요하다.

31 Rotary Kiln에 관한 설명으로 가장 거리가 먼 것은?

① 모든 폐기물을 소각시킬 수 있다.
② 부유성 물질의 발생이 적다.
③ 연속적으로 재가 방출된다.
④ 1,400℃ 이상의 운전이 가능하다.

풀이 회전로(Rotary Kiln : 회전식 소각로)의 장단점
　① 장점
　　㉠ 넓은 범위의 액상 및 고상폐기물을 소각할 수 있다.
　　㉡ 액상이나 고상폐기물을 각각 수용하거나 혼합하여 처리할 수 있고 건조효과가 매우 좋고 착화, 연소가 용이하다.

ⓒ 경사진 구조로 용융상태의 물질에 의하여 방해 받지 않는다.

ⓔ 드럼이나 대형 용기를 그대로 집어 넣을 수 있다.(전처리 없이 주입 가능)

ⓜ 고형 폐기물에 높은 난류도와 공기에 대한 접촉을 크게 할 수 있다.

ⓗ 폐기물의 소각에 방해 없이 연속적 재의 배출이 가능하다.

ⓢ 습식 가스세정시스템과 함께 사용할 수 있다.

ⓞ 전처리(예열, 혼합, 파쇄) 없이 주입 가능하다.

ⓩ 폐기물의 체류시간을 노의 회전속도 조절로 제어할 수 있는 장점이 있다.

ⓣ 독성물질의 파괴에 좋다.(1,400℃ 이상 가동 가능)

② 단점

ⓐ 처리량이 적을 경우 설치비가 높다.

ⓑ 노에서의 공기유출이 크므로 종종 대량의 과잉공기가 필요하다.

ⓒ 대기오염 제어시스템에 대한 분진부하율이 높다.

ⓓ 비교적 열효율이 낮은 편이다.

ⓔ 구형 및 원통형 형태의 폐기물은 완전연소가 끝나기 전에 굴러떨어질 수 있다.

ⓗ 대기 중으로 부유물질이 발생할 수 있다.

ⓢ 대형 폐기물로 인한 내화재의 파손에 주의를 요한다.

32 오염된 농경지의 정화를 위해 다른 장소로부터 비오염 토양을 운반하여 혼합하는 정화기술은?

① 객토   ② 반전
③ 희석   ④ 배토

풀이 객토
오염된 농경지의 정화를 위해 다른 장소로부터 비오염 토양을 운반하여 넣는 정화기술이다.

33 유기성 폐기물 퇴비화의 단점이라 할 수 없는 것은?

① 퇴비화 과정 중 외부 가온 필요
② 부지선정의 어려움
③ 악취발생 가능성
④ 낮은 비료가치

풀이 퇴비화의 장단점
① 장점
ⓐ 유기성 폐기물을 재활용하여, 그 결과 폐기물의 감량화가 가능하다.

ⓑ 생산품인 퇴비는 토양의 이화학성질을 개선시키는 토양개량제로 사용할 수 있다.(Humus는 토양개량제로 사용)

ⓒ 운영 시 에너지가 적게 소요된다.

ⓓ 초기의 시설투자비가 낮다.

ⓔ 다른 폐기물처리에 비해 고도의 기술수준이 요구되지 않는다.

② 단점
ⓐ 생산된 퇴비는 비료가치로서 경제성이 낮다.(시장 확보가 어려움)

ⓑ 다양한 재료를 이용하므로 퇴비제품의 품질표준화가 어렵다.

ⓒ 부지가 많이 필요하고 부지선정에 어려움이 많다.

ⓓ 퇴비가 완성되어도 부피가 크게 감소되지는 않는다.(완성된 퇴비의 감용률은 50% 이하로서 다른 처리방식에 비하여 낮음)

ⓔ 악취 발생의 문제점이 있다.

34 퇴비화의 메탄발효 조건이 아닌 것은?

① 영양조건
② 혐기조건
③ 호기조건
④ 유기물량

풀이 퇴비화의 메탄발효는 완전한 혐기성 단계이다.

35 소각 시 다이옥신이 생성될 수 있는 가능성이 가장 큰 물질은?

① 노르말헥산   ② 에탄올
③ PVC   ④ 오존

풀이 다이옥신과 퓨란은 쓰레기 중 PVC 또는 플라스틱류 등을 포함하고 있는 합성물질을 연소시킬 때 발생한다. 즉, 여러 가지 유기물과 염소공여체로부터 생성된다.

36 폐기물 고형화방법 중 유기중합체법의 특징이 아닌 것은?

① 가장 많이 사용되는 방법은 우레아폼(UF)방법이다.
② 고형성분만 처리 가능하다.
③ 고형화시키는 데 많은 양의 첨가제가 필요하다.
④ 최종처리 시 2차 용기에 넣어 매립해야 한다.

풀이 유기중합체법은 고형화시키는 데 많은 양의 첨가제가 필요하지 않다.

37 고형분 30%인 주방찌꺼기 10톤의 소각을 위하여 함수율이 50% 되게 건조시켰다면 이때의 무게(ton)는?(단, 비중＝1.0 가정)

① 2   ② 3
③ 6   ④ 8

풀이 $10\text{ton} \times 0.3 =$ 건조 후 주방찌꺼기$\times (1-0.5)$

주방찌꺼기$(\text{ton}) = \dfrac{10\text{ton} \times 0.3}{0.5} = 6\text{ton}$

38 알칼리성 폐수의 중화제가 아닌 것은?

① 황산   ② 염산
③ 탄산가스   ④ 가성소다

풀이 가성소다($NaOH$)는 산성 폐수의 중화제이다.

39 유효공극률 0.2, 점토층 위의 침출수가 수두 1.5m인 점토 차수층 1.0m를 통과하는 데 10년이 걸렸다면 점토 차수층의 투수계수(cm/s)는?

① 2.54×10^{-7} ② 2.54×10^{-8}
③ 5.54×10^{-7} ④ 5.54×10^{-8}

풀이 $t = \dfrac{d^2 \eta}{K(d+h)}$

$315,360,000\text{sec} = \dfrac{1.0^2\text{m}^2 \times 0.2}{K(1.0+1.5)\text{m}}$

투수계수$(K) = 2.54 \times 10^{-10}\text{m/sec}$
$\qquad\qquad (2.54 \times 10^{-8}\text{cm/sec})$

40 매립지 내에서 분해단계(4단계) 중 호기성 단계에 관한 설명으로 적절치 못한 것은?

① N_2의 발생이 급격히 증가된다.
② O_2가 소모된다.
③ 주요 생성기체는 CO_2이다.
④ 매립물의 분해속도에 따라 수일에서 수개월 동안 지속된다.

풀이 제1단계(호기성 단계 : 초기조절 단계)
① 호기성 유지상태(친산소성 단계)이다.
② 질소(N_2)와 산소(O_2)는 급격히 감소하고, 탄산가스(CO_2)는 서서히 증가하는 단계이며 가스의 발생량은 적다.
③ 산소는 대부분 소모한다.(O_2 대부분 소모, N_2 감소 시작)
④ 매립물의 분해속도에 따라 수일에서 수개월 동안 지속된다.
⑤ 폐기물 내 수분이 많은 경우에는 반응이 가속화되어 용존산소가 고갈되어 다음 단계로 빨리 진행된다.

3과목   폐기물공정시험기준(방법)

41 시료의 분할채취방법 중 구획법에 의해 축소할 때 몇 등분 몇 개의 덩어리로 나누는가?

① 가로 4등분, 세로 4등분, 16개 덩어리
② 가로 4등분, 세로 5등분, 20개 덩어리
③ 가로 5등분, 세로 5등분, 25개 덩어리
④ 가로 5등분, 세로 6등분, 30개 덩어리

풀이 **구획법**
① 모아진 대시료를 네모꼴로 엷게 균일한 두께로 편다.
② 이것을 가로 4등분, 세로 5등분하여 20개의 덩어리로 나눈다.
③ 20개의 각 부분에서 균등량을 취한 후 혼합하여 하나의 시료로 만든다.

42 크롬을 원자흡수분광광도법으로 분석할 때 간섭물질에 관한 내용으로 ( )에 옳은 것은?

공기－아세틸렌 불꽃에서는 철, 니켈 등의 공존 물질에 의한 방해영향이 크므로 이때는 ( ) 1% 정도 넣어서 측정한다.

① 황산나트륨　　② 시안화칼륨
③ 수산화칼슘　　④ 수산화칼륨

풀이 공기－아세틸렌 불꽃에서는 철, 니켈 등의 공존물질에 의한 방해영향이 크므로 이때에는 황산나트륨을 1% 정도 넣어서 측정한다.

43 시료의 전처리방법에서 회화에 의한 유기물 분해 시 증발접시의 재질로 적당하지 않은 것은?

① 백금　　　　② 실리카
③ 사기제　　　④ 알루미늄

풀이 시료의 전처리 방법(회화법)
액상폐기물 시료 또는 용출용액 적당량을 취하여 백금, 실리카 또는 사기제 증발접시를 넣고 수욕 또는 열판에서 가열하여 증발건조한다.

44 감염성 미생물(아포균 검사법) 측정에 적용되는 '지표생물포자'에 관한 설명으로 ( )에 알맞은 것은?

감염성 폐기물의 멸균잔류물에 대한 멸균 여부의 판정은 병원성 미생물보다 열저항성이 (㉠) 하고 (㉡)인 아포형성 미생물을 이용하는데, 이를 지표생물포자라 한다.

① ㉠ 약, ㉡ 비병원성　② ㉠ 강, ㉡ 비병원성
③ ㉠ 약, ㉡ 병원성　　④ ㉠ 강, ㉡ 병원성

풀이 지표생물포자
감염성 폐기물의 멸균잔류물에 대한 멸균 여부의 판정은 병원성 미생물보다 열저항성이 강하고 비병원성인 아포형성 미생물을 이용하는데, 이를 지표생물포자라 한다.

45 검정곡선에 대한 설명으로 틀린 것은?

① 검정곡선은 분석물질의 농도변화에 따른 지시값을 나타낸 것이다.
② 절대검정곡선법이란 시료의 농도와 지시값과의 상관성을 검정곡선 식에 대입하여 작성하는 방법이다.
③ 표준물질첨가법이란 시료와 동일한 매질에 일정량의 표준물질을 첨가하여 검정곡선을 작성하는 방법이다.
④ 상대검정곡선법이란 검정곡선 작성용 표준용액과 시료에 서로 다른 양의 내부표준 물질을 첨가하여 시험분석 절차, 기기 또는 시스템의 변동으로 발생하는 오차를 보정하기 위해 사용하는 방법이다.

풀이 검정곡선
① 절대검정곡선법
시료의 농도와 지시값과의 상관성을 검정곡선식에 대입하여 작성하는 방법
② 표준물질첨가법
㉠ 시료와 동일한 매질에 일정량의 표준물질을 첨가하여 검정곡선을 작성하는 방법
㉡ 매질효과가 큰 시험 분석방법에서 분석 대상 시료와 동일한 매질의 표준시료를 확실하지 못한 경우와 매질효과를 설정하여 분석할 수 있는 방법
③ 상대검정곡선법
검정곡선 작성용 표준용액과 시료에 동일한 양의 내부표준 물질을 첨가하여 시험분석 절차, 기기 또는 시스템의 변동으로 발생하는 오차를 설정하기 위해 사용하는 방법

46 폐기물공정시험기준에서 규정하고 있는 사항 중 올바른 것은?

① 용액의 농도를 단순히 "%"로만 표시할 때는 V/V %를 말한다.
② "정확히 취한다"라 함은 규정된 양의 검체, 시액을 홀피펫으로 눈금의 1/10까지 취하는 것을 말한다.

③ "수욕상에서 가열한다"라 함은 규정이 없는 한 수온 60~70℃에서 가열함을 뜻한다.

④ "약"이라 함은 기재된 양에 대하여 ±10% 이상의 차가 있어서는 안 된다.

풀이 ① 용액의 농도가 "%"로만 표시된 것은 W/V%를 말한다.

② "정확히 취한다"라 함은 규정된 양의 액체를 홀피펫으로 눈금까지 취하는 것을 말한다.

③ "수욕상에서 가열한다"라 함은 규정이 없는 한 수온 100℃에서 가열함을 뜻한다.

47 흡광광도법에서 Lambert－Beer의 법칙에 관계되는 식은?(단, a=투사광의 강도, b=입사광의 강도, c=농도, d=빛의 투과거리, E=흡광계수)

① $a/b = 10^{-\alpha dE}$ 　　② $b/a = 10^{-\alpha dE}$

③ $a/cd = E \times 10^{-b}$ 　　④ $b/cd = E \times 10^{-a}$

풀이 램버트 비어의 법칙

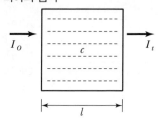

① $I_t = I_o \cdot 10^{-\varepsilon \cdot c \cdot L}$

　여기서, I_o : 입사광의 강도

　　　　 I_t : 투사광의 강도

　　　　 c : 농도

　　　　 L : 빛의 투사거리(석영 cell의 두께)

　　　　 ε : 비례상수로서 흡광계수

② 투과도(투광도, 투과율)(T)

$$T = \frac{I_t}{I_o}$$

③ 흡광도(A)

$$A = \xi L c = \log \frac{I_o}{I_t} = \log \frac{1}{투과율}$$

　여기서, ξ : 몰 흡광계수

투광도는 층장(빛의 투사거리)에 반비례한다.

48 기체크로마토그래피법으로 유기물질을 분석하는 기본 원리에 대한 설명으로 틀린 것은?

① 컬럼을 통과하는 동안 유기물질이 성분별로 분리된다.

② 검출기는 유기물질을 성분별로 분리 검출한다.

③ 기록계에 나타난 피크의 넓이는 물질의 온도에 비례한다.

④ 기록계에 나타난 머무름시간으로 유기물질을 정성 분석할 수 있다.

풀이 기록계에 나타난 피크의 넓이는 물질의 농도에 비례한다.

49 원자흡수분광광도법으로 수은을 분석할 경우 시료채취 및 관리에 관한 설명으로 (　)에 알맞은 것은?

시료가 액상 폐기물의 경우는 질산으로 pH (　㉠　) 이하로 조절하고 채취 시료는 수분, 유기물 등 함유성분의 변화가 일어나지 않도록 0~4℃ 이하의 냉암소에 보관하여야 하며 가급적 빠른 시간 내에 분석하여야 하나 최대 (　㉡　)일 안에 분석한다.

① ㉠ 2, ㉡ 14 　　② ㉠ 3, ㉡ 24

③ ㉠ 2, ㉡ 28 　　④ ㉠ 3, ㉡ 32

풀이 원자흡수분광광도법(수은) 시료채취 및 관리

① 시료가 액상폐기물인 경우

　㉠ 진한 질산으로 pH 2 이하로 조절

　㉡ 채취시료는 수분, 유기물 등 함유성분의 변화가 일어나지 않도록 0~4℃ 이하의 냉암소에 보관

　㉢ 가급적 빠른 시간 내에 분석하여야 하나 최대 28일 안에 분석

② 시료가 고상폐기물인 경우

　㉠ 0~4℃ 이하의 냉암소에 보관

　㉡ 가급적 빠른 시간 내에 분석

50 기체크로마토그래피의 전자포획검출기에 관한 설명으로 ( )에 내용으로 옳은 것은?

> 전자포획검출기는 방사선 동위원소(^{63}Ni, ^{3}H 등)로부터 방출되는 ( )이 운반기체를 전리하여 미소전류를 흘려보낼 때 시료 중의 할로겐이나 산소와 같이 전자포획력이 강한 화합물에 의하여 전자가 포획되어 전류가 감소하는 것을 이용하는 방법이다.

① 알파(α)선　　　② 베타(β)선
③ 감마(γ)선　　　④ X선

> **풀이** 전자포획 검출기(ECD ; Electron Capture Detector)
> 전자포획 검출기는 방사선 동위원소(^{63}Ni, ^{3}H)로부터 방출되는 β선이 운반가스를 전리하여 미소전류를 흘려보낼 때 시료 중의 할로겐이나 산소와 같이 전자포획력이 강한 화합물에 의하여 전자가 포획되어 전류가 감소하는 것을 이용하는 방법으로, 유기할로센 화합물, 니트로화합물 및 유기금속화합물을 선택적으로 검출할 수 있다.

51 10g 도가니에 20g의 시료를 취한 후 25% 질산암모늄용액을 넣어 탄화시킨 다음 600±25℃의 전기로에서 3시간 강열하였다. 데시케이터에서 식힌 후 도가니와 시료의 무게가 25g이었다면 강열감량(%)는?

① 15　　② 20　　③ 25　　④ 30

> **풀이** 강열감량(%) $= \dfrac{W_2 - W_3}{W_2 - W_1} \times 100$
> $= \dfrac{(30-25)g}{(30-10)g} \times 100 = 25\%$

52 시료 내 수은을 원자흡수분광광도법으로 측정할 때의 내용으로 ( )에 옳은 것은?

> 시료 중 수은을 ( )을 넣어 금속수은으로 환원시킨 다음 이 용액에 통기하여 발생하는 수은증기를 원자흡수분광광도법에 따라 정량하는 방법이다.

① 시안화칼륨　　　② 과망간산칼륨
③ 아연분말　　　　④ 이염화주석

> **풀이** 원자흡수분광광도법(수은)
> 시료 중 수은을 이염화주석을 넣어 금속수은으로 환원시킨 다음 이 용액에 통기하여 발생하는 수은증기를 253.7nm의 파장에서 원자흡수분광광도법에 따라 정량하는 방법이다.

53 온도 표시에 관한 내용으로 옳지 않은 것은?

① 찬 곳은 따로 규정이 없는 한 0~15℃의 곳을 뜻한다.
② 냉수는 4℃ 이하를 말한다.
③ 온수는 60~70℃를 말한다.
④ 상온은 15~25℃를 말한다.

> **풀이** 온도기준

용어	온도(℃)
표준온도	0
상온	15~25
실온	1~35
찬 곳	0~15의 곳(따로 규정이 없는 경우)
냉수	15 이하
온수	60~70
열수	≒100

54 원자흡수분광광도법에서 중공음극램프선을 흡수하는 것은?

① 기저상태의 원자　　② 여기상태의 원자
③ 이온화된 원자　　　④ 불꽃 중의 원자쌍

55 수분과 고형물의 함량에 따라 폐기물을 구분할 때 다음 중 포함되지 않는 것은?

① 액상 폐기물　　　② 반액상 폐기물
③ 반고상 폐기물　　④ 고상 폐기물

> **풀이** 수분과 고형물의 함량에 따른 폐기물의 종류
> ① 액상폐기물 : 고형물의 함량이 5% 미만
> ② 반고상폐기물 : 고형물의 함량이 5% 이상 15% 미만
> ③ 고상폐기물 : 고형물의 함량이 15% 이상

56 0.1N 수산화나트륨용액 20mL를 중화시키려고 할 때 가장 적합한 용액은?

① 0.1M 황산 20mL　　② 0.1M 염산 10mL

③ 0.1M 황산 10mL　　④ 0.1M 염산 40mL

풀이 황산은 2당량 → 0.1M(0.2N)
중화 시에는 당량 대 당량으로 중화한다.
$NV = N'V'$
$0.1N : 20mL = 0.2N \times x(mL)$
$x(mL) = 10mL$

57 유리전극법으로 수소이온농도를 측정할 때 간섭물질에 대한 내용으로 옳지 않은 것은?

① 유리전극은 일반적으로 용액의 색도, 탁도에 의해 간섭을 받지 않는다.

② 유리전극은 산화 및 환원성 물질 그리고 염도에 간섭을 받는다.

③ pH 10 이상에서 나트륨에 의해 오차가 발생할 수 있는데 이는 낮은 나트륨 오차 전극을 사용하여 줄일 수 있다.

④ pH는 온도변화에 따라 영향을 받는다.

풀이 유리전극은 일반적으로 용액의 산화 및 환원성 물질 및 염도에 의해 간섭을 받지 않는다.

58 절연유 중에 포함된 폴리클로리네이티드비페닐(PCBs)을 신속하게 분석하는 방법에 대한 설명으로 틀린 것은?

① 절연유를 진탕 알칼리 분해하고 대용량 다층 실리카겔 컬럼을 통과시켜 정제한다.

② 기체크로마토그래프-열전도검출기에 주입하여 크로마토그램에 나타난 피크형태로부터 정량분석 한다.

③ 정량한계는 0.5mg/L 이상이다.

④ 기체크로마토그래프의 운반기체는 부피백분율 99.999% 이상의 헬륨 또는 질소를 이용한다.

풀이 기체크로마토그래피(PCBs-절연유분석법)
절연유를 진탕 알칼리 분해하고 대용량 다층 실리카겔 컬럼을 통과시켜 정제한 다음, 기체크로마토그래피-전자포획검출기(GC-ECD)에 주입하여 크로마토그램에 나타난 피크형태에 따라 폴리클로리네이티드비페닐을 확인하고 신속하게 정량하는 방법이다.

59 pH=1인 폐산과 pH=5인 폐산의 수소이온농도 차이(배)는?

① 4배　　　　　　② 4백 배

③ 만 배　　　　　④ 10만 배

풀이 $pH = \log\dfrac{1}{[H^+]}$

수소이온농도$[H^+] = 10^{-pH}$
$pH\ 1 \to [H^+] = 10^{-1}M(mol/L)$
$pH\ 5 \to [H^+] = 10^{-5}M(mol/L)$
$[H^+]$비 $= \dfrac{10^{-1}}{10^{-5}} = 10,000$배

60 폐기물공정시험기준상 ppm(parts per million) 단위로 틀린 것은?

① mg/m^3　　　　　② g/m^3

③ mg/kg　　　　　④ mg/L

풀이 백만분율(ppm)
$ppm = mg/L(g/m^3) = mg/kg$

4과목 폐기물관계법규

61 환경상태의 조사·평가에서 국가 및 지방자치단체가 상시 조사·평가하여야 하는 내용이 아닌 것은?

① 환경오염지역의 접근성 실태
② 환경오염 및 환경훼손 실태
③ 자연환경 및 생활환경 현황
④ 환경의 질의 변화

풀이 국가 및 지방자치단체가 상시 조사·평가하여야 하는 내용(「환경정책기본법」)
① 자연환경과 생활환경 현황
② 환경오염 및 환경훼손 실태
③ 환경오염원 및 환경훼손 요인
④ 환경의 질의 변화
⑤ 그 밖에 국가환경종합계획 등의 수립·시행에 필요한 사항

62 환경부장관이나 시·도지사가 폐기물처리업자에게 영업의 정지를 명령하려는 때 그 영업의 정지가 천재지변이나 그 밖에 부득이한 사유로 해당 영업을 계속하도록 할 필요가 있다고 인정되는 경우에 그 영업의 정지를 갈음하여 부과할 수 있는 최대 과징금은?(단, 그 폐기물처리업자가 매출액이 없거나 매출액을 산정하기 곤란한 경우로서 대통령령으로 정하는 경우)

① 5천만 원   ② 1억 원
③ 2억 원   ④ 3억 원

풀이 폐기물처리업자에 대한 과징금 처분
환경부장관이나 시·도지사는 폐기물처리업자에게 영업의 정지를 명령하려는 때 그 영업의 정지가 다음의 어느 하나에 해당한다고 인정되면 대통령령으로 정하는 바에 따라 그 영업의 정지를 갈음하여 1억 원 이하의 과징금을 부과할 수 있다.
① 해당 영업의 정지로 인하여 그 영업의 이용자가 폐기물을 위탁처리하지 못하여 폐기물이 사업장 안에 적체됨으로써 이용자의 사업활동에 막대한 지장을 줄 우려가 있는 경우

② 해당 폐기물처리업자가 보관 중인 폐기물이나 그 영업의 이용자가 보관 중인 폐기물의 적체에 따른 환경오염으로 인하여 인근지역 주민의 건강에 위해가 발생되거나 발생될 우려가 있는 경우
③ 천재지변이나 그 밖의 부득이한 사유로 해당 영업을 계속하도록 할 필요가 있다고 인정되는 경우

63 사업장폐기물을 공동으로 수집, 운반, 재활용 또는 처분하는 공동 운영기구의 대표자가 폐기물의 발생·배출·처리상황 등을 기록한 장부를 보존하여야 하는 기간은?

① 1년   ② 3년
③ 5년   ④ 7년

풀이 사업장폐기물을 공동으로 수집, 운반, 재활용 또는 처분하는 공동 운영기구의 대표자는 폐기물의 발생·배출·처리상황 등을 기록한 장부를 3년간 보존하여야 한다.

64 폐기물처분시설 또는 재활용시설의 검사기준에 관한 내용 중 멸균분쇄시설의 설치검사 항목이 아닌 것은?

① 계량시설의 작동상태
② 분쇄시설의 작동상태
③ 자동기록장치의 작동상태
④ 밀폐형으로 된 자동제어에 의한 처리방식인지 여부

풀이 멸균분쇄시설의 설치검사 항목
① 멸균능력의 적절성 및 멸균조건의 적절 여부(멸균검사 포함)
② 분쇄시설의 작동상태
③ 밀폐형으로 된 자동제어에 의한 처리방식인지 여부
④ 자동기록장치의 작동상태
⑤ 폭발사고와 화재 등에 대비한 구조인지 여부
⑥ 자동투입장치와 투입량 자동계측장치의 작동상태
⑦ 악취방지시설·건조장치의 작동상태

정답 61 ① 62 ② 63 ② 64 ①

65 폐기물처리시설의 유지·관리에 관한 기술관리를 대행할 수 있는 자와 거리가 먼 것은?

① 엔지니어링산업 진흥법에 따라 신고한 엔지니어링사업자

② 기술사법에 따른 기술사사무소(법에 따른 자격을 가진 기술사가 개설한 사무소로 한정한다.)

③ 폐기물관리 및 설치신고에 관한 법률에 따른 한국화학시험연구원

④ 한국환경공단

풀이 폐기물처리시설의 유지·관리에 관한 기술관리대행자
① 한국환경공단
② 엔지니어링 사업자
③ 기술사사무소
④ 그 밖에 환경부장관이 기술관리를 대행할 능력이 있다고 인정하여 고시하는 자

66 폐기물처분시설 중 관리형 매립시설에서 발생하는 침출수의 배출허용기준 중 '나 지역'의 생물화학적 산소요구량의 기준은?(단, '나 지역'은 「물환경보전법 시행규칙」에 따른다.)

① 60mg/L 이하
② 70mg/L 이하
③ 80mg/L 이하
④ 90mg/L 이하

풀이 관리형 매립시설 침출수의 배출허용기준

구분	생물화학적 산소요구량 (mg/L)	화학적 산소요구량(mg/L)			부유물질량 (mg/L)
		과망간산칼륨법에 따른 경우		중크롬산칼륨법에 따른 경우	
		1일 침출수 배출량 2,000m^3 이상	1일 침출수 배출량 2,000m^3 미만		
청정지역	30	50	50	400 (90%)	30
가지역	50	80	100	600 (85%)	50
나지역	70	100	150	800 (80%)	70

67 폐기물 수집·운반증을 부착한 차량으로 운반해야 될 경우가 아닌 것은?

① 사업장폐기물배출자가 그 사업장에서 발생한 폐기물을 사업장 밖으로 운반하는 경우

② 폐기물처리 신고자가 재활용 대상 폐기물을 수집·운반하는 경우

③ 폐기물처리업자가 폐기물을 수집·운반하는 경우

④ 광역 폐기물 처분시설의 장치·운영자가 생활폐기물을 수집·운반하는 경우

풀이 폐기물 수집·운반증을 부착한 차량으로 운반해야 되는 경우
① 광역 폐기물 처분시설 또는 재활용시설의 설치·운영자가 폐기물을 수집·운반하는 경우(생활폐기물을 수집·운반하는 경우는 제외한다)
② 음식물류 폐기물 배출자가 그 사업장에서 발생한 음식물류 폐기물을 사업장 밖으로 운반하는 경우
③ 음식물류 폐기물을 공동으로 수집·운반 또는 재활용하는 자가 음식물류 폐기물을 수집·운반하는 경우
④ 사업장폐기물배출자가 그 사업장에서 발생한 폐기물을 사업장 밖으로 운반하는 경우
⑤ 사업장폐기물을 공동으로 수집·운반, 처분 또는 재활용하는 자가 수집·운반하는 경우
⑥ 폐기물처리업자가 폐기물을 수집·운반하는 경우
⑦ 폐기물처리 신고자가 재활용 대상 폐기물을 수집·운반하는 경우
⑧ 폐기물을 수출하거나 수입하는 자가 그 폐기물을 운반하는 경우(컨테이너를 이용하여 운반하는 경우를 포함한다)

68 폐기물 수집·운반업자가 임시보관장소에 의료폐기물을 5일 이내로 냉장 보관할 수 있는 전용보관시설의 온도기준은?

① 섭씨 2도 이하
② 섭씨 3도 이하
③ 섭씨 4도 이하
④ 섭씨 5도 이하

풀이 **의료폐기물 보관시설의 세부기준**
① 보관창고의 바닥과 안벽은 타일·콘크리트 등 물에 견디는 성질의 자재로 세척이 쉽게 설치하여야 하며, 항상 청결을 유지할 수 있도록 하여야 한다.
② 보관창고에는 소독약품 및 장비와 이를 보관할 수 있는 시설을 갖추어야 하고, 냉장시설에는 내부 온도를 측정할 수 있는 온도계를 붙여야 한다.
③ 냉장시설은 섭씨 4도 이하의 설비를 갖추어야 하며, 보관 중에는 냉장설비를 항상 가동하여야 한다.
④ 보관창고, 보관장소 및 냉장시설은 주 1회 이상 약물소독의 방법으로 소독하여야 한다.
⑤ 보관창고와 냉장시설은 의료폐기물이 밖에서 보이지 않는 구조로 되어 있어야 하며, 외부인의 출입을 제한하여야 한다.
⑥ 보관창고, 보관장소 및 냉장시설에는 보관 중인 의료폐기물의 종류·양 및 보관기간 등을 확인할 수 있는 표지판을 설치하여야 한다.

69 폐기물처리 담당자 등에 대한 교육을 실시하는 기관으로 거리가 먼 것은?
① 국립환경연구원
② 환경보전협회
③ 한국환경공단
④ 한국환경산업기술원

풀이 **교육기관**
① 국립환경인력개발원, 한국환경공단 또는 한국폐기물협회
　㉠ 폐기물처분시설 또는 재활용시설의 기술관리인이나 폐기물처리시설의 설치자로서 스스로 기술관리를 하는 자
　㉡ 폐기물처리시설의 설치·운영자 또는 그가 고용한 기술담당자
② 「환경정책기본법」에 따른 환경보전협회 또는 한국폐기물협회
　㉠ 사업장폐기물 배출자 신고를 한 자 및 법 제17조 제3항에 따른 서류를 제출한 자 또는 그가 고용한 기술담당자
　㉡ 폐기물처리업자(폐기물 수집·운반업자는 제외한다)가 고용한 기술요원
　㉢ 폐기물처리시설의 설치·운영자 또는 그가 고용한 기술담당자
　㉣ 폐기물 수집·운반업자 또는 그가 고용한 기술담당자

　㉤ 폐기물재활용신고자 또는 그가 고용한 기술담당자
②의2 한국환경산업기술원
　재활용환경성평가기관의 기술인력
②의3 국립환경인력개발원, 한국환경공단
　폐기물분석전문기관의 기술요원

70 폐기물처리시설을 설치·운영하는 자는 일정한 기간마다 정기검사를 받아야 한다. 소각시설의 경우 최초 정기검사일 기준은?
① 사용개시일부터 5년이 되는 날
② 사용개시일부터 3년이 되는 날
③ 사용개시일부터 2년이 되는 날
④ 사용개시일부터 1년이 되는 날

풀이 **폐기물 처리시설의 검사기간**
① 소각시설
　최초 정기검사는 사용개시일부터 3년이 되는 날(「대기환경보전법」에 따른 측정기기를 설치하고 같은 법 시행령에 따른 굴뚝원격감시체계관제센터와 연결하여 정상적으로 운영되는 경우에는 사용개시일부터 5년이 되는 날), 2회 이후의 정기검사는 최종 정기검사일(검사결과서를 발급받은 날을 말한다)부터 3년이 되는 날
② 매립시설
　최초 정기검사는 사용개시일부터 1년이 되는 날, 2회 이후의 정기검사는 최종 정기검사일부터 3년이 되는 날
③ 멸균분쇄시설
　최초 정기검사는 사용개시일부터 3개월, 2회 이후의 정기검사는 최종 정기검사일부터 3개월
④ 음식물류 폐기물 처리시설
　최초 정기검사는 사용개시일부터 1년이 되는 날, 2회 이후의 정기검사는 최종 정기검사일부터 1년이 되는 날
⑤ 시멘트 소성로
　최초 정기검사는 사용개시일부터 3년이 되는 날(「대기환경보전법」에 따른 측정기기를 설치하고 같은 법 시행령에 따른 굴뚝원격감시체계관제센터와 연결하여 정상적으로 운영되는 경우에는 사용개시일부터 5년이 되는 날), 2회 이후의 정기검사는 최종 정기검사일부터 3년이 되는 날

71 폐기물관리법에서 사용하는 용어의 뜻으로 틀린 것은?

① 생활폐기물 : 사업장폐기물 외의 폐기물을 말한다.

② 폐기물감량화시설 : 생산공정에서 발생하는 폐기물의 양을 줄이고, 사업장 내 재활용을 통하여 폐기물 배출을 최소화하는 시설로서 대통령령으로 정하는 시설을 말한다.

③ 처분 : 폐기물의 소각·중화·파쇄·고형화 등의 중간처분과 매립하는 등의 최종처분을 위한 대통령령으로 정하는 활동을 말한다.

④ 폐기물 : 쓰레기, 연소재, 오니, 폐유, 폐산, 폐알칼리 및 동물의 사체 등으로서 사람의 생활이나 사업활동에 필요하지 아니하게 된 물질을 말한다.

> **풀이** **처분**
> 폐기물의 소각·중화·파쇄·고형화 등의 중간처분과 매립하거나 해역으로 배출하는 등의 최종처분을 말한다.

72 폐기물처리업 중 폐기물 수집·운반업의 변경허가를 받아야 할 중요사항에 관한 내용으로 틀린 것은?

① 수집·운반 대상 폐기물의 변경

② 영업구역의 변경

③ 주차장 소재지의 변경(지정폐기물을 대상으로 하는 수집·운반업만 해당한다.

④ 운반차량(임시차량 포함) 증차

> **풀이** 폐기물 수집·운반업의 변경허가를 받아야 할 중요사항
> ① 수집·운반 대상 폐기물의 변경
> ② 영업구역의 변경
> ③ 주차장 소재지의 변경(지정폐기물을 대상으로 하는 수집·운반업만 해당한다.)
> ④ 운반차량(임시차량은 제외한다)의 증차

73 기술관리인을 두어야 할 대통령령으로 정하는 폐기물처리시설에 해당되지 않는 것은?(단, 폐기물처리업자가 운영하는 폐기물처리시설은 제외)

① 지정폐기물 외의 폐기물을 매립하는 시설로서 면적이 $12,000m^2$인 시설

② 멸균분쇄시설로서 시간당 처분능력이 150kg인 시설

③ 용해로로서 시간당 재활용능력이 300kg인 시설

④ 사료화·퇴비화 또는 연료화시설로서 1일 재활용능력이 10톤인 시설

> **풀이** 기술관리인을 두어야 하는 폐기물처리시설
> ① 매립시설의 경우
> ㉠ 지정폐기물을 매립하는 시설로서 면적이 3천 300제곱미터 이상인 시설. 다만, 차단형 매립시설에서는 면적이 330제곱미터 이상이거나 매립용적이 1천 세제곱미터 이상인 시설로 한다.
> ㉡ 지정폐기물 외의 폐기물을 매립하는 시설로서 면적이 1만 제곱미터 이상이거나 매립용적이 3만 세제곱미터 이상인 시설
> ② 소각시설로서 시간당 처리능력이 600킬로그램(감염성 폐기물을 대상으로 하는 소각시설의 경우에는 200킬로그램) 이상인 시설
> ③ 압축·파쇄·분쇄 또는 절단시설로서 1일 처리능력 또는 재활용시설이 100톤 이상인 시설
> ④ 사료화·퇴비화 또는 연료화 시설로서 1일 재활용능력이 5톤 이상인 시설
> ⑤ 멸균·분쇄시설로서 시간당 처리능력이 100킬로그램 이상인 시설
> ⑥ 시멘트 소성로
> ⑦ 용해로(폐기물에 비철금속을 추출하는 경우로 한정한다.)로서 시간당 재활용능력이 600킬로그램 이상인 시설
> ⑧ 소각열회수시설로서 시간당 재활용능력이 600킬로그램 이상인 시설

74 환경부장관 또는 시·도지사가 영업구역을 제한하는 조건을 붙일 수 있는 폐기물처리업 대상은?

① 생활폐기물 수집·운반업

② 폐기물 재생 처리업

③ 지정폐기물 처리업

④ 사업장폐기물 처리업

정답 **71** ③ **72** ④ **73** ③ **74** ①

풀이 환경부장관 또는 시·도지사는 허가를 할 때에는 주민 생활의 편익, 주변 환경보호 및 폐기물처리업의 효율적 관리 등을 위하여 필요한 조건을 붙일 수 있다. 다만, 영업구역을 제한하는 조건은 생활폐기물의 수집·운반에 대하여 붙일 수 있으며, 이 경우 시·도지사는 시·군·구 단위 미만으로 제한하여서는 아니 된다.

75 시설의 폐쇄명령을 이행하지 아니한 자에 대한 벌칙 기준으로 맞는 것은?

① 1년 이하의 징역이나 1천만 원 이하의 벌금
② 2년 이하의 징역이나 2천만 원 이하의 벌금
③ 3년 이하의 징역이나 3천만 원 이하의 벌금
④ 5년 이하의 징역이나 5천만 원 이하의 벌금

풀이 폐기물관리법 제64조 참조

76 폐기물처리 담당자 등에 대한 교육의 대상자 (그 밖에 대통령령으로 정하는 사람)에 해당되지 않는 자는?

① 폐기물처리시설의 설치·운영자
② 사업장폐기물을 처리하는 사업자
③ 폐기물처리 신고자
④ 확인을 받아야 하는 지정폐기물을 배출하는 사업자

풀이 폐기물처리 담당자로서 교육대상자
　① 폐기물처리시설(법 제34조 제1항에 따라 기술관리인을 임명한 폐기물처리시설은 제외한다)의 설치·운영자나 그가 고용한 기술담당자
　② 사업장폐기물 배출자 신고를 한 자나 그가 고용한 기술담당자
　③ 확인을 받아야 하는 지정폐기물을 배출하는 사업자나 그가 고용한 기술 담당자
　④ 제2호와 제3호에 따른 자 외의 사업장폐기물을 배출하는 사업자나 그가 고용한 기술담당자로서 환경부령으로 정하는 자
　⑤ 폐기물수집·운반업의 허가를 받은 자나 그가 고용한 기술담당자
　⑥ 폐기물처리 신고자나 그가 고용한 기술담당자

77 폐기물관리법을 적용하지 아니하는 물질에 대한 설명으로 옳지 않은 것은?

① 용기에 들어 있지 아니한 고체상태의 물질
② 원자력안전법에 따른 방사성 물질과 이로 인하여 오염된 물질
③ 하수도법에 따른 하수·분뇨
④ 물환경보전법에 따른 수질 오염 방지시설에 유입되거나 공공 수역으로 배출되는 폐수

풀이 폐기물관리법을 적용하지 않는 물질
　① 「원자력안전법」에 따른 방사성 물질과 이로 인하여 오염된 물질
　② 용기에 들어 있지 아니한 기체상태의 물질
　③ 「물환경보전법」에 따른 수질오염 방지시설에 유입되거나 공공수역(수역)으로 배출되는 폐수
　④ 「가축분뇨의 관리 및 이용에 관한 법률」에 따른 가축분뇨
　⑤ 「하수도법」에 따른 하수·분뇨
　⑥ 「가축전염병예방법」이 적용되는 가축의 사체, 오염 물건, 수입 금지 물건 및 검역 불합격품
　⑦ 「수산생물질병 관리법」에 적용되는 수산동물의 사체, 오염된 시설 또는 물건, 수입 금지 물건 및 검역 불합격품
　⑧ 「군수품관리법」에 따라 폐기되는 탄약
　⑨ 「동물보호법」에 따른 동물장묘업의 등록을 한 자가 설치·운영하는 동물장묘시설에서 처리되는 동물의 사체

78 폐기물처리시설의 종류 중 기계적 재활용시설에 해당되지 않는 것은?

① 압축·압출·성형·주조시설(동력 7.5kW 이상인 시설로 한정한다.)
② 절단시설(동력 7.5kW 이상인 시설로 한정한다.)
③ 융용·용해시설(동력 7.5kW 이상인 시설로 한정한다.)
④ 고형화·고화시설(동력 15kW 이상인 시설로 한정한다.)

풀이 **기계적 재활용시설**

① 압축 · 압출 · 성형 · 주조시설(동력 7.5kW 이상인 시설로 한정한다)

② 파쇄 · 분쇄 · 탈피시설(동력 15kW 이상인 시설로 한정한다)

③ 절단시설(동력 7.5kW 이상인 시설로 한정한다)

④ 용융 · 용해시설(동력 7.5kW 이상인 시설로 한정한다)

⑤ 연료화시설

⑥ 증발 · 농축시설

⑦ 정제시설(분리 · 증류 · 추출 · 여과 등의 시설을 이용하여 폐기물을 재활용하는 단위시설을 포함한다)

⑧ 유수 분리시설

⑨ 탈수 · 건조시설

⑩ 세척시설(철도용 폐목재 받침목을 재활용하는 경우로 한정한다)

79 다음 중 지정폐기물이 아닌 것은?

① pH가 12.6인 폐알칼리

② 고체상태의 폐합성고무

③ 수분함량이 90%인 오니류

④ PCB를 2mg/L 이상 함유한 액상 폐기물

풀이 지정폐기물의 종류에서 고체상태의 폐합성고무는 제외한다.

80 주변지역 영향 조사대상 폐기물처리시설 기준으로 틀린 것은?(단, 폐기물처리업자가 설치 · 운영하는 시설)

① 시멘트 소성로(폐기물을 연료로 사용하는 경우로 한정한다.)

② 매립면적 15만 제곱미터 이상의 사업장 일반폐기물 매립시설

③ 매립면적 3만 제곱미터 이상의 사업장 지정폐기물 매립시설

④ 1일 재활용능력이 50톤 이상인 사업장폐기물 소각열회수시설(같은 사업장에 여러 개의 소각열회수시설이 있는 경우에는 각 소각열회수시설의 1일 재활용 능력의 합계가 50톤 이상인 경우를 말한다.)

풀이 **주변지역 영향 조사대상 폐기물처리시설 기준**

① 1일 처리능력이 50톤 이상인 사업장폐기물 소각시설(같은 사업장에 여러 개의 소각시설이 있는 경우에는 각 소각시설의 1일 처리능력의 합계가 50톤 이상인 경우를 말한다.)

② 매립면적 1만 제곱미터 이상의 사업장 지정폐기물 매립시설

③ 매립면적 15만 제곱미터 이상의 사업장 일반폐기물 매립시설

④ 시멘트 소성로(폐기물을 연료로 사용하는 경우로 한정한다.)

⑤ 1일 재활용능력이 50톤 이상인 사업장 폐기물 소각열회수시설

MEMO

폐기물처리 산업기사 필기

발행일 | 2013. 1. 20 초판발행
2013. 5. 30 개정 1판1쇄
2014. 1. 15 개정 2판1쇄
2015. 1. 15 개정 3판1쇄
2016. 1. 15 개정 4판1쇄
2017. 1. 15 개정 5판1쇄
2018. 1. 20 개정 6판1쇄
2019. 1. 20 개정 7판1쇄
2020. 1. 20 개정 8판1쇄
2021. 1. 15 개정 9판1쇄
2022. 1. 30 개정 10판1쇄
2023. 1. 30 개정 10판1쇄

저　자 | 서영민
발행인 | 정용수
발행처 | 예문사

주　소 | 경기도 파주시 직지길 460(출판도시) 도서출판 예문사
T E L | 031) 955 - 0550
F A X | 031) 955 - 0660
등록번호 | 11 - 76호

정가 : 36,000원

ISBN 978-89-274-4944-7 14530